现代有色金属冶金科学技术丛书

锡冶金

宋兴诚　编著

北　京
冶金工业出版社
2011

内容提要

全书共分8章，介绍了锡冶金工业发展概况、锡矿的基本知识与锡矿资源、锡的用途；分别详述了锡精矿的炼前处理，锡精矿的还原熔炼，锡的精炼，炼锡炉渣及低锡物料的处理，锡冶炼过程中间产物的处理与再生锡回收；以及炼锡厂的节能与环境保护和职业病防治。

本书可作为锡冶金企业技术人员、冶金工程专业的教师、研究生、本科生以及相关专业研究人员的参考书。

图书在版编目（CIP）数据

锡冶金/宋兴诚编著．—北京：冶金工业出版社，2011.9

（现代有色金属冶金科学技术丛书）

ISBN 978-7-5024-5592-7

Ⅰ．①锡…　Ⅱ．①宋…　Ⅲ．①锡—有色金属冶金
Ⅳ．①TF814

中国版本图书馆CIP数据核字（2011）第132468号

出 版 人　曹胜利
地　　址　北京北河沿大街嵩祝院北巷39号，邮编100009
电　　话　(010) 64027926　电子信箱　yjcbs@cnmip.com.cn
责任编辑　杨盈园　美术编辑　李　新　版式设计　孙跃红
责任校对　王贺兰　责任印制　牛晓波
ISBN 978-7-5024-5592-7
北京兴华印刷厂印刷；冶金工业出版社发行；各地新华书店经销
2011年9月第1版，2011年9月第1次印刷
787mm×1092mm　1/16；14.5印张；349千字；221页
46.00元

冶金工业出版社发行部　电话：(010)64044283　传真：(010)64027893
冶金书店　地址：北京东四西大街46号(100010)　电话：(010)65289081(兼传真)
（本书如有印装质量问题，本社发行部负责退换）

出版者的话

近年来，通过自主创新和技术引进相结合，我国的有色金属工业一直保持持续、快速、健康的发展势头，现代化程度不断提高，开发了许多具有世界先进水平和自主知识产权的工艺技术与装备，令世界同行瞩目。我国已经成为名副其实的有色金属大国，10 种常用有色金属的总产量以及铅、锌、镍、锡、锑、钨的产量均为世界首位。

随着对可持续发展认识程度的进一步加深，社会对有色金属工业的发展提出了减少资源消耗和能耗、环境更加友好的要求；全球经济一体化，也对我国有色金属工业在世界市场中的核心竞争能力提出了更高要求。因此，我国有色金属工业将面临前所未有的挑战和发展机遇。我社根据有色金属行业发展需要和广大读者的需求，组织出版《现代有色金属冶金科学技术丛书》，一方面，是为了总结有色金属冶金领域的国内外最新科研与技术进展，促进科研成果向生产的转化，推动行业科技进步，适应目前有色金属行业发展的需要；另一方面，冶金工业出版社作为专业科技出版社，有责任和义务为有色金属行业的读者提供更加实用、有特色、可广泛选择的现代有色冶金工程专业书籍，并促进学术交流和科技文化的传承发展。

本套丛书由有色金属行业各领域的知名专家学者撰写，主要读者对象是有色金属行业的工程技术、科研教学、生产管理人员。每本书内容上涵盖资源、采矿、选矿、冶炼、产品深加工、资源循环利用与环境保护等方面，重点是冶炼和产品深加工。各方面内容包括基本原理、工艺流程、主要设备、安全操作、环境卫生等。要求理论与实践相结合，科研与生产相结合，能够反映和展示该领域的国内外最新科研和生产成果。

我们将在科学发展观重要思想的指导下，切实履行好出版者的社会责任，努力做好有色金属科技图书的出版工作。热忱欢迎广大读者提出意见和建议，以便我们把丛书组织出版得更好。

前　言

锡是人类最早发现并运用的金属之一，属史前金属。中国是最早生产和使用锡的文明古国之一，也是目前锡产量最大的国家。在长期的生产实践中，中国锡冶金技术取得了长足的进展，特别是在锡的精炼和低锡物料的回收利用上，研究开发出了一批具有世界先进水平的新工艺、新设备。近年来，通过引进、消化和自主创新，在锡的还原熔炼方面也取得了显著进步，实现了锡精矿强化熔炼和富氧还原熔炼，并取得了许多新的突破。目前，中国的锡冶金已经形成了系统、完善、先进的工艺技术和装备，锡冶炼整体技术水平引领和代表了世界先进水平。

本书共分8章，介绍了锡冶金的发展史与锡矿资源、锡及其化合物的性质与用途、锡精矿炼前处理、锡精矿还原熔炼及富氧熔炼、锡的火法精炼和电解精炼、炼锡炉渣及低锡物料的处理、锡冶炼过程中间产物的处理、再生锡回收、锡冶炼厂的节能与环保等内容。

本书力求做到理论与实践相结合，对锡冶金的基本原理进行了系统介绍，同时重点突出了实际操作和应用，并综合介绍了近年来锡冶金的新成就。

本书可供有色冶金工程技术人员、科研教学人员、生产管理人员和有关学校师生参考。

在本书编写过程中，主要参考了彭容秋主编的《锡冶金》（中南大学出版社2005年版）和黄位森主编的《锡》（冶金工业出版社2000年版），并得到了有关工厂和专家的大力支持和帮助，在此一并表示衷心的感谢！

由于作者水平有限，书中的不妥之处，敬请读者不吝赐教、斧正。

作　者

2011年2月

目　录

1 概 述

1.1 锡冶金工业发展概况

1.1.1 国外锡冶金的发展

锡是人类最早发现并运用的金属之一，属史前金属。大约在公元前 5000 ~ 6000 年的远古时代，人类就会使用锡。锡在古代之所以受到重视，主要是因为它能使铜硬化而成为青铜。据文字记载和考古研究，埃及第三至第四王朝的金字塔中发现的青铜制品是迄今为止发现的最早的青铜器，大约是公元前 4000 年左右制造的。另外，在美索不达米亚的幼发拉底河附近的一座公元前 3500 ~ 3200 年的王墓中发现了含锡 12% ~15% 的两把青铜剑。古代农业、商业、艺术和战争中使用青铜的历史长达 2000 年，青铜中含锡高达 25%。

历史学家利用人类早期的冶金方法来粗略划分整个时代。青铜时代没有明显的起止时间，在西南亚和东南欧于公元前 3000 年以前锡青铜就得到应用；在埃及、中国、西欧和西北欧，青铜时代处在公元前 2500 ~ 1500 年间，日本的青铜时代接近于公元前 800 年，而秘鲁的印加人在公元 1 世纪才过渡到青铜时代。

从古代遗迹中很少发现纯锡器。在埃及第十八王朝（公元前 1580 ~ 1350 年）金字塔中发现的锡手镯和锡瓶被认为是最古的锡制品。

古人利用锡的氧化物容易还原的性质，从锡石中提取锡。最原始的炼锡炉是所谓的地坑炉——在地面上挖坑，里面抹上黏土，装满木柴后点火，烧至通红，陆续加入锡砂矿，然后在其上再加入木柴和锡砂矿进行还原熔炼，即产出金属锡沉积在坑的底部。后来为封闭热源便出现了原始的黏土竖炉，并使用原始的风箱向炉内鼓风。

马口铁罐头盒储存食物技术的发展和 18 世纪工业革命的爆发，刺激了锡的生产。据记载，1880 年世界锡产量为 3.8 万吨；1894 年世界锡产量比 1880 年增加了 1 倍以上；1925 ~ 1929 年，世界锡的平均年产量为 16.3 万吨。

传统的炼锡设备有鼓风炉、反射炉和电炉，它们都是从原始的竖炉发展而成的。反射炉炼锡是 18 世纪初在英国康沃尔开始采用的，康沃尔产出的锡曾经一度满足全欧洲的需求。电炉炼锡则是 1934 年由扎伊尔马诺诺炼锡厂首先采用。当今锡的还原熔炼正发生着由反射炉熔炼为主逐步向强化熔炼技术——澳斯麦特炉熔炼转化，最明显的倾向就是炼锡厂新建反射炉较少（或基本不建），而生产能力稍小的大多新建电炉，有一定生产规模的冶炼厂则直接采用澳斯麦特炉。只有少数厂家仍采用古老的鼓风炉炼锡。其他炼锡设备有转炉（短窑）、卡尔多炉等。

现今炼锡厂采用的工艺流程可分为两种，即处理高品位精矿的传统的“二段熔炼”流程和处理中等品位精矿的“熔炼和烟化”组合流程。

烟化炉取代了传统的第二段熔炼设备。可以实现较彻底的铁锡分离，提高锡的总回收率，并能处理各种低品位复杂含锡物料，所以获得迅速发展。世界主要的炼锡厂都有烟化炉或正在考虑新建烟化炉。

粗锡火法精炼已有1000多年的历史。世界上大多数炼锡厂都采用火法精炼粗锡，所产出的精锡约占精锡总产量的90%。粗锡火法精炼新技术有真空蒸馏除铅铋和离心过滤除铁砷等。

粗锡电解精炼始于20世纪初期，现今世界上电解精炼生产的精锡约占精锡总产量的10%。

近30年来，锡生产的一个重要变化是锡冶炼的地区的转移。以前，主要的锡矿生产国的大部分锡精矿被运往工业发达国家冶炼，主要是欧洲的英国、荷兰和比利时。现在，越来越多的锡精矿就在其产出国冶炼，结果导致大多数欧洲锡冶炼厂关闭或者转向处理回收物料。

1932年锡生产国成立了国际锡研究协会，以研究和开发锡的应用，其执行机构是国际锡研究所。

1956年锡生产国和消费国成立了国际锡理事会，其主要目的是通过锡生产国和消费国间的协商以使世界锡生产量和消费量达到长期平衡，减缓由于锡的过剩或短缺所引起的严重困难，同时避免锡价的过分波动。

1983年3月，锡生产国协会（ATPC）宣告成立，其宗旨是："促进成员国之间的密切合作，通过维护锡工业，稳定锡价，强化研究、发展和销售，进一步扩大锡的用途，捍卫成员国在锡工业中的权益"。成员国有澳大利亚、马来西亚、印度尼西亚、泰国、玻利维亚、尼日利亚、扎伊尔等。

从中古时代到19世纪初，世界锡产量增长缓慢，年产量不足万吨，英国锡的生产一直占世界的统治地位。19世纪晚期，东南亚的锡产量急剧增加，到20世纪初锡的年产量超过10万吨，东南亚的精矿锡产量占世界的3/4，英国作为世界最大产锡国的地位已被取代。目前，全世界每年锡的产量和消费量维持在30万吨左右。

1.1.2　我国锡工业的发展

我国是四大文明古国之一，具有悠久的炼锡历史。据考古报道，唐山出土的一件铜耳环（属新石器时代晚期的龙山文化时期，距今约4000余年）是含有一定数量锡的铜合金，并含少量的铅。山东胶县龙山文化遗址（距今约3700年）出土的小铜锥是含少量铅锡的铜锌合金。甘肃马家窑出土了公元前3000~2800年的铜锡合金。河南偃师县二里头成批出土的商朝早期的青铜凿、鱼钩、镞和小刀等，据放射性同位素C14测定，其年代为公元前（1245±90）年，树轮校正为公元前1590~1300年。青铜器的化验表明，商代已达到分别炼出铜和锡然后配制合金的高级阶段。河南安阳小屯村殷墟发现了商朝晚期的锡块和外镀厚锡层的虎面铜盔，这足可证明我国至迟在公元前1200年左右已掌握炼锡技术。

我国最早的有关锡的文字见于战国时期的《周礼》，其中《考工记》详细记述了6种不同用途的青铜器中铜和锡的配比，即所谓"六齐"规则。战国时期的《山海经》中也有关于"赤锡"的记载。明代著作《天工开物》下卷"五金"中也提到锡矿石有"山锡"和"水锡"（实际都是砂锡矿床），开采时用水洗选，除掉泥沙杂质，然后和木炭一起在竖炉中鼓风熔炼。

我国的锡矿主要分布在云南和广西。云南个旧产锡的历史，有文字记载的可追溯到2000多年前的汉朝。清光绪15～34年，个旧年平均产锡从2000多吨提高到3000多吨，成为世界上主要的锡产地之一。从清宣统元年（1909年）至民国28年（1939年），个旧年平均产锡7840t，其中有5年产锡超过万吨；这期间共出口锡23.8万多吨，占全国出口量的89.2%，锡产量占全国产量的90%，个旧因此而闻名于世，被称为“锡都”。

广西锡矿主要集中在丹池地带。丹池矿区锡的开发始于南宋前期，至今也有850多年的历史。

除云南和广西外，湖南、江西、广东也是重要的锡矿产地。另外内蒙古、四川和新疆等地也发现了锡矿。目前，我国最大的锡冶炼厂是云南锡业股份有限公司冶炼分公司（原个旧冶炼厂，由云锡公司原第一冶炼厂、第二冶炼厂、第三冶炼厂合并组建）和广西柳州华锡集团来宾冶炼厂，其年产精锡均在20kt以上。各地区还有一些锡冶炼生产能力，有年产锡500t至20kt大小不等的锡冶炼厂。

我国炼锡厂大多采用“锡精矿还原熔炼—粗锡火法精炼—焊锡电解或真空蒸馏—锡炉渣烟化处理”的工艺流程，还原熔炼设备主要有澳斯麦特炉、反射炉和电炉等。如云锡股份有限公司冶炼分公司采用的是澳斯麦特炉、广西来宾冶炼厂采用的是反射炉、湖南及广东地区的一些冶炼厂等则采用电炉。我国锡冶炼的工艺特点是适用于处理中等品位的锡精矿，并采用烟化炉处理富锡炉渣以取代传统的二段熔炼法。由于近年锡精矿品位逐年下降，有害杂质的含量明显升高，各炼锡厂均重视锡精矿的炼前处理，以提高入炉精矿的品位和质量。

我国锡冶炼技术在很多方面居于世界先进水平。1963年，我国第一座烟化炉投产，处理贫锡炉渣（约5% Sn）。1965年，我国用烟化炉硫化挥发法直接处理富锡炉渣获得成功，完全取代了传统的加石灰再熔炼法，并被世界各国炼锡厂广泛采用。1973年，云南锡业公司用烟化炉处理锡中矿（约3.5% Sn）获得成功，2007年，云南锡业股份有限公司烟化炉富氧熔炼技术开发取得成功并得到推广应用，使生产效率大幅度提高，能耗大幅度下降。“云锡氯化法”（高温氯化焙烧工艺）是我国特有的用于处理一般锡冶炼系统难以处理的低品位（约1.5% Sn）和高杂质（尤其是高砷高铁）含锡物料的方法，并于1985年通过国家级鉴定，而在其他国家，该工艺尚停留在试验阶段。云南锡业股份有限公司从澳大利亚引进的澳斯麦特熔炼技术于2002年4月建成投产，使澳斯麦特炉成功取代了反射炉而成为云锡最主要的锡还原熔炼设备，2007年云锡又开发成功顶吹炉富氧还原熔炼技术，使生产效率进一步提高。在火法精炼中，我国采用自制单柱悬臂式离心过滤机处理乙锡，产出甲锡和离心析渣。以电热连续结晶机脱除粗锡中的铅和铋，继之用真空蒸馏炉处理结晶机的副产品粗焊锡，成为我国锡火法精炼的特色之一。由昆明工学院和云南锡业公司联合研制的电热连续结晶机，是我国对世界锡冶金事业的杰出贡献，已出口到巴西、英国、泰国、马来西亚、玻利维亚和荷兰等国，成为锡火法精炼系统的标准设备，被誉为20世纪锡冶金工业最重大的发明之一。

1.2 锡矿的基本知识与锡矿资源

1.2.1 锡的地球化学

地壳中锡的丰度约为2×10^{-6}，属于含量较低的元素，与其他金属相比，约为铜的1/

27，铅的1/6，锌的1/35，常将锡称为稀有金属。

锡的原子半径为0.158nm，在自然界中常见价态为+2和+4，其离子半径分别为0.093nm和0.069nm。由于离子半径、电负性相似，离子Sn^{2+}与Ca^{2+}、In^{2+}、Fe^{2+}等呈类质同象置换；离子Sn^{4+}可与Fe^{3+}、Sc^{3+}、In^{3+}、Nb^{5+}、Ta^{5+}、Ti^{4+}等呈类质同象置换。锡常赋存于钛酸盐和钽酸盐的类质同象混合物中，或铌、钽以类质同象形式存于锡石中。

根据戈尔德斯密特的元素地球化学分类，锡划归亲铁元素。锡在岩石圈上部具有亲氧和亲硫的两重性。在自然界中最常见的锡矿石是锡石。锡石在表生条件下化学性质极其稳定，当原生矿床的锡石经风化剥蚀和地表水搬运沉积后，形成砂锡矿床，部分微粒的锡石也可被氧化铁、黏土类矿物或锰结核所吸附而分布于硫化物矿床的氧化带及砂矿中。锡的硫化物、硫盐和硅酸盐矿物，在氧化带可形成木锡和水锡石。

锡矿床与酸性岩浆岩的关系密切，具有明显的专属性。与锡矿物生成有关的含锡花岗岩岩石成分常具有高硅、高铝、富钾钠、贫钙镁、富氟的特点。

锡矿床在地壳的分布很不均匀，具有区域集中分布的特点。锡矿床常产于一定的成矿带或层位，矿床的形成和分布与地质构造关系密切。

1.2.2 锡的矿物

目前，世界上已知的锡矿物有50多种，可分为自然元素、金属互化物、硫化物、氧化物（锡石）、氢氧化物、硅酸盐（硅锡矿）、硫锡酸盐（黄锡矿，又称黝锡矿）、硼酸盐等几类，详见表1-1。在地壳岩石圈中的锡矿物主要是以锡石状态存在，常见矿物还有黝锡矿、辉锑锡铅矿、硫锡矿、硫锡铅矿、硫锡银矿、圆柱锡矿、硼钙锡矿、马来西亚硅锡石、钽锡矿等10余种，其他的锡矿物很少，只有地质和矿物学的研究意义。锡的工业矿物很少，以现有选冶技术条件，有工业价值的锡矿物仅有锡石和黝锡矿，且以锡石为主。

表1-1 一些常见的锡矿物

锡矿物名称	分子式	含锡量/%	赋存情况
自然锡	$\beta-Sn$		很稀少
锡 石	SnO_2	78.8	主要工业矿物
硫锡矿	SnS	78.7	稀 少
钽锡矿	$SnTa_2O_7$	25.13	不常见
斜方硫锡矿	Sn_2S_3	71.2	稀 少
黄锡矿	Cu_2FeSnS_4	27.61	常 见
硫锡铅矿	$PbSnS_2$	30.51	稀 少
硫锡铜矿	Cu_3SnS_4	30.05	不常见
辉锑锡铅矿	$Pb_5Sn_3Sb_2S_{14}$	17.1	稀 少
圆柱锡矿	$Pb_3Sn_4Sb_2S_{14}$	26.5	稀 少
硅钙锡矿	$CaSnSi_3O_{11}H_{14}$	27.7	很稀少
硼钙锡矿	$CaSn(BO_3)_2$	42.9	很稀少
马来西亚硅锡矿	$CaSnSiO_5$	44.5	稀 少

续表1-1

锡矿物名称	分子式	含锡量/%	赋存情况
硫锡银矿	Ag_8SnS_6	10.11	稀少
锡铝硅钙矿	$Ca_2Sn[AlSi_3O_8]_2(OH)_6$	13.59	稀少
水镁锡矿	$MgSnO_2(OH)_6$	42.8	不常见
黑硼锡铁矿	$(Fe^{2+},Mg)_2(Fe^{3+}Sn)BO_5$	10	稀少
硅锡矿	$3SnSiO_4 \cdot 2SnO_2 \cdot 4H_2O$	48.35~55	很稀少
羟锡石（水锡石）	$Sn_3O_2(OH)_2$	62.2	很稀少

纯锡石（SnO_2）含锡78.8%，但由于天然锡石中常含铁、锰、铟、钽、铌、钨、镓、锗、钒、铍和钪等元素，其中以铁最多，所以，天然锡石的含锡量仅为70%~77%。纯锡石是无色透明的，天然锡石因含杂质元素的不同而使其颜色不同，一般常见的为褐色和棕色。

锡石的莫氏硬度为6~7，性脆。密度6.8~7.0g/cm³。锡石矿床在成因上与酸性岩浆岩，尤其是与花岗岩有密切的关系。在各类型锡矿床均有锡石产出，其中以锡石石英脉和热液锡石硫化物矿床最具有工业价值。原生锡石矿经风化破坏后，常形成砂锡矿。

黝锡矿（黄锡矿）分子式为：Cu_2FeSnS_4。其化学组成为：Cu29.58%、Fe12.99%、Sn27.61%、S29.82%。呈钢灰色。黝锡矿的莫氏硬度3~4，性脆，密度4.0~4.5g/cm³。其属热液成因，分布较广，在钨锡石英脉或锡石硫化物矿床中常有产出，但分布数量较锡石少得多。在氧化带中的黝锡矿易氧化、分解，而形成白色非晶质锡的氢氧化物-锡酸矿$SnO_2 \cdot nH_2O$。

1.2.3 锡矿床及锡矿资源

世界锡矿床分布很不均匀，按全球性锡矿相对集中的部位，将其分布划分为5个主要的锡成矿带，即东亚滨太平洋锡成矿带（该矿带储量约占世界总储量的23%）、西美滨太平洋锡成矿带（该矿带储量约占世界总储量的11%）、东南亚-东澳大利亚锡成矿带（该矿带储量约占世界总储量的42%）、欧亚大陆锡成矿带（该矿带储量约占世界总储量的7.5%）及非洲锡成矿带（该矿带储量约占世界总储量的8%）。

我国锡矿成矿区受滨太平洋、特提斯-喜马拉雅及古亚洲三大巨型深断裂体系控制。锡矿带分布于华南褶皱系、三江褶皱系、大兴安岭褶皱系、北天山脉褶皱系和扬子准地台构筑单元中。根据锡矿所处构造部位和区域分布的关系，大体上可划分为10个锡矿带：东南沿海锡矿带、南岭锡钨矿带、个旧—大厂锡矿带、滇西锡矿带、川西锡矿带、川滇锡矿带、桂北锡矿带、赣北锡矿带、内蒙古—大兴安岭锡矿带、北天山锡矿带。

根据成矿的原因或开采条件，锡矿床大致可分为两大类：（1）原生矿床（俗称山锡、脉锡矿床）；（2）冲积矿床（俗称砂锡矿床）。

根据锡的矿物成分可分为两大类：（1）硫化矿床（锡石与重金属硫化物、黄铁矿等相结合）；（2）氧化矿床（锡石分散在氧化物脉石中）。

原生矿床是天然存在的由石英、伟晶花岗岩及其他岩石构成的矿脉。矿脉的宽度不一，由几厘米至1m以上，从岩石中开采出来后，经选矿处理便得到锡精矿。原生矿床的矿物组成比较复杂，除含锡石外，还含有各种伴生矿物，如黄铁矿、黄铜矿、闪锌矿、方铅矿等。

冲积矿床（砂锡矿床）是由含有锡石的原生矿床在外部自然因素的影响下而形成的，因为锡石的密度、硬度和化学稳定性都较其他伴生矿物大，所以，当它受到崩溃、风化和冲洗等的外力作用时，脉石便变成了细砂，而锡石不会崩溃而残存、聚集在原生矿床风化后生成的疏松的沉积层中，如此经过一次次天然的选矿从而形成砂锡矿床，所以砂锡矿床一般出现在原生矿床附近。它的矿物组成及其生成情况与形成该砂锡矿的原生矿相似，但较原生矿简单，大多只含有密度与锡石密度相近的伴生矿物。由于其易开采、采矿作业成本低，是锡矿的主要工业类型之一。

目前，世界上锡的储量基础约为1000万吨，储量为700万吨。据统计，世界上有40多个国家拥有锡矿资源，除中国外，国外锡储量主要集中分布在马来西亚、泰国、印度尼西亚、巴西、玻利维亚、俄罗斯、澳大利亚、扎伊尔、英国、秘鲁等国，他们的锡储量约占世界总储量的80%。具体详见表1-2。

表1-2　世界锡储量及储量基础　(kt)

国　家	储　量	比例/%	储量基础	比例/%
中　国	1600	21.5	1600	15.8
巴　西	1200	16.1	2500	24.7
马来西亚	1200	16.1	1200	11.8
泰　国	940	12.6	940	9.3
印度尼西亚	750	10.0	820	8.1
扎伊尔	510	6.9	510	4.9
玻利维亚	450	6.0	900	8.9
俄罗斯	300	4.1	300	3.0
澳大利亚	210	2.8	600	5.9
葡萄牙	70	0.9	70	0.7
秘　鲁	20	0.3	40	0.4
美　国	20	0.3	40	0.4
其他国家	180	2.4	620	6.1
合　计	7450	100	10140	100
世界总估计	7000		10000	

我国锡矿资源丰富，现已探明储量居世界前列。同国外产锡国相比，我国锡矿资源有以下特点：(1) 锡矿分布高度集中。主要集中分布于云南、广西、江西、广东、湖南五省（区），占全国已利用储量的98%。其中云南、广西两省（区）即占80%。(2) 锡矿床类型以原生脉锡矿为主。原生矿储量约占90%，砂锡矿仅占10%。(3) 原生矿以亲硫系列矿床为主。其约占脉锡矿储量的85%。

锡矿的开采品位不断下降，目前砂锡矿的开采品位为0.009%～0.03%，最低仅0.005%；脉锡矿开采品位一般在0.5%以上；易处理的伟晶岩锡矿和含锡多金属矿，锡的开采品位可低于0.3%。由于原矿品位低，必须经过选矿产出含锡为40%～70%的精矿，才能送冶炼厂处理。

1.2.4 锡的采矿和选矿简述

1.2.4.1 锡的采矿

锡矿开采历史悠久，可以追溯到青铜器时代。随着科学技术的进步，锡矿开采技术也在不断发展。

锡矿的可采品位，随着矿种的不同，锡价的波动和开采方法的差别，变动范围很大。普遍存在的问题是开采品位不断下降，砂锡矿开采品位已降到0.009%～0.03%，最低仅为0.005%；脉锡矿开采品位一般在0.5%以上，易处理的伟晶岩锡矿和含锡多金属矿床中，锡的开采品位可低于0.3%。在锡价下跌的情况下，许多锡矿经营者在千方百计提高出矿品位。

锡矿开采同其他金属矿产既有共同之处，也有其自己的特点：

（1）以露天开采为主，逐步转向开采地下脉矿。由于砂锡矿赋存于地表，用露天开采比地下开采容易，工艺简单，基建投资少，建设周期短，生产成本低，成为各国着重开采的对象，到目前为止，从砂锡矿中所产出的锡占世界锡总产量的65%以上。目前，多数国家开采砂锡矿的兴盛时期已经过去，随着砂锡矿资源逐步消耗，脉锡矿的开采在增加。但是，由于脉锡矿多埋藏于地下，绝大多数为地下开采，需要大量的巷道工程，投资大，建设周期长，生产成本高，要大量增加锡产量比较困难。

（2）砂锡矿主要采用水力机械化（水枪—砂泵）开采和采锡船开采。开采残（坡）积砂锡矿和海滨砂锡矿的方法有：人工挖采（淘洗）、机械干式开采、水力机械化开采和各种采锡船开采，以后两种方法为多。

（3）脉锡矿以地下中小型矿山开采为主。国内外的脉锡矿除个别矿山采用露天机械开采外，绝大部分矿山均用地下开采。

1.2.4.2 锡的选矿

选矿是采矿和冶炼之间的中间过程。选矿方法的选择，选矿过程的繁简主要是由矿石性质来决定的。当然，还要考虑资源和生产条件、采矿和冶炼方法及相应的要求等。锡矿石的选矿分为选前准备作业、分选产出精矿和尾矿、选矿产品处理3个主要作业过程。

锡矿石的主要特性和选矿特点如下：

（1）有价锡矿物的单一性。已发现的锡矿物有50多种，但只有锡石和黝锡矿（又称为黄锡矿）才具有工业应用价值。黝锡矿提供的锡少于世界锡金属产量的1%，锡矿石中有价锡矿主要是锡石。由于锡石密度为6.8～7g/m^3，比矿石中脉石密度大得多，在过去，重力选矿是锡矿选矿的唯一方法。锡石浮选应用于生产后，目前世界上90%以上的锡精矿仍然来源于重选，重选仍然是锡石选矿的主要方法。

（2）锡石化学性质的稳定性和物理性质的易碎性。锡石不溶于一般的酸和碱，在自然风化过程中有相当高的稳定性。伟晶岩和石英脉等原生锡矿床形成的砂锡矿，遭风化和搬迁越烈，锡石单体分离度越好，越集中在可选粒级范围内，可选性越好。锡石—硫化物矿床氧化越深，原矿含泥越多，伴生的硫化矿被氧化后，与锡石分离困难或难以综合回收。锡石性脆而易碎，在磨矿时容易过粉碎，所以阶段磨矿，阶段选别形成锡矿石选矿的一大特点。

（3）锡矿石中伴生有价矿物的多样性。在各类锡矿石中常分别伴生有铁、锰等黑色金属矿物，铜、铅、锌、钨、铋、锑等有色金属矿物，钛、锆、钽、铌、铟、镉、铈、镧等稀有、稀土金属矿物和稀散金属，还有硫、砷、萤石等非金属矿物。伴生有用矿物多，且密度又彼此相近，有的共生致密，决定了锡矿石选矿必须采用重、浮、磁、电等多种选矿方法以至化学方法，才能使这些伴生矿物与锡石分离和综合回收。这是锡矿石选矿的另一大特点。

（4）锡矿石品位低。与铜、铅、锌等有价金属矿相比，锡矿石品位低。易选的砂锡矿品位0.01%～0.1%。脉锡矿除少数富矿区外，平均低于1%。而锡精矿品位最低要求40%以上，即富集比高达百倍至数千倍。这就要求易选矿石尽量采用高处理能力、低消耗的设备及方法；对难选矿石，为了缓解回收率与富集比之间的矛盾，则在产出高品位精矿的同时，另行产出低品位精矿或中矿，用不同的冶金方法处理。这也是锡矿石选矿的又一特点。

我国的锡资源丰富，储量居世界前列，然而大多为锡石多金属共生矿床及次生的氧化脉锡矿和残破集砂锡矿。与世界锡资源相比，我国锡矿石总体上具有“贫、细、杂”三大特点，即同类矿石锡平均品位低、锡石粒度细、伴生矿物多，矿物组分复杂、共生关系密切，致使锡石的选收及有价金属综合回收困难。经过长期科学研究和生产实践，使我国锡选矿形成了独特的选矿工艺，锡矿石重选及锡石浮选都具有世界先进水平。

1.3　锡及其主要化合物的物理化学性质

1.3.1　金属锡

锡的元素符号是 Sn，源出拉丁名字 stannum，其英文为 tin。锡的相对原子质量为118.69，在元素周期表中其原子序数为50，属第Ⅳ主族的元素，位于同族元素锗和铅之间。故锡的许多性质与铅相似，且易与铅形成合金。

1.3.1.1　*金属锡的物理性质*

锡是银白色金属，锡锭表面因氧化而会生成一层珍珠色的氧化物薄膜。其表面光泽与杂质含量和浇铸温度有极大的关系，浇铸温度愈低，则锡的表面颜色愈暗，当铸造温度高于500℃时，锡的表面易氧化生成膜呈现珍珠色光泽。锡中所含的少量杂质，如铅、砷、锑等能使锡的表面结晶形状发生变化，并使其表面颜色发暗。

锡相对较软，具有良好的展性，仅次于金、银、铜，容易碾压成0.04mm厚的锡箔，但延性很差，不能拉成丝。锡条在被弯曲时，由于锡的晶粒间发生摩擦并被破坏从而发出断裂般响声，称为“锡鸣”。

锡有3个同素异形体：灰锡（α－Sn）白锡（β－Sn）和脆锡（γ－Sn），其相互转变温度和特性如下：

$$\text{灰锡}\xrightarrow{13.2℃}\text{白锡}\xrightarrow{161℃}\text{脆锡}\xrightarrow{232℃}\text{液体锡}$$

	（α－Sn）	（β－Sn）	（γ－Sn）	
晶体结构	等轴晶系	正方晶系	斜方晶系	
密度/$g\cdot cm^{-3}$	5.35	7.30	6.55	6.99
特征	粉状	块状，有展性	块状，易碎	

人们平常所见到的是白锡（β - Sn）。白锡在13.2~161℃之间稳定，低于13.2℃即开始转变为灰锡，但其转变速度很慢，当过冷至-30℃左右时，转变速度达到最大值。灰锡先是以分散的小斑点出现在白锡表面，随着温度的降低，斑点逐渐扩大布满整个表面，随之块锡碎成粉末，这种现象称为“锡疫”。所以，锡锭在仓库中保管期1个月以内时，保温应高于12℃，若保管期在1个月以上时，则保温应高于20℃。若发现锡锭有腐蚀现象时，应将好的锡锭与腐蚀的锡锭分开堆放，以免“锡疫”的发生和蔓延。另外，在寒冷的冬季，最好不要运输锡。锡若已转变成灰锡而变成粉末，可将其重熔便可复原，在重熔时加入松香和氯化铵可减少过程的氧化损失。

固态锡的密度在20℃时为7.3g/cm³，液态锡的密度随着温度的升高而降低，其具体关系见表1-3。

表1-3　锡的密度与温度的关系

温度/℃	250	300	500	700	900	1000	1200
密度/g·cm⁻³	6.982	6.943	6.814	6.695	6.578	6.518	6.399

熔融状态下（320℃），锡的黏度很小，只有0.001593Pa·s，所以，流动性很好，这给冶炼回收带来一定的困难。故在冶炼作业时，应采取有效措施，防止或减少漏锡，以提高锡的直接回收率和冶炼回收率。

锡的熔点为231.96℃，沸点为2270℃。由于其熔点低，所以，易于在精炼锅内进行火法精炼；而真空精炼法则是利用其较高沸点的性质来除去粗锡中所含易挥发的铅等杂质元素。

1.3.1.2　金属锡的化学性质

锡有10种稳定的天然同位素，其中^{120}Sn、^{118}Sn和^{116}Sn的丰度分别为32.85%、24.03%和14.30%，占总和的71.18%。锡原子的价电子层结构为$5s^25p^2$，容易失去5p亚层上的两个电子，此时外层未形成稳定的电子层结构，倾向于再失去5s亚层上的两个电子以形成较稳定的结构，所以锡有+2和+4两种化合价。锡的+2价化合物不稳定，容易被氧化成稳定的+4价化合物。因此，有时锡的+2价化合物可作为还原剂使用。

常温下锡在空气中稳定，几乎不受空气的影响，这是因为锡的表面生成一层致密的氧化物薄膜，阻止了锡的继续氧化。锡在常温下对许多气体和弱酸或弱碱的耐腐蚀能力均较强，所以在通常环境和受工业污染的腐蚀性环境中，锡都能保持其银白色的外观。因此，锡常被用来制造锡箔和用来镀锡。但当温度高于150℃时，锡能与空气作用生成SnO和SnO_2，在赤热的高温下，锡会迅速氧化挥发。

锡在常温下与水、水蒸气和二氧化碳均无作用。但在610℃以上时，锡会与二氧化碳反应生成二氧化锡：

$$Sn + 2CO_2 \xlongequal{} SnO_2 + 2CO \tag{1-1}$$

在650℃以上时，锡能分解水蒸气：

$$Sn + 2H_2O_{(气)} \xlongequal{} SnO_2 + 2H_2 \tag{1-2}$$

常温下锡即与卤素，特别是与氟和氯作用生成相应的卤化物。加热时，锡与硫、硫化氢或二氧化硫作用生成硫化物。

锡的标准电极电位 $\varphi^{\ominus}_{(Sn^{2+}/Sn)}$ 为 -0.136V，但由于氢在金属锡上的超电位较高，所以锡与稀的无机酸作用缓慢，而与许多有机酸基本不起作用。

在热的浓硫酸中，锡按下式反应生成硫酸锡：

$$Sn + 4H_2SO_4 = Sn(SO_4)_2 + 2SO_2 + 4H_2O \quad (1-3)$$

加热时，锡与浓盐酸作用生成 $SnCl_2$ 和氯锡酸（H_2SnCl_4 和 $HSnCl_3$），如通入氯气，锡可全部变成 $SnCl_4$。

锡与浓硝酸反应生成偏锡酸（H_2SnO_3）并放出 NH_3、NO 和 NO_2 等气体。

锡与氢氧化钠、氢氧化钾、碳酸钠和碳酸钾稀溶液发生反应（尤其是当加热和有少量氧化剂存在时）生成锡酸盐或亚锡酸盐。饱和氨水不与锡作用，但稀氨水能与锡反应，而且其反应程度与 pH 值相近的碱液差不多。某些胺也能与锡起作用。

1.3.2　锡的主要化合物及性质

1.3.2.1　锡的氧化物

锡的氧化物最主要的有两种：氧化亚锡（SnO）和二氧化锡（SnO_2，又称氧化锡）。

氧化亚锡（SnO）：自然界中未曾发现天然的氧化亚锡。目前，只能用人工制造获取，制造的氧化亚锡是具有金属光泽的蓝黑色结晶粉末。主要的制取方法有两种：

第一，用碳酸钠或碳酸钾与氯化亚锡溶液作用，然后用沸水洗涤得到黑色沉淀，再经真空干燥便可；第二，将氨水与氯化亚锡作用，并将母液和沉淀煮沸，所生成的黑色氧化亚锡经脱水干燥后，便可得到氧化亚锡粉末。

氧化亚锡是四方晶体，含锡 88.12%，相对分子质量 134.69，密度 6.446g/cm^3，熔点 1040℃，沸点 1425℃。其在高温下显著挥发。

氧化亚锡在锡精矿的还原熔炼过程是一种过渡性产物，在高温下，其蒸气压很高，此时在熔炼时，造成挥发部分进入烟尘，部分损失掉，从而降低冶炼回收的一个原因。故在熔炼过程中，应引起高度的重视。

氧化亚锡只有在高于 1040℃或低于 400℃时稳定，在 400～1040℃之间会发生歧化反应转变为 Sn 和 SnO_2。

氧化亚锡能溶解于许多酸、碱和盐类的水溶液中。它容易和许多无机酸和有机酸作用，因而被用作制造其他锡化合物的中间物料。氧化亚锡和氢氧化钠或氢氧化钾作用生成亚锡酸盐。亚锡酸钠和亚锡酸钾溶液容易分解，生成相应的锡酸盐和锡。

氧化亚锡在高温下呈碱性，能与酸性氧化物结合形成盐类化合物，如与二氧化硅（SiO_2）生成硅酸盐，这种硅酸盐比 SnO 难以还原，因此在配料时要注意，炉渣的硅酸度不宜过高，以减少 SnO 在渣中的损失。

二氧化锡（SnO_2，又称氧化锡）：它是锡在自然界存在的主要形态，天然的二氧化锡俗称锡石，是炼锡的主要矿物。天然锡石因其含杂质的不同呈黑色或褐色。工业上有许多方法制备二氧化锡，例如在熔融锡的上方鼓入热空气以直接氧化锡或在室温下用硝酸与粒状金属锡反应，生成偏锡酸再经煅烧都可以制备二氧化锡。人工制造的二氧化锡为白色。

天然的二氧化锡为四方晶体。二氧化锡也可能以斜方晶形和六方晶形存在。其相对分子质量为 150.69，其含锡 78.7%，密度 7.01g/cm^3，莫氏硬度 6～7，熔点 2000℃，沸点约为 2500℃。在熔炼温度下，二氧化锡挥发性很小，但当有金属锡存在时，则显著挥发，这是由于两者相互作用生成 SnO：

$$SnO_{2(s)} + Sn \longrightarrow 2SnO_{(g)} \qquad (1-4)$$

在高温下，二氧化锡的分解压力很小，是稳定的化合物，但容易被 CO 和 H_2 等还原，这就是用还原熔炼获得金属锡的理论基础。

二氧化锡呈酸性，在高温下能与碱性氧化物作用生成锡酸盐，常见的有：Na_2SnO_3、K_2SnO_3 和 $CaSnO_3$ 等。

二氧化锡是较惰性的，实际上不溶于酸和碱的水溶液中，但是锡精矿中一些杂质却能溶于盐酸中，此性质可用于为提高锡精矿品位，在炼前增设酸浸工序，以除去精矿中可溶于盐酸的杂质元素。

1.3.2.2 锡的硫化物

在自然界中有少数的锡硫化物存在，锡主要有 3 种硫化物：硫化亚锡（SnS）、二硫化锡（SnS_2，也称硫化锡）和三硫化二锡（Sn_2S_3）。谢夫留可夫等人研究指出，这三种硫化物相互间的转变温度为：

$$2SnS_2 \xrightleftharpoons{520 \sim 535℃} Sn_2S_3 + 1/2S_2 \qquad (1-5)$$

$$Sn_2S_3 \xrightleftharpoons{535 \sim 640℃} 2SnS + 1/2S_2 \qquad (1-6)$$

这些研究数据说明：SnS_2 只有在 520℃以下时才是稳定的，超过此温度时便会分解为 Sn_2S_3 和 S_2；另外，当 Sn_2S_3 加热到 640℃时也会发生分解，其产物为 SnS 和硫蒸气，这表明在 640℃以上，只有 SnS 是锡的稳定的硫化物。硫化亚锡是锡的三种硫化物中最重要的硫化物。

硫化亚锡（SnS）：将 Sn 与 S 在 750～800℃无氧气氛中加热制得的 SnS 为铅灰色细片状晶体。将硫化氢气体（H_2S）通入氯化亚锡（$SnCl_2$）的水溶液中生成的 SnS 为黑色粉末。

其相对分子质量为 150.75，密度为 5.08g/cm^3，熔点 880℃，沸点 1230℃，其蒸气压较大。据质谱分析，它有两种气态聚合物，即 SnS 和 Sn_2S_3。硫化亚锡的挥发性很大，在 1230℃时便可达到一个大气压，这是烟化炉从熔炼炉渣及低品位含锡物料中硫化挥发回收锡的理论基础。同时，这个性质给锡精矿的熔炼带来不利，因此，还原煤和燃料煤中的含硫是愈低愈好，这样在熔炼过程可减少、降低锡的硫化挥发损失。

硫化亚锡不易分解，是高温稳定的化合物，SnS 和 FeS 在 785℃生成共晶（80% SnS），SnS 和 PbS 在 820℃生成共晶（9% SnS）。

在空气中加热，硫化亚锡便会氧化成 SnO_2：

$$SnS + 2O_2 \longrightarrow SnO_2 + SO_2 \qquad (1-7)$$

这就是锡在烟化炉产出的烟化尘中是以氧化锡形态存在的道理所在。

氯气在常温下也能与硫化亚锡作用：

$$SnS + 4Cl_2 \longrightarrow SnCl_4 + SCl_4 \qquad (1-8)$$

硫化亚锡不溶于稀的无机酸中，但其可溶于浓盐酸：

$$SnS + 2HCl \longrightarrow SnCl_2 + H_2S \qquad (1-9)$$

硫化亚锡还溶于碱金属多硫化合物中，生成硫代锡酸盐。硫代锡酸盐易溶于水，又可从溶液中结晶出来，电解其溶液可以在阴极上析出锡。这一性质正被用于锡的电解精炼和探索新的炼锡方法。

二硫化锡（SnS_2，又称硫化锡）：一般采用干法制备，例如在 500 ~ 600℃，加热金属锡、元素硫和氯化铵的混合物即可获得二硫化锡。也可在四价锡盐的弱酸溶液中通入硫化氢而沉淀出 SnS_2。

无定形的二硫化锡是黄色粉末，结晶为金黄色片状三方晶体，俗称“金箔”。其相对分子质量为 182.81，密度 4.51g/cm^3，它仅在低温下稳定，温度高于 520℃ 即会分解为 Sn_2S_3 和硫蒸气。

二硫化锡不挥发，将其焙烧可得到氧化锡。

二硫化锡易溶于碱性硫化物，特别是 Na_2S 中，生成硫代锡酸盐类：

$$Na_2S + SnS_2 \xlongequal{} Na_2SnS_3 \tag{1-10}$$

$$Na_2S + Na_2SnS_3 \xlongequal{} Na_4SnS_4 \tag{1-11}$$

三硫化二锡（Sn_2S_3）：在中性气流中加热硫化锡可分化为三硫化二锡，但其中亦混杂有少量硫化锡和硫化亚锡。其相对分子质量为 333.56，密度为 4.6 ~ 4.9g/cm^3，它也是只有在低温下才稳定，当温度高于 640℃ 就分解为 SnS 和硫蒸气。

1.3.2.3　锡的卤化物

锡可以直接与卤素作用，生成二卤化物（SnX_2）和四卤化物（SnX_4），但制取 SnX_2 需要控制条件。另外，诸如 $Sn(Cl_2F_2)$ 的混合卤化物，$(SnF_3)^-$ 和 $(SnCl_6)^{2-}$ 的阴离子，以及 $Sn(BF_4)_2$ 等化合物也存在。

SnX_2 在固体状态时生成链型晶格结构，但在气体状态时则是单分子化合物。除 SnF_4 以外，其他 SnX_4 都是可溶于有机溶剂的挥发性共价键化合物。

锡的卤化物主要有以下几种：二氯化锡（$SnCl_2$，又称氯化亚锡）、四氯化锡（$SnCl_4$，又称氯化锡）、氟硼酸亚锡［$Sn(BF_4)_2$］、溴化亚锡（$SnBr_2$）与溴化锡（$SnBr_4$）及碘化亚锡（SnI_2）与碘化锡（SnI_4）等。

氯化亚锡（$SnCl_2$）：在氯化氢气体中加热金属锡或者采用直接氯化的方法可以制取无水氯化亚锡。用热盐酸溶解金属锡或者氯化亚锡可以制取水合二氯化锡。无水氯化亚锡比其二水合物（$SnCl_2 \cdot 2H_2O$）稳定。

氯化亚锡为无色斜方晶体，相对分子质量为 189.60，密度 3.95g/cm^3，熔点 247℃，沸点 670℃。氯化亚锡易溶于水和多种有机溶剂，如乙醇、乙醚、丙酮和冰醋酸等。

二水合物 $SnCl_2 \cdot 2H_2O$ 为白色针状结晶，它在空气中会逐渐氧化或风化而失去水分，当加热高于 100℃ 时可获得无水二氯化锡，在有氧的条件下加热则变成 SnO_2 和 $SnCl_4$：

$$2SnCl_2 + O_2 \xlongequal{} SnO_2 + SnCl_4 \tag{1-12}$$

如同时有水蒸气存在，则会全部转化成 SnO_2：

$$SnCl_2 + H_2O + 1/2O_2 \xlongequal{} SnO_2 + 2HCl \tag{1-13}$$

在二氯化锡的水溶液中，锡离子容易被更负电性的金属如铝、锌、铁等置换出来生成海绵锡。因此，其水溶液是电解液的一种主要成分。如果二氯化锡水溶液暴露在空气中，则氧化产生 $SnOCl_2$ 沉淀，如隔绝氧将其稀释，则产生 Sn（OH）Cl 沉淀。

氯化亚锡的沸点较低且极易挥发，氯化挥发法从含锡品位较低的贫锡中矿里提取锡就是利用了此性质。

氯化锡（$SnCl_4$）：人工制取氯化锡的方法有两种：一是将氯气通入氯化亚锡的水溶液

中；另一种是在110~115℃下将金属锡与氯气直接发生反应制取无水四氯化锡。

氯化锡在常温下为无色液体，相对分子质量为260.5，密度2.23g/cm^3，熔点-33℃，沸点114.1℃。它比氯化亚锡更易挥发，在常温时就会蒸发（这也是氯化冶金得以实现的理论基础），在潮湿的空气中会冒烟，由于水解而变得混浊。其蒸气压测定值见表1-4。

表1-4 氯化锡蒸气压测定值

温度/℃	0	20	40	60	80	100	120
蒸气压/Pa	737.1	2476.7	6774.3	16289.3	34218.1	66116.8	119356.8

无水四氯化锡同水反应激烈，生成五水四氯化锡。五水四氯化锡是白色单斜晶系结晶体，在19~56℃下稳定，熔点约为60℃，极易潮解，且易溶于水和乙醇中。四氯化锡能与氨反应生成复盐，能与有机物发生加成反应。

在没有水存在时，四氯化锡对钢无腐蚀作用，因此，四氯化锡产品可以装在特殊设计的普通钢制圆桶内。

氟硼酸亚锡［$Sn(BF_4)_2$］：将氧化亚锡溶于氟硼酸中，或者将锡制成锡花，置于反应器中加入氟硼酸，然后通入压缩空气使其反应，均可以制备氟硼酸亚锡。

氟硼酸亚锡含锡量为50%的水溶液即可作为工业产品。它只存在于溶液中，尚未分离出固态形式的氟硼酸亚锡。

氟硼酸亚锡溶液为无色透明液体，微碱性，受热易分解，在空气中长期放置易氧化，具有腐蚀性。

溴化亚锡（$SnBr_2$）与溴化锡（$SnBr_4$）：溴化亚锡是将金属锡置于溴化氢气体中加热制得。在加热区附近生成物冷凝成油状液体，冷却后得到固体溴化亚锡。

溴化亚锡是一种浅黄色的盐类，它呈六面柱状结晶，熔点为215.5℃，它和锡的氟化物、氯化物一样，容易溶于水。

溴化锡是一种白色的、发烟的结晶物质。在溴的气氛中燃烧锡可以直接得到溴化锡。它的熔点为31℃，在加热时，它也是很稳定的。

碘化亚锡（SnI_2）与碘化锡（SnI_4）：将磨得很细的金属锡同碘一起加热时，就会生成碘化亚锡和碘化锡的混合物。采用挥发法可将他们分离开，因为碘化锡在180℃下挥发，留下的是碘化亚锡。在密封的管子中，在360℃下延长加热时间，采用金属锡还原碘化锡亦可制取碘化亚锡。

碘化亚锡是一种红色结晶物质，它的熔点为316℃，稍溶于水，易溶于盐酸和氢氧化钾，还溶于氢碘酸或碘化物，生成$HSnI_3$或其盐类。

碘化锡是一种稳定的红色结晶固体。

1.3.2.4 锡的无机盐

常见锡的无机物有以下4种：硫酸亚锡（$SnSO_4$）、锡酸钠（Na_2SnO_3）、锡酸钾（K_2SnO_3）与锡酸锌（$ZnSnO_3$或Zn_2SnO_4）。

硫酸亚锡（$SnSO_4$）：硫酸亚锡可由氧化亚锡和硫酸反应制取，也可由金属锡粒和过量的硫酸在100℃下反应若干天制取。但是，最好的制备方法还是在硫酸铜水溶液中采用金属锡置换铜的方法。另外，利用锡金属阳极在硫酸电解液中溶解的方法也可制取硫酸亚锡。

硫酸亚锡为无色斜方晶体，加热至360℃时分解，可溶于水，其溶解度在20℃时为352g/L，在100℃时降为220g/L。

锡酸钠（Na_2SnO_3）：将二氧化锡与氢氧化钠一起熔化，然后采用浸出的方法制取锡酸钠。工业上通常是以从脱锡溶液中回收的二次锡作为制取锡酸钠的原料。由于锡酸钠常常带有3个结晶水，所以，其分子式也可写成 $Na_2SnO_3 \cdot 3H_2O$ 或 $Na_2Sn(OH)_6$，其加热至140℃时失去结晶水，遇酸发生分解。放置于空气中易吸收水分和二氧化碳而变成碳酸钠和氢氧化锡。

锡酸钠为白色结晶粉末，无味，易溶于水，不溶于乙醇、丙酮；其水溶液呈碱性。

锡酸钾(K_2SnO_3)：将二氧化锡与碳酸钾一起熔化，然后采用浸出的方法制取锡酸钾。工业上也通常是以从脱锡溶液中回收的二次锡为原料制取锡酸钾。由于常带有3个结晶水，所以其分子式也常写成为 $K_2SnO_3 \cdot 3H_2O$ 或 $K_2Sn(OH)_6$。其最重要的用途是配制镀锡及其合金的碱性电解液。

锡酸钾为白色结晶，溶于水，溶液呈碱性，不溶于乙醇和丙酮。

锡酸锌（$ZnSnO_3$ 或 Zn_2SnO_4）：即偏锡酸锌，其合成原理：利用锌盐的络合效应与化学共沉淀制取中间体羟基锡酸锌 $ZnSn(OH)_6$，然后将 $ZnSn(OH)_6$ 在一定条件下热分解即可制得锡酸锌。它主要用于生产无毒的阻燃添加剂（同时具有烟雾抑制作用）和气敏元件的原料。

锡酸锌为白色粉末，密度3.9g/cm^3，溶解温度大于570℃，毒性很低。

1.3.2.5　锡的有机化合物

锡的有机化合物的定义是至少含有一个直接锡—碳键的化合物，即锡的有机化合物是由锡直接与一个或多个碳原子结合的化合物。在大多数锡的有机化合物中，锡都以+4价氧化态存在，但在少数锡的有机化合物中，锡以+2价氧化态存在。相对于硅或锗的有机化合物中的硅—碳键或锗—碳键而言，锡—碳键一般较弱并具有更大的极性，与锡相连的有机基团更易脱离。然而，这种相对较高的活性并不意味着锡的有机化合物在通常条件下不稳定。锡—碳键在常温下对水及大气中的氧是稳定的，并且对热是非常稳定的（许多锡的有机化合物可经受减压蒸馏而几乎不分解）。强酸、卤素及其他亲电子试剂易使锡—碳键断裂。在环境条件下，有机锡最终降解为无机物，不对生态构成威胁，而成为使用有机锡的一大优点。

大部分已知的有机锡可分为4类：R_4Sn、R_3SnX、R_2SnX_2 和 $RSnX_3$，它们的通式为 R_nSnX_{4-n}（n=1，2，3或4），其中R为有机团，一般为烷基或芳基基团，X为阴离子基团，如氯化物、氟化物、氧化物或其他功能团。四有机锡化合物 R_4Sn 在温度达到200℃时仍具有热稳定性，不易与水或空气中的氧起反应，对哺乳动物具有毒性，其主要用于合成其他锡的有机化合物。三有机锡化合物 R_3SnX 具有很强的杀虫性。二有机锡化合物 R_2SnX_2 一般比三有机锡化合物具有更强的化学反应性，但其生物活性比三有机锡化合物的低得多，主要用作塑料的稳定剂或催化剂。单有机锡化合物 $RSnX_3$ 对哺乳动物毒性很低，主要用作聚氯乙烯稳定剂的协和添加剂（与二有机锡一起），其次用作酯化反应的催化剂。常见主要有机锡的物理化学性质见表1－5。

表 1-5 主要有机锡的物理化学性质

化合物	物理形态（常温）	密度（20℃）/g·cm^{-3}	相对分子质量	熔点/℃	沸点/℃	可溶性	
						水	有机溶剂
四丁基锡 $Sn(C_4H_9)_4$	无色油状液体	1.05	347	-97	145	不溶	溶于大多数
四苯基锡 $Sn(C_6H_5)_4$	白色结晶粉末	1.48~1.49	427	224~230	>420	不溶	常温下微溶，高温下易溶
三丁基氧化锡 $(C_4H_9)_3SnOSn(C_4H_9)_3$	无色液体	1.17	596	<-45	210~240	不溶	溶
三丁基氯化锡 $(C_4H_9)_3SnCl$	无色液体	1.2~1.3	325.5	30	142~172	不溶	溶于大多数
三丁基氟化锡 $(C_4H_9)_3SnF$	白色结晶细粒		309	240		不溶	大多数微溶
三丁基醋酸锡 $(C_4H_9)_3SnOOCCH_3$	白色结晶体	1.27	349	80~85		不溶	溶于苯和甲醇
三丁基苯酸锡 $(C_4H_9)_3SnOOCC_6H_5$	液体	1.19	411		166~168	不溶	
三苯基醋酸锡 $(C_6H_5)_3SnOOCCH_3$	白色结晶粉末		409	119~124		不溶	微溶于乙醇和芳族溶剂
三苯基氯化锡 $(C_6H_5)_3SnCl$	白色结晶粉末		385.5	103~107		不溶	溶于芳族溶剂和氯化碳化合物
三苯基氢氧化锡 $(C_6H_5)_3SnOH$	白色粉末		367	118~124		不溶	溶于苯、甲醇和其他普通溶剂
二甲基二氯化锡 $(CH_3)_2SnCl_2$	无色固体		220	106~108	185~190	易溶	溶
二丁基二醋酸锡 $(C_4H_9)_2Sn(OOCCH_3)_2$	液体	1.32	351	8.5~10	142~145	不溶	溶
二丁基二月桂酸锡 $(C_4H_9)_2Sn(OOCC_{11}H_{23})_2$	液体	1.05	632	22~27		不溶	溶于苯和丙醇
二丁基马来酸锡 $(C_4H_9)_2Sn(C_4H_2O_4)_2$	白色粉末		346	103~105		不溶	不溶

1.4 锡合金

在元素周期表的元素中，锡能与第Ⅰ族的锂、钠、钾、铜、银、金，与第Ⅱ族的铍、镁、钙、锶、钡、锌、镉、汞，与第Ⅲ族的铝、镓、铟、铊、镱、镧、铀，与第Ⅳ族的硅、锗、铅、钛、锆、铪，与第Ⅴ族的磷、砷、锑、铋、钒、铌，与第Ⅵ族的硒、碲、铬，与第Ⅶ族的锰及第Ⅷ族的铁、钴、镍、铑、钯、铂等形成二元和多元合金以及金属间化合物。

锡的二元合金主要有：Sn-Pb 合金、Sn-Sb 合金、Sn-Bi 合金、Sn-Fe 合金、Sn-Cd 合金、Sn-Al 合金、Sn-Au 合金、Sn-In 合金、Sn-Ca 合金、Sn-Co 合金、

Sn－Li 合金、Sn－Mg 合金、Sn－Mn 合金、Sn－Cu 合金、Sn－As 合金、Sn－Ag 合金、Sn－Zn 合金、Sn－Ti 合金、Sn－Zr 合金、Sn－Tl 合金、Sn－Ga 合金等。

现常用锡的多元合金主要有：Sn－Pb－Bi 合金、Sn－Pb－Sb 合金、Sn－Sb－Cu 合金、Sn－Pb－Ag 合金、Sn－Pb－Ca 合金等。

锡合金广泛用于工业、农业、国防科技、医学界等各行各业，最常见是用于电子产业，如电子元件、焊料、保险等。

现在很多锡行业企业都加大力度研究锡合金的组成和性质，开展锡的深度加工，这样不仅为研究新的锡合金材料性质、制定热加工工艺方案；开辟锡合金新的应用领域提供了科学依据，而且对锡冶金中的还原熔炼，粗锡火法精炼以及锡的某些金属间化合物在半导体工业、超导材料制备等诸多方面具有重要意义。

锡的金属间化合物：锡易与周期表中的许多金属和非金属元素形成金属间化合物，由于其原子键和晶体结构的多样性，使得这类化合物具有许多特殊的物理化学性质，为寻求锡的新材料和新用途展现了广阔的前景。

1.5　锡的用途

锡是人类最早生产和使用的金属之一，它始终与人类的技术进步相联系。从古时的青铜器时代到如今的高科技时代，锡的重要性和应用范围不断显现和扩大，成为先进技术中一种不可缺少的材料。

锡具有其他金属不能同时兼有的一些特性，因而在人们的生产和生活中起着重要的作用。锡最重要的特性是：熔点低，能与许多金属形成合金，无毒，耐腐蚀，具有良好的延展性以及外表美观等。在人们的日常生活当中，锡主要用于马口铁的生产，它主要用作食品和饮料的包装材料，其用锡占世界锡消费量的30%左右；另外，锡主要用于生产制造合金，锡铅焊料中用锡量占世界锡消费量已超过30%，由于锡及其合金具有非常好的油膜滞留能力，所以还广泛用于制造锡基轴承合金。

锡能够生成范围很广的无机和有机锡两大类化合物。人们在很早以前就认识和使用了无机锡化合物，但是一直到19世纪50年代中期才首次合成有机锡衍生物，而且又过了将近一百年以后有机锡化合物才在工业上获得重要应用。然而从那以后，具有各种用途的有机锡化合物的数量迅速增加，至今其数量已远远超过了应用的无机锡化合物的数量。

锡的化工产品有广泛的工业用途，其中最重要的用途是用于在金属表面上镀锡及其合金，以起保护或装饰作用，并在药剂、塑料、陶瓷、木材防腐、照相、防污剂、涂料、催化剂、农用化学制品、阻燃剂及塑料稳定剂等方面广为应用。

1.5.1　金属锡的用途

金属锡的用途如下：

（1）用于马口铁镀锡：马口铁是两面都镀上一层很薄的锡的钢板或钢带。制造马口铁所使用的钢材为低碳软钢，钢板厚度一般为0.1～0.49mm，每一级厚度之间的差别为0.01mm。其镀锡量通常为2.8～15g/m^2（电镀法）或11～20g/m^2（热浸镀法），镀层的质量只占成品总质量的0.6%左右。马口铁的镀层与钢基材料结合紧密，在经受机械变形时不会脱落或产生裂纹，因此，马口铁同时具有钢的强度、可加工性、可焊性和锡的耐腐蚀性、无毒、可涂漆和美观装饰性。这些特性使得它广泛用于制造刚性容器，特别是用于食品和饮料的包装；马口铁也可用于非食品包装，如油漆、油的化学品的包装；马口铁还可用于制造玻璃瓶的螺旋盖和塞子。用于制罐工业的马口铁占90%，其余10%用于非包装材料。在电气工业和电子工业适用于制作收音机和扩音机的外壳、底座、电容器、继电器和其他元件的保护罩以及防漏电瓶的屏蔽层。另外还用于普通照明工程、模压件、制造玩具、办公用品、厨房用具、制作展览和广告招牌等。

（2）用于生产锡箔：锡箔的加工方法是利用金属锡具有良好的展性而将其冷轧，逐渐将锡锭轧为厚度可达0.004mm的锡箔。

锡箔主要用于一些高级干式电容器中，锡箔之间则用纸质绝缘层隔开。由于无毒、无腐蚀性和无弹性，锡箔也用于包装巧克力和乳制品，但用量有限。某些酒瓶盖顶衬有锡箔片，以防止酒与软木塞接触。在必须使用纯锡而不是锡铅合金的特殊焊接工艺中，锡箔用于制作预型件。掺有金刚石粉的锡箔可用作研磨或抛光面。

（3）玻璃工业和其他用途：在玻璃制造工艺中，熔融玻璃（温度在1000℃以上）直接倾注到锡熔池的光滑表面上，并用含有一定量氢的氮气氛以保持熔池不受氧化。熔融玻璃浮在液体锡表面上，由于不接触任何固体支撑物，所以，凝固生成的玻璃平板上下两平面平行而且非常平整，不需磨光即可使用（俗称浮法玻璃生产工艺）。

熔融锡具有特殊的热性质，其良好的导热性能使玻璃表面沿宽度方向上的温度均匀。此外，玻璃熔体不会在光洁的锡表面无限延展，这就有可能通过控制工艺参数以生产一定厚度的玻璃平板。通常生产的玻璃板的厚度为3～15mm，可用于制作镜子、门窗玻璃和汽车的挡风玻璃等。

金属锡还有一些其他用途：在蒸馏装置中处理高纯度水时，使用纯锡作衬里材料，锡不与纯水起化学作用，对水没有污染。

纯锡可制成软管用于配制药品。锡制软管可安有皮下注射针头，在非常情况下（如战场上）可供伤病人员自己注射止痛剂用。锡管的最大优点是无毒和不受药品腐蚀，而且由于无弹性，可被折叠而将药物完全排空。

镀锡铅管可用于包装牙膏、调味汁和颜料等，但在这方面的应用已逐渐被铝管和塑料管所取代。

据报道，美国斯坦福大学的研究人员将液态锡用于核反应堆作为反应介质，以减少核废料的产生和降低辐射危险。他们还研究将液态锡用于核废料的再生回收，以代替常规的溶剂萃取技术。

而高纯锡则广泛用于制造半导体和超导合金。

1.5.2 锡合金的用途

锡合金的用途如下：

（1）锡铅焊料：生产焊料所使用的锡占世界的消费量已超过30%，而锡焊料中有75%用于电子工业。由于焊接工艺的改进，焊料的用量有所减少，但随着电子工业（包括计算机、电视和通讯系统）的迅速发展，焊料的用量仍在稳步增长。

锡－铅二元合金是使用最普遍的焊料合金。大多数电气和电子元件的焊接和测试仪表器件的焊接使用接近锡－铅共晶成分的高锡焊料，这种成分焊料的优点是熔点低而且具有最大浸润能力。高锡焊料也用于罐头边缝的焊接。对精密度要求不高的焊接，如一般工程细管配件、汽车水箱和灯座等的焊接，可以采用含锡稍低的焊料。

随着环保要求的日趋严格，现在许多国家都禁止使用含铅焊锡焊接饮用水管，而含Ag 3.5%的Sn－Ag焊料和含Cu 0.9%的Sn－Cu焊料，及含Sn 95.5%，含Cu 4%，含Ag 0.5%的Sn－Cu－Ag焊料已成功地替代了锡－铅焊料。因而无铅焊料的广泛使用将导致锡消耗量的增加。

（2）锡青铜：Cu－Sn合金早在青铜器时代就开始用于制作工具、武器和工艺品，至今约占世界锡消费量6%的锡用于配制锡青铜，且这种状况将持续下去。锡加入铜中不仅能增加铜的强度，而且还可改善其承载能力和赋予良好的耐腐蚀性能。虽然某些铜合金可以替代锡青铜，但是对于许多特殊用途而言，锡青铜仍是必不可少的。这主要是由于锡青铜兼有下列特性：1）较高的机械强度和硬度；2）较好的导电性；3）易于浇铸和加工；4）抗腐蚀性；5）优良的承载能力；6）易焊接。

基于这些特性锡青铜可用于制作电工弹簧和线材，可用于制造在腐蚀性环境中使用的阀门等零件，可用于浇铸件、锻压件或烧结件等。

（3）轴承合金：由于锡合金具有表面滞留润滑油膜的性质和良好的耐磨性能，所以，它是制造轴承的理想材料。含锡轴承合金主要有：巴氏合金、铝锡合金和锡青铜。巴氏合金由于机械强度不够，必须作为强度较大的轴瓦的衬里使用。而另外两类则可以用于制造无轴瓦的整体轴承。

巴氏合金可分为高锡合金、高铅合金以及含锡和铅都较高的中间合金。对于这三类巴氏合金，主要的硬化合金元素是锑和铜。巴氏合金主要用于大型船用柴油机主轴承和连杆轴承，汽轮机和大型发电机的轴承，中小型内燃机、压缩机和通用机械等的轴承。

铝锡合金在20世纪30年代便已用于制造飞机发动机轴承。其含6% Sn，通常制作为不带轴瓦的整体轴承。加入少量Cu、Ni、Si或Mg并进行热处理可以增加合金的强度。如含Sn20%的铝合金轴承，其抗疲劳强度虽比含Sn6%的低，但适应性好，能够与未硬化轴配合使用。含30%及40% Sn的铝合金可用于制造带钢轴瓦的冲压套圈轴承。现已可以采用连续碾压工艺将铝锡合金带压接到钢轴瓦上，然后用于生产轴套。通过热处理，可以增强铝锡合金和钢轴瓦之间的连接强度。此种轴承现已取代巴氏合金轴承，大量用于汽车制造工业。

锡青铜用于制造轴承时往往加入P或Pb。含10% Sn和大约0.5% P的磷青铜轴承的强度很大，适合于在高负载和高温下使用。加铅可以改变锡青铜的表面性能，但却会降低锡青铜原有的强度、耐磨性和抗变形能力。含5% Sn和20% Pb的铅青铜具有良好的轴承性能，可以在润滑条件差的情况下工作，广泛用于制造火车和农机轴承，以及某些内燃机轴承。烧结青铜轴承由于内部具有许多小孔隙，在预先浸渍润滑油后，可以用于不需要定期维修的小型机械。

（4）其他合金：除了锡铅焊料、锡青铜和轴承合金外，还有很多用途多种多样的锡合金，例如：锡器合金、易熔合金和印刷合金等。

锡器合金是含锡超过90%的富锡合金，典型成分为92% Sn、6%～7% Sb、1%～2% Cu，广泛用于制造器皿。锡器合金表面经抛光、磨光或适当的化学处理后，可呈多种光亮精整面或氧化精整面，十分引人注目。这使得锡器合金制品已在某种程度上取代了传统的银器制品。

易熔合金是指熔化温度低于纯锡和软焊料的熔点的二元或多元合金。主要的易熔合金可分为两组：第一组是以锡、铋和铅的三元共晶为基础的合金，其熔化温度为96℃，罗斯合金（22% Sn、50% Bi、28% Pb）的组成接近于此三元共晶成分。另一组是以锡、铋、铅和镉的四元共晶为基础的合金，其熔化温度为70℃，伍德合金（12.5% Sn、50% Bi、25% Pb、12.5% Cd）是这组中具有代表性的合金。易熔合金广泛用于保险丝和火灾信号装置、温度指示器和封口料中。在机械加工中，可采用易熔合金将工件焊接以准确定位，加工完毕后易熔合金可以熔去再使用。浇铸作业中可用其制作型芯。其在塑料制品生产中也广为使用。

印刷合金主要用于模铸印刷铅字（含锡高铅合金）。其使用已有500多年的历史，但如今随着科技的不断进步和发展，印刷业也有了先进的印刷技术，如照相制版技术，正逐步取代了铅字排版，使得锡在这方面的应用大为减少。

除此以外，还有一些具有稀有用途的锡合金，如：钛－铝－锡合金用于制造飞机、航天飞机的某些部件和登月舱的结构材料；锆－锡合金用于热核反应堆燃料元件的外罩；铌－锡合金是目前所研制出来的最成功的超导体之一，工业上将其用作制造超导电磁铁；锡－钴合金电镀层具有很好的装饰外观、耐磨性能和防腐性能；锡－银合金则用于医学上的补牙材料。

1.5.3 锡化合物的用途

锡的化合物主要分为无机化合物和有机化合物两大类。常见的无机化合物及其用途详见表1－6。

表1－6 锡的主要无机化合物的用途

无机化合物	主 要 用 途
氧化亚锡	制造其他锡化合物的中间原料；宝石红玻璃制造时的还原添加剂；作为氢氧化锡形态用于浸没式镀锡
二氧化锡	瓷釉的颜料和遮光剂；大理石或花岗石及缝纫针的抛光剂；玻璃涂层，提高玻璃的强度和耐磨性；铅玻璃熔融生产中作电极；催化作用显著，用作多相催化剂；用于离子交换技术；可作为导电涂层；在其作用下生产各种特殊性能的玻璃
二氯化锡	试验还原剂；配制电镀锡等的电镀液；镜子生产、眼镜制造、塑料镀铜的敏化剂；香皂的香味稳定剂；油类的抗淤沉剂；石油钻探泥浆的添加剂；感光纸的锡涂层；漂白剂；超高压润滑油的组分；毛织品的阻燃剂
四氯化锡	生产有机锡化合物的原料；制造品红、沉淀色料和陶瓷釉料；丝绸增重剂；香皂的香味稳定剂；丝绸染色的媒染剂；制造晒图纸或其他感光纸；玻璃器皿表面处理的加强剂；毛织品的阻燃剂
硫酸亚锡	主要用于锡电镀工艺中；修整液；在钢丝制造中作浸没镀锡液
锡酸钠	最重要的是用于电镀锡及其合金；也用于浸没镀锡，在汽车铝合金活塞等零件上形成光洁镀层；陶瓷电容器的基体、颜料和催化剂
二硫化锡	处理木材和石膏青铜色的着色剂；颜料
锡酸钾	用于碱性镀锡的电镀液；陶瓷电容器的基体；催化剂
醋酸亚锡	煤的高压氢化的催化剂；织物印染色的促进剂
砷酸锡	动物、鸟和禽身上寄生虫的有效杀虫剂
锌酸亚锡	塑料、橡胶制品中的高效无毒的催化剂和稳定剂

续表1-6

无机化合物	主 要 用 途
氟硼酸亚锡	用于镀锡和镀锡铅合金的电解质
氟化亚锡	牙科药剂的原料；防止龋牙的牙膏添加剂；放射性药物扫描检查剂
焦磷酸亚锡	锡合金的镀槽液；放射性药物扫描检查剂
酯基锡	新型的聚氯乙烯热稳定剂

锡的有机化合物主要应用于两个领域：（1）用作杀虫剂；（2）用作塑料工业中的稳定剂和催化剂。锡的有机化合物代表着锡的一个重要出路，当今全世界每年约有14kt的锡用于生产有机锡，而每年生产和消耗的有机锡已超过40kt。现在锡的有机化合物在工业上的应用远比其他任何元素的有机化合物都多。

一些重要的锡有机化合物的用途详见表1-7。

表1-7　一些重要的锡有机化合物的主要用途

有机化合物	主 要 用 途
四丁基锡	矿物烃类润滑油的防腐蚀添加剂；与 $AlCl_3$ 及某些金属氯化物一起使用作为烯族低压聚合过程催化剂
四苯基锡	清除微量无机酸（如盐酸）的净化剂；烯族聚合反应的催化剂
三丁基氧化锡	杀虫剂；黏合剂
三丁基氯化锡	缆索塑料复层中的防啮剂
三丁基氟化锡	防污油漆配料
三丁基醋酸锡	防污涂料；含卤素聚合物的稳定剂；生产聚氨酯泡沫塑料的催化剂
三丁基苯酸锡	杀虫剂和杀菌剂；木材防腐剂
三苯基醋酸锡	保护马铃薯、甜菜和芹菜的杀虫剂
三苯基氯化锡	防污涂料；船舶外壳防腐剂；杀虫剂
三苯基氢氧化锡	杀虫剂；消毒杀菌剂
三环己基氢氧化锡	杀虫剂
六甲基二锡	杀虫剂
二甲基二氯化锡	玻璃加固剂
二丁基二醋酸锡	制造聚氨酯泡沫塑料的催化剂；室温硬化硅酮合成橡胶的催化剂
二丁基二月桂酸锡	聚氯乙烯的稳定剂；聚氨泡沫塑料的催化剂；室温硬化硅酮合成橡胶的催化剂；治疗鸡肠内蠕虫的感染
二丁基马来酸锡	聚氯乙烯的稳定剂
二正辛基锡顺式丁烯二酸盐聚合物	包装食物用聚氯乙烯的有效热稳定剂
异辛基锡巯基醋酸盐	包装食物用聚氯乙烯的热稳定剂
二有机锡二卤化物的络合物	抗肿瘤药物
一丁基锡硫化物	食品级聚氯乙烯稳定剂
一丁基锡三氯化物	玻璃上二氧化锡薄膜的前质
丁基氯代锡二氢氧化物	酯化和反式酯化反应催化剂

其他锡化合物：除了传统的用途外，锡化合物还有许多新的用途，包括在高科技领域内的应用。现在全世界每年大约消耗24kt锡生产锡化工产品（以最终产品计），这意味着每年将生产出60kt各种各样的锡化合物，因此，也说明了锡化合物的种类繁多和应用范围广泛。随着锡化合物应用的开发，锡在这方面的消耗还将有所增长。

2 锡精矿的炼前处理

2.1 概述

从自然界开采出的锡矿称为锡原矿。锡原矿的锡品位一般为0.005%~1.7%，经过选矿后，进入冶炼厂的锡精矿含锡品位一般为40%~70%。锡精矿的质量对锡冶炼的影响很大，各国对锡精矿都有各自的质量要求，我国锡精矿的质量标准见表2-1，大多数选厂产出的锡精矿都是经过精选才能达到规定的质量标准。

表2-1　我国的锡精矿质量标准（YB736—1982）

类别	品级	Sn含量（≥）/%	杂质含量（≤）/%					
			S	As	Bi	Zn	Sb	Fe
一类	一级品	65	0.4	0.3	0.1	0.4	0.2	5
	二级品	60	0.5	0.4	0.1	0.5	0.3	7
	三级品	55	0.6	0.5	0.15	0.6	0.4	9
	四级品	50	0.8	0.6	0.15	0.7	0.4	12
	五级品	45	1.0	0.7	0.2	0.8	0.5	15
	六级品	40	1.2	0.8	0.2	0.9	0.6	16
	七级品	35	1.5	1.0	0.3	1.0	0.7	17
	八级品	30	1.5	1.0	0.3	1.0	0.8	18
二类	一级品	65	1.0	0.4	0.4	0.8	0.4	5
	二级品	60	1.5	0.5	0.5	0.9	0.5	7
	三级品	55	2.0	1.0	0.6	1.0	0.6	9
	四级品	50	2.5	1.5	0.8	1.2	0.7	12
	五级品	45	3.0	2.0	1.0	1.4	0.8	15
	六级品	40	3.5	2.5	1.2	1.8	0.9	16
	七级品	35	4.0	3.5	1.4	1.8	1.0	17
	八级品	30	5.0	4.0	1.5	2.0	1.2	18

锡矿资源伴生的铁、砷、锑、硫、铅、铋、钨等矿物杂质，根据矿物组成的不同，各选矿厂产出的锡精矿可分为以下几种类型：锡铁矿物精矿；锡石－硫化物精矿；锡、钨、钽、铌精矿；锡石—铁、铅氧化物精矿。用传统的重选、浮选或磁选等物理方法较难分离除尽矿物中杂质，有一部分会以混合物、共晶体或化合物等形式伴随精矿进入锡冶炼厂，故精矿中一般含有下列杂质元素：铅、铋、铜、锌、砷、锑、铁、硫、硅、钙、铝等。这些杂质在熔炼时主要去向为：一是造渣，铁、硅、钙、铝的氧化物进入炉渣，约有10%的铁进入粗锡；二是大部分的锌、硫进入烟尘和烟气；三是大部分铅、铋、铜、锑、砷进

入粗锡。无论是进入炉渣还是进入粗锡与烟尘，杂质元素均会给后续工序带来麻烦。使精炼工艺复杂化，烟尘处理流程加长，渣量增多而使锡冶炼回收率降低，作业费用升高。根据多年生产实践表明，影响锡回收率的主要杂质元素有砷、硫、铜、铁。还原熔炼时原料中1t砷，产生的各种浮渣造成锡损失约为212kg；1t硫造成锡损失约为81kg；1t铜造成锡损失约为619kg；1t铁造成锡损失约为20kg。为了简化流程、降低成本、提高锡的冶炼回收率，锡精矿在还原熔炼前必须经过处理，以脱除有害杂质。同时炼前处理也是综合回收各种有价金属的途径。根据锡精矿的化学成分和炼锡厂所采用流程的不同，炼前处理作业可单独使用或联合使用。20世纪末至21世纪初，随着全球对环境保护和能源节约重视程度的不断提高，有的工厂将锡精矿的炼前处理与炼后的烟尘与炉渣的处理相结合进行了一些有益的探索。如将含As、S杂质高的锡精矿与炉渣或烟尘搭配焙烧，为锡冶炼企业节能降耗、提高技术经济指标和改善环境起到了事半功倍的效果。

为确保入炉混合料的综合杂质品位控制在经济运行范围内，炼锡企业对进入熔炼炉锡原料杂质成分品位的监控一般要求较严：其中硫、砷、锑、铜和铋等杂质元素品位在进入熔炼炉前均需控制在1%以下。锡精矿的炼前处理通常有以下4类方法：

（1）焙烧法脱除砷、硫、锑或磁化精矿内的铁，或提高其他金属的溶解性；

（2）磁选法脱铁或钨；

（3）浸出法脱钨、铋、砷、锑或其他金属杂质；

（4）烧结法转换钨、铁、铋、铅等杂质的物理或化学性质，提高金属的溶解性与浸出法配套。

2.2 锡精矿的焙烧

2.2.1 锡精矿焙烧的目的

锡精矿炼前焙烧处理的目的是：采用氧化焙烧及氧化还原焙烧的方法，促使锡精矿固体颗粒中的杂质硫、砷和锑等转变为SO_2，As_2O_3和Sb_2O_3等气态物质挥发除去，脱离精矿，即除去锡精矿中的硫、砷和锑，同时也除去部分铅；避免含杂锡精矿在高温还原熔炼过程中产生SnS挥发物，避免砷和锑等以金属形态进入粗锡形成各种复杂的高于锡金属单质熔点合金渣锡返回品，例如，锡冶炼“硬头”渣、熔析渣、锡精炼渣等，从而提高锡冶炼产品直接回收率，降低冶炼生产成本。

以氯化物形式挥发除去杂质的氯化焙烧，在玻利维亚文托炼锡厂得到应用。加入食盐（NaCl）进行焙烧脱除铅、铋，可使铋降低到0.1%以下。这种焙烧法对设备有腐蚀，并有少量锡变成$SnCl_2$挥发，因此只在个别工厂采用。流态化炉焙烧锡精矿化学成分见表2－2。

表2－2　流态化炉焙烧锡精矿化学成分　　（质量分数/%）

序号	Sn	Pb	Zn	Sb	As	S	Fe	SiO_2	CaO
1	55.44	0.21	0.99	0.14	2.04	6.34	15.02	5.20	1.35
2	51.33	0.37	0.83	0.19	2.16	6.33	16.01	6.06	1.12
3	49.24	0.41	0.91	0.22	2.09	5.80	13.66	7.56	1.30
4	53.27	2.05	2.16	0.55	1.27	3.51	7.51	6.19	0.70

2.2.2 焙烧的基本原理

硫、砷和锑在锡精矿中存在的主要形态为：黄铁矿（FeS_2）、毒砂（FeAsS）、铜蓝（CuS）、砷磁黄铁矿（$FeAsS_2$）、黄铜矿（$CuFeS_2$）、砷铁矿（$FeAs_2$）、辉锑矿（Sb_2S_3）、脆硫铅锑矿（$Pb_2Sb_2S_5$）、黄锡矿（Cu_2FeSnS_4）和方铅矿（PbS）等。

锡精矿中某些硫化物受热时将发生热离解，其主要反应如下：

$$FeS_{2(s)} = FeS_{(s)} + 1/2S_2 \quad (2-1)$$

$$2CuFeS_{2(s)} = Cu_2S_{(s)} + 2FeS_{(s)} + 1/2S_2 \quad (2-2)$$

$$2CuS_{(s)} = Cu_2S_{(s)} + 1/2S_2 \quad (2-3)$$

$$4FeAsS_{(s)} = 4FeS_{(s)} + As_{4(g)} \quad (2-4)$$

$$FeAs_{2(s)} = FeAs_{(s)} + 1/4As_{4(g)} \quad (2-5)$$

在焙烧温度条件下，其离解压见表2-3。

表2-3 锡精矿中某些硫化物的离解压 (Pa)

硫化物	不同温度下的离解压				
	450℃	550℃	650℃	750℃	850℃
FeS_2	0.02	32	10279	1060339	—
CuS	2104	116402	2696575	—	—
$CuFeS_2$	7×10^{-5}	0.01	0.6	14	190
FeAsS	10.2	714	19938	290370	2624557
$FeAs_2$	6.3×10^{-10}	1.18×10^{-4}	0.53	252	28134

从表2-3中所列数据可知，上述离解反应温度升高，其离解压增大，某些硫化物（如FeS_2，CuS，FeAsS）的离解压相当大，离解出的S_2，As_4均呈气态挥发而部分除去。离解所产生的S_2，As_4蒸气相遇时易生成As_4S_6：

$$As_{4(s)} + 3S_2 = As_4S_{6(g)} \quad (2-6)$$

反应的趋势比较大，或$As_4S_{6(g)}$较稳定，有利于上述热离解反应的进行，此外，$As_{4(s)}$，$As_2S_{3(s)}$和$Sb_2S_{3(s)}$也能部分升华除去。

$$4As_{(s)} = As_{4(g)} \quad (2-7)$$

$$As_2S_{3(s)} = As_2S_{3(g)} \quad (2-8)$$

$$Sb_2S_{3(s)} = Sb_2S_{3(g)} \quad (2-9)$$

其饱和蒸气压见表2-4。

表2-4 $As_{4(s)}$、$As_2S_{3(s)}$、$Sb_2S_{3(s)}$的饱和蒸气压 (Pa)

硫化物的离解压	温度/℃				
	450	550	650	750	850
$p^0_{As_4}$	1564	30068	(603℃) 109567		
$p^0_{As_2S_3}$	19.8	105	386	(693℃) 623	
$p^0_{Sb_2S_3}$	0.15	21	181	1014	4180

黄铁矿是较易焙烧的硫化物，受热离解可释放出一半的硫，见式（2－1），或使矿粒破碎或使矿粒空隙变多，既增大与氧气的接触面，又降低了焙烧反应的燃烧点。

毒砂和砷磁黄铁矿在220℃时，就有按式（2－4）进行分解的明显反应，400℃时As_4的蒸气压是609.32Pa；600℃时达到76664.75Pa：

$$4FeAsS = 4FeS + As_4 \qquad (2-4)$$

其次，一部分硫化物在温度达到一定程度时，会发生相变，由固态物变为气态物，挥发脱离固体精矿。例如：

As_2S_3 的熔点是320℃；沸点是565℃。

As_2S_2 的熔点是310℃；沸点是717℃。

矿物的热离解和相变挥发，属于吸热反应，需外供热才能实现。杂质脱除不彻底，在焙烧过程中所起的作用为协同作用。

在精矿焙烧过程中所起主导作用的是精矿中的物质在一定条件下与空气中的氧有效碰撞发生的氧化挥发反应。其氧化反应通式为：

$$2MeS + 3O_2 = 2MeO + 2SO_2 + Q \qquad (2-10)$$

Q代表热能，热量法定单位焦耳（J）或千焦（kJ）。

$$MeO + nO_2 = MeO_{2n+1} \qquad (2-11)$$

焙烧常见的氧化反应方程式有：

$$2FeS_2 + 5.5O_2 = Fe_2O_3 + 4SO_2 + 1657.55kJ \qquad (2-12)$$

$$4FeAsS + 10O_2 = 2Fe_2O_3 + As_4O_6 + 4SO_2 \qquad (2-13)$$

$$4FeAs_2 + 9O_2 = 2Fe_2O_3 + 2As_4O_6 \qquad (2-14)$$

$$2Sb_2S_3 + 9O_2 = 2Sb_2O_3 + 6SO_2 \qquad (2-15)$$

离解反应挥发出来的S_2，As_4，升华出来的As_2S_3和Sb_2S_3也会在氧化焙烧条件下氧化变为SO_2，As_2O_3与Sb_2O_3。SO_2在常温下为气体；As_4O_6（或As_2O_3）和Sb_2O_3的挥发性很大，它们的蒸气压与温度的关系数据见表2－5和表2－6。

表2－5　As_4O_6的蒸气压与温度的关系数据

温度/℃	252	282	353	442	456
$p_{As_4O_6}$/Pa	1466.3	5465.3	19595.1	67983	101308

表2－6　Sb_2O_3的蒸气压与温度的关系数据

温度/℃	600	700	800	900
$p_{Sb_2O_3}$/Pa	322.586	1095.726	4236.274	8531.2

三氧化二砷（As_2O_3或写为As_4O_6）在900℃以下的常控焙烧温度条件下，具有很高的蒸气压，易挥发除去，而Sb_2O_3的蒸气压相对较低，挥发率也低。

然而，在氧化焙烧过程中，会有一部分As_2O_3和Sb_2O_3进一步与氧反应，生成难以挥发的As_2O_5与Sb_2O_5，五氧化物还能与PbO等金属氧化物发生反应形成不挥发的砷酸盐与锑酸盐而留在焙烧产品中。

为确保或提高砷和锑的脱除率，生产上一般采用控制炉窑温度低于物料软化点，尽可能在不发生物料软化烧结的前提下，提高焙烧温度，降低炉窑内气体含氧量（或称降低炉气中氧的分压）的方法，减少或避免五氧化二砷和五氧化二锑的产生。

适当降低焙烧过程中炉气的含氧量，可使部分铁在 $Fe - FeO - Fe_3O_4 - Fe_2O_3$ 等多元系平衡中，移向 Fe_3O_4 比率更多的位置，可磁化精矿，作为炼前磁选脱铁的一种辅助手段。但在焙烧过程中，磁性铁的生成容易造成窑结或炉结，不仅会影响焙烧生产正常运行，而且会导致磁选尾矿含锡量达10%以上，磁选精矿直接回收率偏低。经过焙烧的精矿，其中所含的多数金属杂质会由原硫化物或碳酸盐形态变为酸或碱可溶的氧化物。因为锡石（SnO_2）化学稳定性高，是酸碱不溶物，所以焙烧也为下一步浸出铋、铜、锑和铅等杂质做好了准备。

2.2.3 锡精矿的焙烧方法

2.2.3.1 按化学原理分类

锡精矿的焙烧方法有：氧化焙烧法、氯化焙烧法和氧化还原焙烧法等。

氧化焙烧法是指用炉内流动的空气中的氧与矿料中的硫化物，在一定的条件下，进行氧化反应，让精矿中的硫、砷和锑等变为挥发性强的氧化物从精矿中除去的焙烧方法。一般用于高品位精矿的脱硫或将炉窑内的各种物质转化为氧化物或可溶性盐。

氯化焙烧法是指在炉内矿料中加入氯化钙等氯化物，使矿料中的各类物质形成溶解性或挥发性强的氯化物达到相互分离的目的。氯化焙烧法作业成本高，一般用于处理含锡低和高价值金属共存的矿料。

氧化还原焙烧法与通常说的化学氧化还原反应存在很大区别。氧化还原焙烧是针对矿料中的某一物质元素的化合价而言，例如 $FeAs_2$、As、As_2O_3 和 As_2O_5 等中的砷元素，按其化合价由低到高的顺序有 -1、0、+3 和 +5 等4个化合价，因焙烧的目的是要获得挥发性强的 As_2O_3 中间化合价产物，需用入炉空气中的氧气氧化低价态物；另一方面需要避免炉气含氧过高，形成过度氧化使 As_2O_3 变为不易挥发的 As_2O_5 高化合价物，或将可能生成的 As_2O_5 高化合价物用矿或煤燃烧过程中生成的不稳定的硫化物或 CO 等还原剂在有利于 As_2O_3 形成的焙烧条件下进行还原，因该法是针对某一元素采取的既有氧化又有还原的焙烧方法，故称作氧化还原焙烧方法。

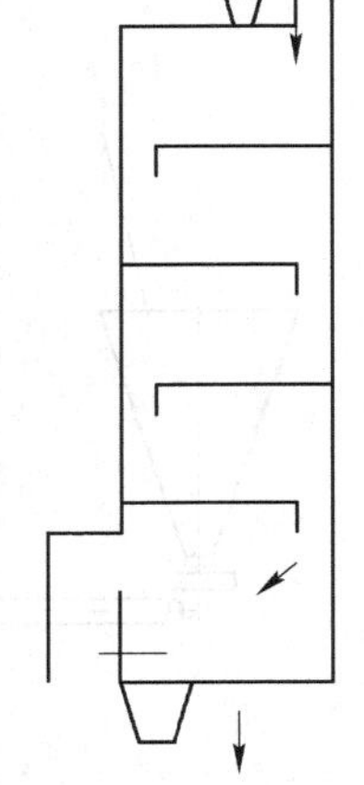

图2-1 多膛炉

2.2.3.2 按采用的焙烧主体设备分类

按采用的焙烧主体设备分类为：回转窑焙烧、多膛炉焙烧和流态化炉焙烧等。多膛炉焙烧、流态化炉焙烧和回转窑焙烧设备的典型示意图分别见图2-1~图2-3。

2.2.3.3 按物料的运动形态划分

按物料的运动形态划分为：固定床焙烧和流态化焙烧等。

固定床焙烧是指炉窑内相对静置的物料与随时流动的炉内气体通过相互碰撞，能量交换，物理化学反应等途径，进行焙烧脱杂质的工艺处理过程或作业方法，如针对多膛炉各层平台上静置物料的焙烧属于典型的固定床焙烧，回转窑内的物料随窑体转动而在窑壁翻动，但仍属于固定床焙烧；流态化焙烧是指物料分散悬浮在向上的气流中进行的焙烧工艺处理过程或作业方法，如悬浮在流态化炉内物料的焙烧作业过程属于典型的流态化焙烧。

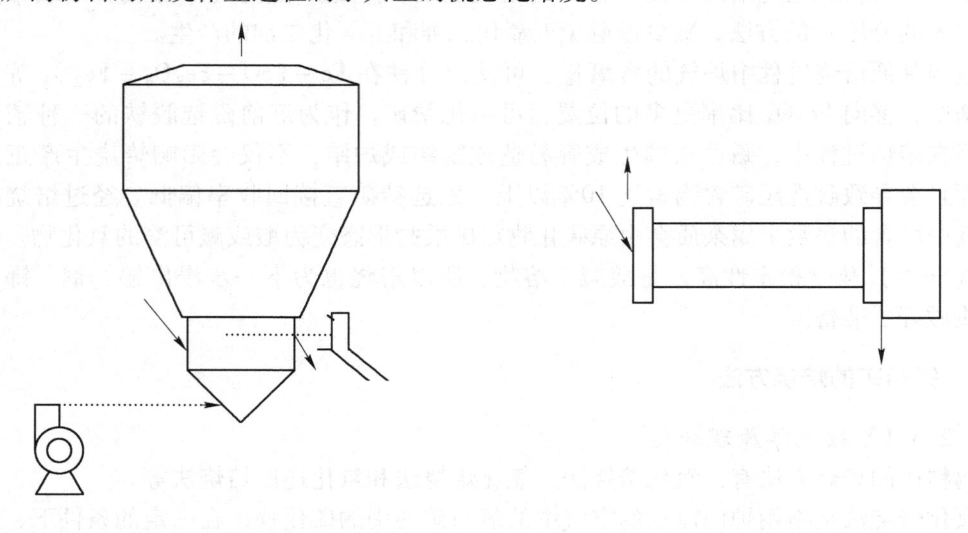

图 2-2　流态化炉　　　　图 2-3　回转窑

2.2.4　流态化焙烧生产工艺

2.2.4.1　流态化焙烧炉的结构

某冶炼厂锡精矿流态化焙烧设备连接如图 2-4 所示。目前国内用于锡精矿焙烧的流态化炉结构如图 2-5 所示，自下而上，由风包、炉底、炉体和炉顶等 4 部分组成，炉的外壳由钢板焊接而成。炉底为厚 20mm 以上的水平钢板制作的花板，花板均匀布点钻孔，每平方米钻孔为 80~100 个，每个孔平底边，向上垂直插入焊接一根固定风帽用的无缝钢管，管与管之间用耐热炉底土填实，待风帽插装完毕确认各风帽上风眼都错开方向后，再用耐热炉底土填实固定保护风帽。风帽风眼的总截面积一般为炉底面积的 1.67%。炉体和

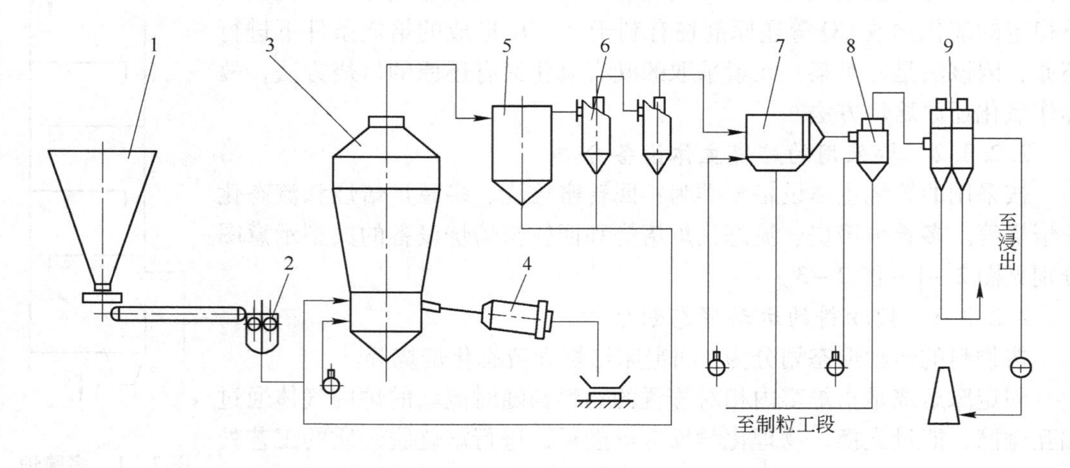

图 2-4　某冶炼厂锡精矿流态化焙烧设备连接图

1—料仓；2—双螺旋给料机；3—流态化炉；4—圆筒冷却机；5—沉降圆筒；6—旋风收尘器；
7—高温电收尘器；8—骤冷器；9—布袋收尘器

炉顶，内衬耐火砖，耐火砖与钢壳之间填有保温材料，炉墙厚460mm。炉顶钢制的盖与炉体钢壳用螺栓连接，大修时便于取开顶盖。炉体内由下向上由流态化床与溢流口和进料口组成的小柱筒体段、下小上大的台形扩散沉尘段和含有烟气侧面出口的大柱筒体段，炉底风帽到炉顶部烟气出口的高度约在8m以上，流化床高度为0.5~0.85m，以溢流底边为准。炉底正下方的锥体或台体形状为风包，空气由罗茨鼓风机鼓入风包后，经过风帽阻力板，从风眼进入炉内。

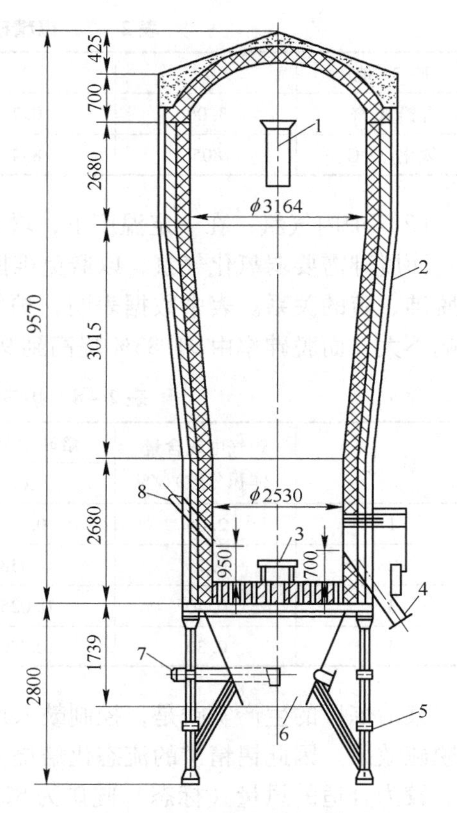

图2-5 流态化焙烧设备结构
1—烟气出口；2—炉身；3—炉门；4—排料管；5—炉架；6—风箱；7—进风管；8—加料管

2.2.4.2 流态化焙烧炉的操作

流态化炉开炉前重点检查风帽，确认风帽完好、稳定和风眼无堵塞。炉底均匀铺设约400kg/m^{2}底料后，用木材或其他燃料升温，将炉体和炉料烘干，升温至600℃以上，确认炉料干燥松散后，开始鼓风至炉料自燃并形成流化床后，温度达680℃以上才能进料。起初升温速度控制在5~20℃/min，进入700℃后，通过适当增减料量和入炉风量检查流化床温是否随之升降，确认炉温在操作可控升降的前提下，提高风量和温度至正常焙烧操作条件。升温过程要密切注视并确保风包压力稳步上升至炉料进出平衡值。流态化炉正常运行中，标态下风量（m^3/h）、风压（Pa）和温度（℃）控制的波动幅度最好不超过±10个单位。流态化炉内氧化或还原气氛的控制一般可通过提高入炉风量、减少配入矿料中的煤量，便可提高出炉烟气的O_2，CO_2或SO_2含量增强氧化气氛；相反则增强还原气氛。精矿含硫高需用氧化气氛；含砷高则用弱氧化气氛。根据炉内各部分温度的变化观测或调节进行判断或控制，一般情况下，炉顶抽风负压的绝对值小，炉温出现按炉子底部的流态化床、炉中部和炉顶部的烟气温度顺序逐一升高的情况时，表明炉内气氛的控制偏向还原，反之偏向氧化。

2.2.4.3 流态化焙烧作业主要控制的技术条件

流态化焙烧作业主要控制的技术条件如下：

（1）焙烧温度：对于固态精矿而言，焙烧温度越高，精矿脱杂率越高。然而，流态化炉焙烧温度的控制受原料软化点的影响很大，因精矿物料颗粒受热升温到某一温度时，会软化变形，相互粘接，容易造成炉料结块和死炉。所以焙烧温度应控制低于入炉物料的软化点。

锡精矿的软化点与矿中含铅量有关，见表2-7。焙烧操作温度比软化温度低20~30℃，一般控制温度为850~950℃。

表 2－7　锡精矿的含铅量及其软化点实例

矿 产 地	1	2	3	4	5
含铅量/%	3.06	0.7	0.37	0.05	0.13
软化点/℃	805	894	909	932	970

（2）炉内气氛：在一定温度下，增大风量，炉内氧化气氛增强，有利于硫的氧化脱除；而脱砷需要弱氧化气氛，以避免难挥发的 As_2O_5 产生。表 2－8 中列出了炉气含氧量与脱砷、硫的关系。表中数据表明，炉气中氧含量从 2.05% 降至 0.30% 时，对硫的脱除影响不大，而脱砷率由 91.83% 提高到 98.49%。

表 2－8　炉气含氧量与脱砷、硫的关系

编　号	炉气中氧含量（体积分数）/%	焙砂含杂质量（质量分数）/%		杂质脱除率（质量分数）/%	
		As	S	As	S
1	2.05	0.11	0.19	91.83	96.59
2	0.75	0.058	0.22	96.18	95.81
3	0.40	0.025	0.33	98.09	93.89
4	0.30	0.02	0.27	98.49	92.09

某冶炼厂的生产实践是，控制鼓入风量的过剩空气系数在 1.08 以上，即可达到良好的脱硫效果。因此锡精矿的流态化焙烧应控制弱氧化气氛，同时达到良好的脱硫与脱砷效果。较为合适的风量（标态）吨矿为 825～976m^3，空气过剩系数以 1.1～1.3 为宜。

（3）流态化层的高度和焙砂溢流出口的高度设置基本相近。流态化层的高度设置对炉子正常运行、炉子的处理能力、脱杂指标影响很大：流态化层的高度越高，物料在炉内的停留时间越长，杂质脱除率越高，但流态化床的阻力越大；流态化层太薄，则气流容易穿透，形成沟流，破坏流态化层的稳定。锡精矿流态化层的高度一般控制在 0.5～0.8m 之间，入炉料的平均停留时间一般为 1.9～2.5h。

（4）流态化炉的风包压力主要由炉底空气分布板阻力和流态化层的压力降决定，在同一炉内，形成流态化的物料重量越大，则风包内测出的入炉气体压力越高，反之越低。炉底出现炉结时，风包内气体压力一般会下降。流态化床的温度升高或降低，会引起风包内气体压力跟随降低或升高。国内设计的锡精矿焙烧流态化床，其矿料堆积密度一般在 2.54～3.12g/cm^3 之间，流态化床的载矿量 1.1～1.5t/m^3，流态化床（层）平均温度 780～960℃，炉正常运行时风包压力 12～16kPa。

（5）入炉气体穿过流态化层的直线速度，直接影响流态化层的稳定。直线速度低，产生沟流和分层现象，甚至较粗的颗粒也会沉于炉底，或引发炉底形成固定床焙烧，出现炉结，严重时烧毁风帽；或造成炉底形成固定床的粗冷砂堆积，易造成炉温低、杂质脱除率低和炉内熄火。直线速度大，烟尘率大，焙砂的产出率低。若烟尘再次返回流态化炉，易造成软化点低、杂质高和细粒烟尘恶性循环，严重影响炉子正常作业和炉子运行的经济技术和环保指标。锡精矿焙烧的直线速度一般控制在 0.17～0.62m/s。生产中根据风包压力是否相对稳定，各段炉温测量值是否理想均衡，烟尘量是否低，焙砂产量和质量是否高，脱杂所需的氧化还原气氛是否得到满足等选择合适的鼓风量或直线速度。

(6) 炉顶气体压力，对稳定控制各段炉温、减少烟尘量、提高焙砂产量和质量，有较大的影响。在确保烟气不外泄的前提下一般控制在 -40 ~ 10Pa。由负压向正压偏移，炉内氧化气氛减弱，还原气氛相对增强；烟气或炉温降低，烟尘量减少。流态化焙烧炉的技术操作条件实例列于表2-9中。

表2-9 流态化焙烧炉技术操作条件

项 目	工厂一	工厂二	工厂三	工厂四（国外）
炉体面积/m^2	1.77	3.14	5	0.4
流态化层温度/℃	850 ~ 940	850 ~ 950	950 ± 20	800 ± 10
进料量/$t \cdot h^{-1}$	0.85 ~ 0.9	1.5 ~ 1.7	2.5 ~ 3	—
鼓风量（标态）/$m^3 \cdot h^{-1}$	1000 ~ 1600	1000 ~ 1600	1300 ~ 1800	280 ~ 315
风箱压力/kPa	7 ~ 11.76	9.8 ~ 17.64	7.8 ~ 11.76	—
流态化层高度/m	0.5 ~ 0.8	0.6 ~ 0.7	0.5 ~ 0.7	0.75 ~ 0.85
直线速度/$m \cdot s^{-1}$	0.45 ~ 0.7	—	0.4 ~ 0.62	0.17 ~ 0.27
物料停留时间/h	2 ~ 2.5	2	2 ~ 2.5	—
炉顶压力/Pa	-19.6 ~ 0	-19.6 ~ 0	0 ~ 100	-19.6 ~ 40
出炉烟气温度/℃	450 ~ 550	500 ~ 600	450 ~ 550	460

2.2.5 回转窑焙烧生产工艺

我国某炼锡厂采用回转窑焙烧工艺，其生产工艺设备连接见图2-6。

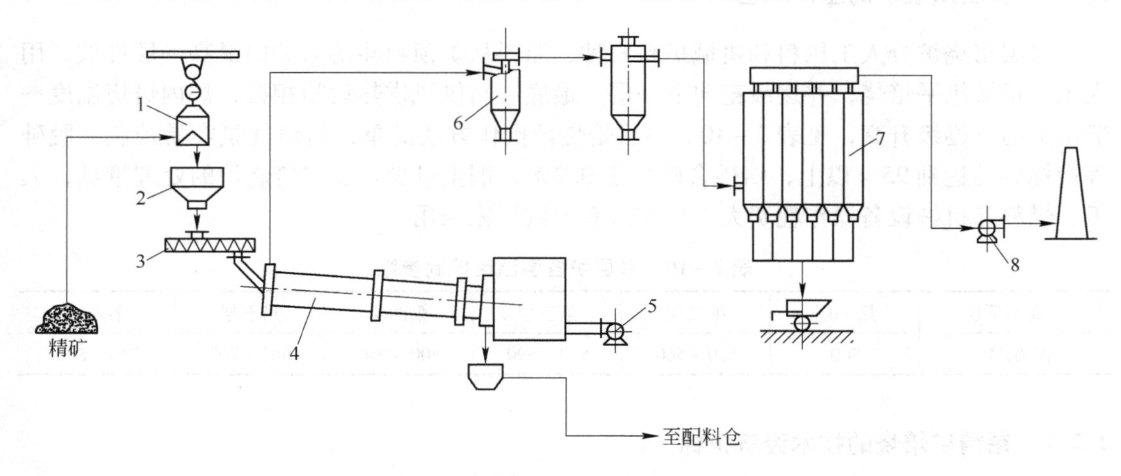

图2-6 回转窑焙烧锡精矿的设备连接

1—活底料斗；2—料仓；3—螺旋给料机；4—回转窑；5—鼓风机；6—旋风收尘器；7—布袋收尘器；8—排风机

用于锡精矿焙烧的回转窑由可以旋转的圆筒形窑体和位于窑体两端的供热火仓或其他供热装置与进料、烟气排出密封等装置组成。回转窑外壳由钢板卷制焊接而成，内衬耐高温黏土砖。一般情况下，窑体由多组托轮支撑，斜度为3% ~ 5%，进料口和烟气出口同在窑尾较高一端；焙砂出口和供热燃烧装置在窑头较低一端。窑体转动速度 0 ~ 2r/min；窑体长径比为 10 ~ 16.71，根据入炉炉料焙烧过程中的发热和软化黏结性质以及处理量、窑温等工艺参数和清除窑结作业需求等综合考虑选用长径比值，也可借鉴成熟经验凭小型试验数据考核推算放大获取。几个冶炼厂的窑体尺寸如下：

冶炼厂一　内径 ϕ0.9m，长 8m

冶炼厂二　内径 ϕ1.6m，长 16m

冶炼厂三　内径 ϕ1m，长 8m

通过检查确认窑内炉砖牢固不会松动，密封装置、冷却水机械和电气设备、抽风收尘设备完好后，才可烘窑或加热升温。窑内温度达 200℃ 前必须转动窑体。当窑内砖壁受热发红，可满足进料升温焙烧所需温度时才可进料。20m 以上的回转窑的升温时间一般要 2～3d。焙烧作业时主要控制的技术条件为：窑内焙烧高温段的温度和位置，窑的转动速度，窑内烟气出口处的温度、压力和烟气的流速，均匀连续进料的料量，火仓燃煤或重油喷火供热的情况。为确保窑内技术条件能稳定控制在理想的作业范围，入炉料的粒度和煤配料的参数不宜变动过大，最好控制在自热或少量外供热时刚好能维持窑内热平衡的运行状态。为兼顾焙烧质量和控制结窑速度，延长窑运行周期，窑内温度从进料端到焙烧口端方向应保持稳定提高，在焙烧渣距离窑出口处（5±3）m 处，让焙烧渣的脱杂质放热和释放烟气的反应现象逐步减少或消失，或让焙烧末期的焙烧渣在窑内有 10%～20% 行程处于降温焙烧状态。

焙烧精矿常见的控制条件为：

焙烧温度 900～960℃，烟气出口温度 350～450℃，烟气出口压力 -30～-50Pa，窑转速度 0.25～1.2r/min。

2.2.6　多层焙烧炉的生产工艺

多层焙烧炉分人工扒料和机械扒料两种，原料从炉顶料斗落入炉内最高一层堆放，用人工或机械扒平焙烧，并逐级耙向下一层。最底层与供风供热设施相接，炉内焙烧温度一般由上向下逐级升高，见表 2-10。多层焙烧炉操作方法简单，焙烧气氛容易控制，脱砷等指标容易达到 95% 以上，焙砂含砷低于 0.2%，烟尘量少。多层焙烧炉的处理量低，人工、燃料和机械设备操作耗费大，目前只有少数厂家采用。

表 2-10　多层炉各层温度控制参数

由高至低层	第一层	第二层	第三层	第四层	第五层	第六层
温度/℃	500	520～560	569～590	600～650	680～700	710～800

2.2.7　锡精矿焙烧的技术经济指标

各种焙烧工艺具备可比性的焙烧技术经济指标有：炉床处理能力、焙砂产出率、锡金属直收率、锡金属回收率、脱砷率、脱硫率、还原煤用量与燃煤耗等。

（1）炉床处理能力的计算方法：

流态化炉的处理能力[t/(m^2·d)] = 日处理矿料干质量(t/d) ÷流态化炉底面积(m^2)

回转窑的处理能力[t/(m^3·d)] = 日处理矿料干质量(t/d) ÷回转窑内空间体积(m^3)

多层炉的处理能力[t/(m^2·d)] = 日处理矿料干质量(t/d) ÷多层炉炉床面积(m^2)

（2）焙砂产出率的计算方法（不包括配入的还原煤或燃煤）：

焙砂产出率(%)=[焙砂产出干质量(t) ÷投入精矿物料质量(t)]×100%

(3) 焙砂锡直收率的计算方法：

焙砂锡直收率(%)=[焙砂锡产出量(t) ÷投入精矿物料的锡量(t)]×100%

(4) 锡金属平衡率的计算方法：

锡平衡率(%)={[焙砂锡产出量(t)+烟尘锡量(t)+其他可回收中间品锡量(t)]÷投入精矿物料的锡量(t)}×100%

(5) 脱砷 (硫) 率的计算方法：

脱砷(硫)率(%)=[产出焙砂含砷(或硫)量(t)÷投入精矿物料的含砷(或硫)量(t)]×100%

(6) 还原煤搭配率的计算方法：

还原煤搭配率(%)=[配入精矿物料中的还原煤质量(t)÷投入精矿物料的质量(t)]×100%

(7) 燃煤耗的计算方法：

燃煤耗(kg煤/t矿料)=焙烧精矿物料期加入的燃煤质量(kg)÷投入精矿物料的质量(t)

锡精矿焙烧的技术经济指标列于表2-11中。

表2-11　锡精矿焙烧技术经济指标

指标名称	流态化炉	回转窑	多层焙烧炉	备　注
处理能力/t·(m²·d)⁻¹	10~16	1.1~1.5	2~3	
焙砂产出率/%	92~96	90~93	80~90	
焙砂锡直收率/%	≥98.5	90~98.5	90~98.5	流态化炉高温收尘密闭连续返料记入直收
焙砂锡平衡率/%	99.2~99.5	98.5~99.24	98.5~99	
脱砷率/%	75~85	80~92	85~95	焙烧温度800~960℃
脱锑率/%	56~62			
脱硫率/%	85~96	70~90	75~85	焙烧温度800~960℃
脱铅率/%	44~58			
焙砂含砷量/%	0.4~1	0.3~0.8	0.08~0.6	焙烧温度800~960℃
焙砂含硫量/%	0.2~0.6	0.3~1	0.3~0.8	焙烧温度800~960℃

2.3　锡精矿、锡焙砂的浸出

2.3.1　浸出的目的及浸出工艺流程

锡精矿中的锡石矿物，不溶于热的浓酸、强碱、氧化性或还原性的溶液中。锡石的这种化学稳定性，是采用浸出法分离可溶性杂质的基础。

锡精矿往往含有铁、铅、锑、铋、钨等杂质，若不在炼前分离它们，这种含有多种杂质的精矿送去还原熔炼时，这些杂质大都会进入粗锡中，使粗锡精炼发生困难，产出大量精炼渣造成锡的冶炼直收率降低。采用盐酸浸出法除去这些杂质，就是锡精矿炼前处理的目的。

酸浸能除去较多的杂质，得到的精矿进行熔炼时可产出较纯的粗锡，从而使粗锡精炼流程简化，故在许多炼锡厂中得到应用。但耗酸量较多，只有在酸供应较方便、价廉的地方才能采用。

有的锡精矿含硫化矿物较多，也可以先浮选，除掉大部分硫化矿物，然后进行焙烧脱硫后再浸出，这样可以减少酸的消耗。

我国某些冶炼厂处理的高铋锡精矿成分见表 2－12。

表 2－12　某些冶炼厂处理的高铋锡精矿成分　　（质量分数/%）

编　号	Sn	Bi	Fe	As	S	Pb
1	69.6	0.26	1～1.5	0.2～0.5	0.16～0.34	0.14～0.21
2	41～66	0.5～8	—	2～13	1～8	1～7

用盐酸浸出的一般工艺流程如图 2－7 所示。

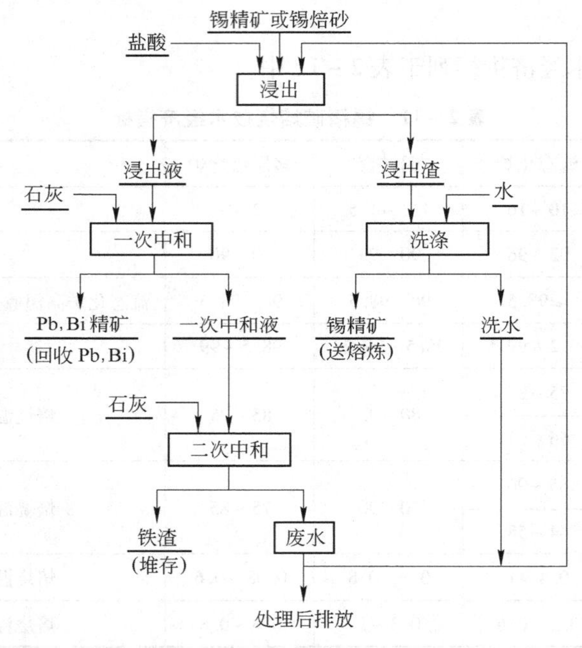

图 2－7　锡精矿浸出流程

2.3.2　浸出时的基本反应及影响浸出率的因素

用盐酸浸出时，锡精矿中的杂质可发生下列反应

$$Fe_2O_3 + 6HCl = 2FeCl_3 + 3H_2O \qquad (2-16)$$

$$Fe_3O_4 + 8HCl = 2FeCl_3 + FeCl_2 + 4H_2O \qquad (2-17)$$

$$FeO + 2HCl = FeCl_2 + H_2O \qquad (2-18)$$

$$FeO \cdot As_2O_5 + 2HCl + 2H_2O = FeCl_2 + 2H_3AsO_4 \qquad (2-19)$$

$$FeO \cdot Sb_2O_5 + 12HCl = FeCl_2 + 2SbCl_5 + 6H_2O \qquad (2-20)$$

$$Sb_2O_4 + 8HCl = SbCl_3 + SbCl_5 + 4H_2O \quad (2-21)$$

$$PbO \cdot SiO_2 + 2HCl + nH_2O = PbCl_2 + SiO_2 + (1+n) H_2O \quad (2-22)$$

$$Bi_2O_3 + 6HCl = 2BiCl_3 + 3H_2O \quad (2-23)$$

$$(Fe, Mn) WO_4 + 2HCl = (Fe, Mn) Cl_2 + H_2WO_4 \quad (2-24)$$

$$CaWO_4 + 2HCl = CaCl_2 + H_2WO_4 \quad (2-25)$$

$$CuO + 2HCl = CuCl_2 + H_2O \quad (2-26)$$

反应式（2-16）、式（2-17）、式（2-19）~式（2-21）和式（2-24）进行得缓慢而且不完全。除所生成的钨酸和胶状硅酸（$SiO_2 \cdot nH_2O$）外，其余的反应物都能溶于盐酸溶液中，胶状硅酸难以过滤。精矿中不同种类的氧化铁矿物结构不同，浸出时溶解度也不一样。三种铁的矿物相比，褐铁矿溶解度最大，赤铁矿较低，但若酸度较大时溶解度都在90%以上。Sb_2O_4 仅能溶解于浓盐酸中，故氧化焙烧后的精矿，锑的浸出率很低。氧化还原焙烧后的精矿，锑以低价化合物存在，有利于酸浸除去，但此时锡溶于酸中的损失会增大。

影响浸出效率的主要因素有盐酸浓度、盐酸用量与浸出温度。

2.3.2.1　盐酸浓度

提高盐酸浓度不仅可以提高速度，也可以防止溶液中的氯化物（如 $FeCl_3$，$BiCl_3$）发生水解沉淀反应。$PbCl_2$ 在盐酸中的溶解度是随盐酸浓度的提高而增加的，铅的浸出率也会随盐酸浓度的增加而提高，当酸浓度达25%时，铅浸出率为94%，盐酸浓度的提高也有利砷的浸出，锑和铁的浸出率受盐酸浓度影响较小。控制盐酸浓度在22%~25%时，这些杂质的浸出率都比较高。当精矿含铅高（Pb含量大于3%），可适当加入氯化钠以提高铅的浸出率。

2.3.2.2　盐酸的用量

随着酸用量的增加，铅、铋、铁的浸出率也增加。生产中盐酸加入量一般按浸出金属的质量比计算，其比例为 Pb∶HCl = 1∶1.2，Bi∶HCl = 1∶3.8，Fe∶HCl = 1∶4.4（盐酸浓度为30%，密度为1.15g/cm^3）。

2.3.2.3　浸出温度

提高浸出温度可提高溶解速度，提高杂质的浸出率。要获得较高的铅、锑、铁浸出率，应控制浸出温度在110℃以上，实行高压浸出。一般常压浸出控制的温度为90~95℃。

2.3.3 浸出的生产实践

常压浸出过程一般采用圆筒浸出槽或机械搅拌浸出槽，或采用高压釜进行高压浸出。所用浸出槽为钢板结构，内衬橡胶和耐酸砖。槽子直径为1.5~2.1m，容积为5~10m^3；生产能力为：俄罗斯用的密闭圆筒浸出槽达250~400t/(m^3·d)，一般机械搅拌浸出槽受诸多因素影响波动较大，如某厂采用的 ϕ2000mm×1500mm 的槽子，日处理量为7.5t，ϕ1800mm×1500mm 的为6t。

浸出后的浸出渣即为较纯的锡精矿，送去还原熔炼。

我国各炼锡厂锡精矿浸出的技术操作条件列于表2-13中，浸出前后杂质含量变化见表2-14，主要技术经济指标列于表2-15中。

表 2－13　我国锡冶炼厂锡精矿浸出技术操作条件实例

厂别	精矿类别	浸出						中和沉铋			
		进料量/t·槽$^{-1}$	浸出温度/℃	时间/h	浸出剂	液固比	加酸量	液固比	温度/℃	静置时间/h	终点（pH值）
1	高铋精矿	中矿 0.5～1 精矿 0.8～1.3	90	2	HCl 28%～30%	(1～2)∶1	Bi∶HCl＝1∶3.8	(8～10)∶1	常温	4	4～5
	高铅精矿	中矿 0.5～1 精矿 0.8～1.3	95	2	NaCl 320～360kg/m^3	1∶0.75	Pb∶HCl＝1∶1.2	—	—	—	—
	高铁精矿	中矿 0.5～1 精矿 0.8～1.3	95	2	HCl 28%～30%	1∶0.75	Fe∶HCl＝1∶4.4	—	—	—	—
2	高铋精矿	中矿 0.5～1 精矿 0.8～1.3	常温	24～48	HCl 28%	1∶0.2		10∶1	常温	4	4～5
	锡精矿	1～1.5	80～90	1～1.5	NaCl 28%	(1～2)∶1	120～180kg/t	(1.5～2)∶1	40～50	20min	—

表 2－14　锡精矿浸出前后杂质含量变化实例

厂　别	精矿类别	阶　段	成分含量/%			
			Sn	Bi	Pb	Fe
1	高铋精矿	浸出前	69.5	0.26	0.21	—
		浸出后	70.23	0.031	0.09	—
2	高铁、砷、硫、锡精矿	浸出前	44.8	0.03	0.07	20
		浸出后	66.5	0.02	0.05	12
3	焙　砂	浸出前	29.41	0.017	2.78	24.3
		浸出后	52.78	0.01	0.1	3.0

表 2－15　我国一些工厂锡精矿浸出主要技术经济指标实例

精矿类别	锡回收率/%	吨锡酸耗/kg	杂质脱除率/%			
			Bi	As	Fe	Pb
锡精矿	95～99	100～400	88～90	53.1	—	—
高铋锡精矿	97～98		96	—	—	—
高铁锡精矿	95～98		—	—	88～91	—
高铅锡精矿	94～98		—	—	94	94～98

2.3.4　含黑钨、白钨锡中矿的浸出

含黑钨、白钨锡中矿，或钨锡混合矿，含钨锡都高，可以采用先苏打烧结和后浸出来达到分离钨、锡的目的。若这种矿含硫、砷亦高时，可先进行氧化还原焙烧脱去硫、砷，然后将 1.5 倍理论计算量的苏打配入焙砂中，在 800～850℃下进行烧结焙烧，当有氧存

在时便会发生如下反应：

$$2FeWO_4 + 2Na_2CO_3 + 1/2O_2 = 2Na_2WO_4 + Fe_2O_3 + 2CO_2 \quad (2-27)$$

$$3MnWO_4 + 3Na_2CO_3 + 1/2\ O_2 = 3Na_2WO_4 + Mn_3O_4 + 3CO_2 \quad (2-28)$$

$$2CaWO_4 + 2Na_2CO_3 = 2Na_2WO_4 + 2CaCO_3 \quad (2-29)$$

为了强化反应的进行，在炉料中可加入3%的硝石作氧化剂。产出的烧结料可送去浸出。采用三段逆流浸出，水的加入量控制在液固比为1:(1～2)，浸出温度为80～90℃，搅拌1～2h，钨的浸出率达90%以上，浸出渣含 WO_3 2%～4%，含Sn25%～30%，可送去还原熔炼。

某厂处理一种以含黑钨矿为主的钨锡混合矿，其成分见表2-16。

表2-16 某厂处理以含黑钨矿为主的钨锡混合矿成分

元　素	WO_3	Sn	SiO_2	As	S	Fe	Bi	Cu	Pb
成分（质量分数）/%	38.20	30.78	4.95	0.77	0.59	5.33	0.02	0.11	0.25

某厂曾试验过用盐酸浸出的湿法处理流程。盐酸浸出反应为：

$$CaWO_4 + 2HCl = H_2WO_4 \downarrow + CaCl_2 \quad (2-30)$$

$$FeWO_4 + 2HCl = H_2WO_4 \downarrow + FeCl_2 \quad (2-31)$$

产出的钨酸浸出渣用NaOH溶液碱浸：

$$H_2WO_4 + 2NaOH = Na_2WO_4 + 2H_2O \quad (2-32)$$

碱浸得到的钨酸钠溶液可进一步处理提取钨，碱浸渣即为脱钨的锡精矿(Sn65.11%，$WO_3$1.6%)，送去熔炼。

3 锡精矿的还原熔炼

3.1 概述

不论锡精矿是否经过炼前处理，要想从中获得金属锡，都必须经过还原熔炼。其目的在于在一定的熔炼条件下，尽量使原料中锡的氧化物（SnO_2）和铅的氧化物（PbO）还原成金属加以回收，使精矿中铁的高价氧化物三氧化二铁（Fe_2O_3）还原成低价氧化亚铁（FeO），与精矿中的脉石成分（如 Al_2O_3，CaO，MgO，SiO_2 等）、固体燃料中的灰分、配入的熔剂生成以氧化亚铁、二氧化硅（SiO_2）为主体的炉渣，和金属锡、铅分离。

还原熔炼是在高温下进行的，为了使锡与渣较好分离，提高锡的直收率，还原熔炼时产出的炉渣应具有黏度小、密度小、流动性好、熔点适当等特点。因此，应根据精矿的脉石成分、使用燃料和还原剂的质量优劣等，配入适量的熔剂，搞好配料工作，选好渣型。不然，若炉渣熔点过高，黏度和酸度过大，就会影响锡的还原和渣锡分离，并使过程难以进行。工业上通常使用的熔剂有石英和石灰石（或石灰）。

为了使氧化锡还原成金属锡，必须在精矿中配入一定量的还原剂，工业上通常使用的炭质还原剂有无烟煤、烟煤、褐煤和木炭。要求还原剂含固定碳较高为好。

还原熔炼产出甲粗锡、乙粗锡、硬头和炉渣。甲粗锡和乙粗锡除主要含锡外，还有铁、砷、铅、锑等杂质，必须进行精炼方能产出不同等级的精锡。硬头含锡品位较甲粗锡、乙粗锡低，含砷、铁较高，必须经煅烧等处理，回收其中的锡；炉渣含锡 4% ~ 10%，称为富渣，现在一般采用烟化法处理回收渣中的锡。

还原熔炼的设备有澳斯麦特炉、反射炉、电炉、鼓风炉和转炉。从世界范围来说，反射炉是主要的炼锡设备，其次是电炉，而鼓风炉和转炉只有个别工厂使用，澳斯麦特炉正迅速被推广应用。若采用反射炉或电炉进行还原熔炼，固态的精矿或焙砂与固态还原煤经混合后加入炉内，受热进行还原反应时，是在两固相的接触处发生，这种接触面有限，而固相之间的扩散几乎不能进行，所以金属氧化物与固相还原煤之间的化学反应不是主要的。在强化熔池熔炼的澳斯麦特炉中，是固态还原煤与液态炉渣间进行化学反应，固液两相之间的反应当然比固 - 固两相间进行的反应强烈得多，这也就说明了在澳斯麦特炉内 MeO 的还原要比反射炉与电炉中进行得更快些。在澳斯麦特炉中更为重要的反应是气 - 液 - 固三相反应，即为搅拌的气相、翻腾的液相和还原煤固相之间的反应。在高温翻腾的熔池中，煤中的固定碳与气相中的氧充分接触，发生煤的燃烧反应，产生气体 CO_2 与 CO，CO 即为液态炉渣中 MeO 的还原剂，这样气 - 液两相的还原反应速度要比固 - 液两相间的反应快得多。所以，在澳斯麦特炉中 CO 气体还原剂仍然起主要作用。在电炉与反射炉内进行的还原熔炼，碳燃烧产生的 CO 更是 MeO 还原的主要还原剂。

综上所述可知，在还原熔炼过程中，MeO 的还原反应可用以下反应式来表示：

$$MeO + CO = Me + CO_2$$

$$CO_2 + C = 2CO$$

因此，本章讨论的基本原理主要内容包括碳的燃烧反应、金属氧化物的还原与炼锡炉渣的选择。

3.2 还原熔炼的基本原理

3.2.1 碳的燃烧反应

在锡精矿的还原熔炼过程中，大都采用固体碳质还原剂，如煤、焦炭等。在熔炼高温下，当这种还原剂与空气中的氧接触时，就会发生碳的燃烧反应，根据反应过程，其反应可分为：

碳的完全燃烧反应：

$$C + O_2 = CO_2 - 393129 \ (J/mol) \quad (3-1)$$

碳的不完全燃烧反应：

$$2C + O_2 = 2CO - 220860 \ (J/mol) \quad (3-2)$$

碳的气化反应，也称布多尔反应：

$$C + CO_2 = 2CO + 172269 \ (J/mol) \quad (3-3)$$

煤气燃烧反应：

$$2CO + O_2 = 2CO_2 - 565400 \ (J/mol) \quad (3-4)$$

这 4 个反应除反应式（3－3）外，其余 3 个反应均为放热反应，但是其热值的大小是不一样的。如果按反应式（3－1）进行碳的完全燃烧反应，1mol 的碳可以放出 393129J 的热；如果按反应式（3－2）进行，即 1mol 的碳不完全燃烧时放出热量只有 110.43kJ，不到反应式（3－1）放热的 1/3，所以从碳的燃烧热能利用来说，应该使碳完全燃烧变为 CO_2。这样一来燃烧炉内只能维持强氧化气氛，即供给充足的氧气才能达到。但是对于还原熔炼来说，除了要求碳燃烧放出一定热量维持炉内的高温外，还必须保证有一定的还原气氛，即有一定量的 CO 来还原 SnO_2。

温度升高有利于吸热反应从左向右进行，即有利于反应式（3－3）而不利于反应式（3－2）向右进行。所以在高温还原熔炼的条件下，必须有足够多的碳存在，以使碳的气化反应式（3－3）从左向右进行，以保证还原熔炼炉内有一定的 CO 存在，促使 SnO_2 更完全地被还原。

综上所述可知，在锡精矿高温还原熔炼的条件下，碳的燃烧反应应该是反应式（3－1）与反应式（3－3）同时进行，才能维持炉内的高温（1000～1200℃）和还原气氛 CO（%）。对于不同的熔炼方法，反应式（3－1）与反应式（3－3）可以同时在炉内进行，也可以分开进行。如反射炉喷粉煤燃烧时，反应式（3－1）主要是在炉空间进行，反应式（3－3）主要是在料堆内进行；电炉熔炼是以电能供热，煤的加入是在料堆内进行碳的气化反应式（3－3）供应还原剂 CO。如果采用鼓风炉或澳斯麦特炉炼锡，则碳燃烧反应式（3－1）与反应式（3－3）必须同时在炉内风口区或熔池中进行。

3.2.2 金属氧化物（MeO）的还原

3.2.2.1 氧化锡的还原

精矿、焙砂原料中的锡主要以 SnO_2 的形态存在，还原熔炼时发生的主要反应为：

$$SnO_{2(s)} + 2CO_{(g)} = Sn_{(l)} + 2CO_{2(g)} \quad (3-5)$$

$$\Delta G_T = 5484.97 - 4.98T \ (\text{J/mol})$$

$$C_{(s)} + CO_{2(g)} = 2CO_{(g)} \quad (3-6)$$

$$\Delta G_T = 170.707 - 174.47T \ (\text{J/mol})$$

反应式（3－5）为固态 SnO_2 被气态 CO 还原产生液态金属锡 $Sn_{(l)}$ 和气态 $CO_{2(g)}$，而大部分 $CO_{2(g)}$ 被固定碳还原式（3－6），产生气态的 $CO_{(g)}$ 又成为反应式（3－5）的气态还原剂去还原固态的 $SnO_{2(s)}$。如此循环往复，直至这两反应中的一固相消失为止。所以，只要在炉料中加入有过量的还原剂，理论上可以保证 SnO_2 完全还原。

当两反应各自达到平衡时，其平衡气相中 CO 与 CO_2 的平衡浓度会维持一定的比值。在还原熔炼的条件下（恒压下），这个比值主要受温度变化的影响。若将平衡气相中的 CO 和 CO_2 的平衡浓度之和作为100，则可绘出反应的 CO 含量（%）与温度变化的关系。反应式（3－5）与反应式（3－3）的这种变化关系如图 3－1 所示。

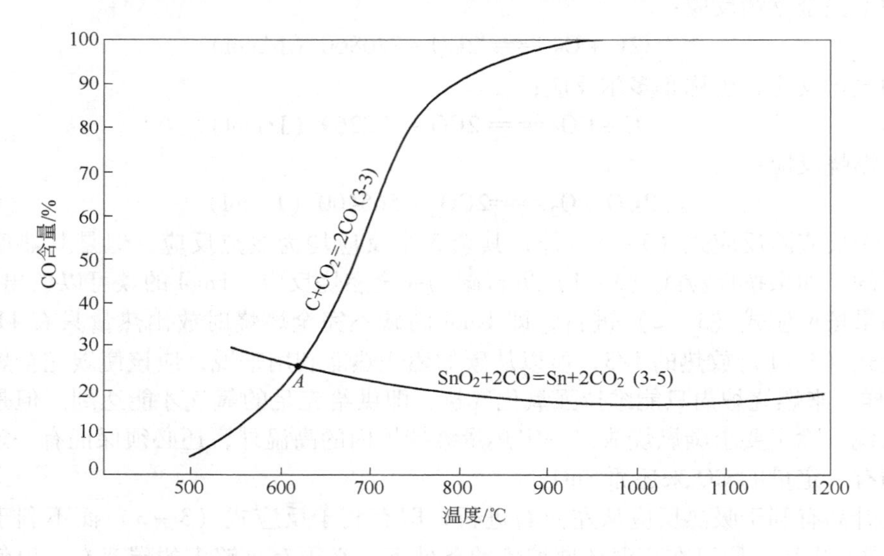

图 3－1　用 CO 还原 SnO_2 时气相组成与温度的关系

图中反应式（3－5）与反应式（3－3）的两条平衡曲线相交于 *A* 点，与 *A* 点对应的温度约为630℃，这意味着炉内的温度达到630℃，若气相中 CO（%）的含量达到 *A* 点相应的水平约为21%，两反应便同时达到平衡。即用固体碳作 SnO_2 的还原剂时，只要炉内维持 *A* 点的温度条件，SnO_2 就可以开始还原得到金属锡，这个温度（约 630℃）就是 SnO_2 开始还原的温度，即炉内的温度必须高于 630℃，才能使 SnO_2 被煤等固体还原剂所还原。

当炉内温度从 630℃继续升高时，反应式（3－3）平衡气相中的 CO（%）含量会进一步升高，远高于反应式（3－5）平衡气相中 CO（%）含量，即温度升高有利于反应式（3－5）从左向右进行，反应式（3－5）产生的 CO_2 会被炉料中的还原剂煤所还原变为 CO，以保证反应式（3－5）继续向右进行。

在生产实践中，所用锡精矿和还原煤不是纯 SnO_2 和纯固定碳，其化学成分复杂，物理状态各异，另外受加热和排气系统等条件的限制，实际的 SnO_2 被还原温度要比 630℃

高许多，往往在1000℃以上，并且要加入比理论量高10%～20%的还原剂，以保证炉料中的SnO_2能更迅速更充分地被还原。

3.2.2.2 锡精矿中其他金属氧化物的行为

可以根据金属氧化物对氧亲和力的大小，来判断或控制其在还原熔炼过程中的变化。图3-2所示为氧化物的吉布斯标准自由能变化与温度的关系图，从图3-2中可以看出低于SnO_2线的金属氧化物是第一类对氧的亲和力比锡大的杂质，有SiO_2，Al_2O_3，CaO，MgO以及很少量的WO_3，TiO_2，Nb_2O_5，Ta_2O_5，MnO等，它们的$\Delta G^\ominus$比SnO_2线的$\Delta G^\ominus$负得多，即稳定得多，它们被CO还原时，要求平衡气相组成中的CO（%）含量高于SnO_2被还原时CO的含量，即其平衡曲线在图3-1中的位置远高于SnO_2还原平衡曲线（3-5）的上方，只要控制比锡还原条件还低的温度和一定的CO（%）含量，它们是不会被还原，仍以MeO形态进入渣中。

图3-2中高于SnO_2线的金属氧化物，包括铜、铅、镍、钴等金属对氧亲和力比锡小的杂质金属的氧化物，其$\Delta G^\ominus$较SnO_2负得少些，比SnO_2更不稳定些，是第二类杂质，它们在锡氧化物被还原的条件下，会比SnO_2优先被还原进入粗锡中，给粗锡的精炼带来许多麻烦，应在炼前准备阶段中尽量将其分离。

第三类杂质是铁的氧化物。在图3-2中，与SnO_2线临近，其$\Delta G^\ominus$值相近。生产实践表明，炉料中的铁氧化物部分被还原为金属铁溶入粗锡中，Fe_2O_3被还原为FeO再与其他脉石SiO_2等造渣而入炉渣中。铁的氧化物还原的这种特性，给锡精矿的还原熔炼过程造成较大的困难。要使炉渣中（SnO）很充分地还原，得到含锡低的炉渣，势必要求更高的温度与更强的还原气氛，这就给渣中的（FeO）还原创造了条件，使其被更多地还原而进入粗锡中，使粗锡中的铁含量高达1%以上；当锡中的铁含量达到饱和程度，还会结晶析出Sn-Fe化合物，形成熔炼过程中的另一产品——硬头。硬头的处理过程麻烦，并造成锡的损失。所以锡原料在还原熔炼过程中控制粗锡中的Fe含量，是控制还原终点的关键。在还原熔炼过程中，氧化锌的行为与氧化铁的行为类似，但由于金属锌在高温下易挥发，因此在实际生产中，锌主要分配在炉渣和烟尘中。

3.2.2.3 还原熔炼过程中锡与铁的分离

SnO_2的还原分两个阶段进行：

$$SnO_2 + 2CO = Sn + 2CO_2 \tag{3-5}$$

$$SnO_2 + CO = SnO + CO_2 \tag{3-7}$$

$$SnO + CO = Sn + CO_2 \tag{3-8}$$

反应式（3-7）很容易进行，即酸性较大的SnO_2很容易被还原为碱性较大的SnO。锡还原熔炼一般造硅酸盐炉渣，碱性较大的SnO便会与SiO_2等酸性渣成分结合而入渣中，渣中的（SnO）比游离SnO的活度小，活度愈小愈难被还原。

原料中铁的氧化物主要以Fe_2O_3形态存在，在高温还原气氛下按下列顺序被还原：

$$Fe_2O_3 \longrightarrow Fe_3O_4 \longrightarrow FeO \longrightarrow Fe$$

其还原反应为：

$$3Fe_2O_3 + CO = 2Fe_3O_4 + CO_2 \tag{3-9}$$

$$\lg K_p = \lg\frac{\%CO_2}{\%CO} = \frac{1722}{T} + 2.81$$

$$Fe_3O_4 + CO = 3FeO + CO_2 \qquad (3-10)$$

$$\lg K_p = \lg \frac{\%CO_2}{\%CO} = \frac{-1645}{T} + 1.935$$

$$FeO + CO = Fe + CO_2 \qquad (3-11)$$

$$\lg K_p = \lg \frac{\%CO_2}{\%CO} = \frac{688}{T} - 0.90$$

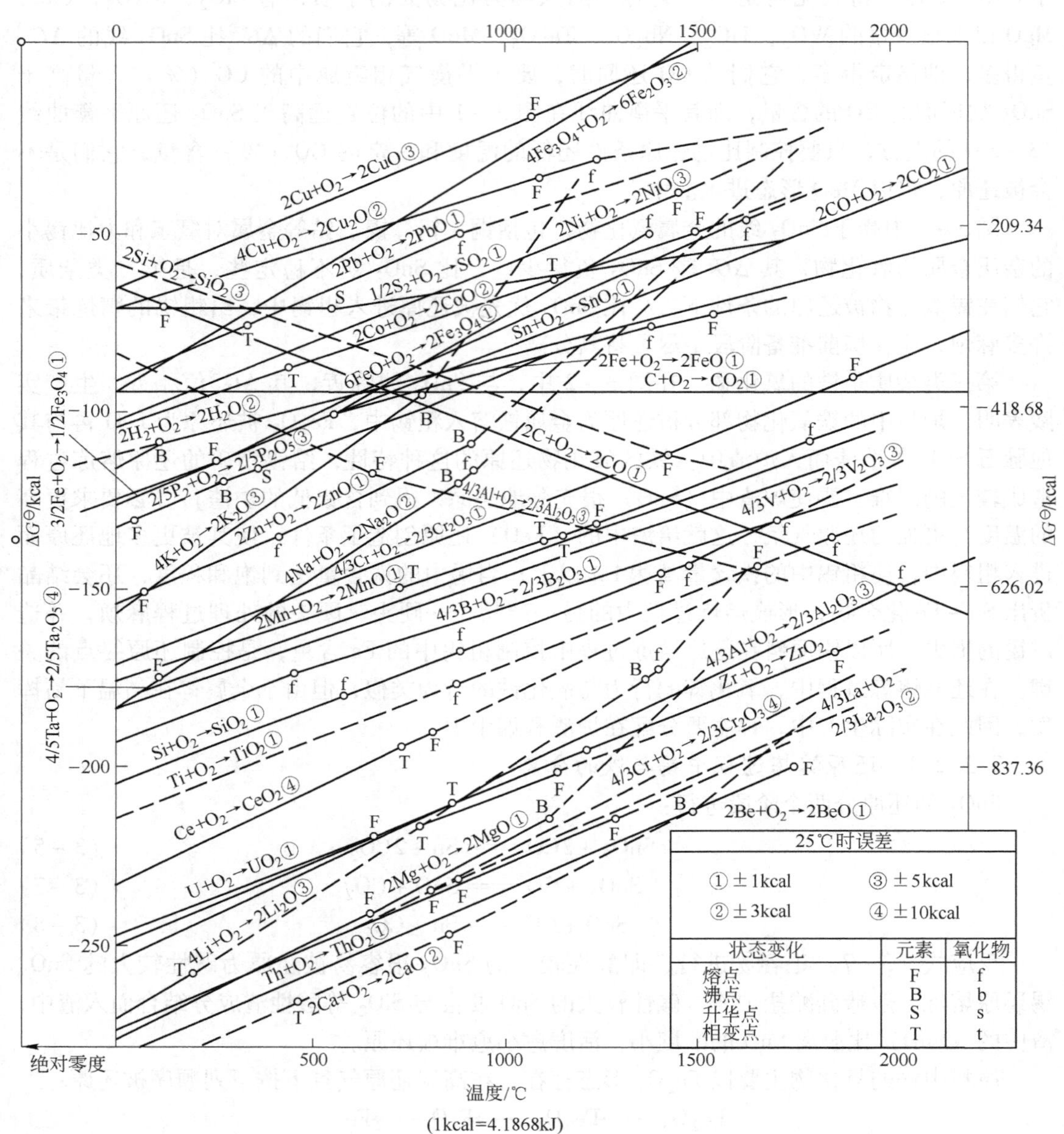

图3-2　氧化物的吉布斯标准自由能变化 $\Delta G^{\ominus}$ 与温度的关系

高价铁氧化物 Fe_2O_3 的酸性较大，只有还原变为碱性较大的 FeO 之后，才能与 SiO_2 很好地化合造渣融入渣中。所以总是希望 Fe_2O_3 完全还原为 FeO 而进入渣中，而渣中的

FeO 不被还原为 Fe 入粗锡中。

将上述反应式（3－5）、式（3－9）、式（3－10）、式（3－11）各自独立还原时，其平衡气相中 CO（%）含量与温度的关系变化曲线，绘制于图 3－3 中。

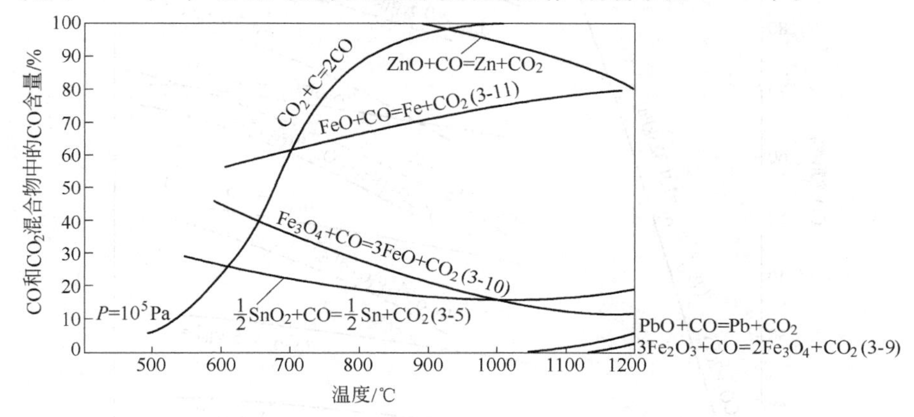

图 3－3　铁、锡（铅、锌）氧化物还原的平衡曲线

图 3－3 表明，在还原熔炼过程中，当锡铁氧化物的还原反应独自完成、互不相熔、并且不与精矿中的其他组分发生反应时（即其活度为 1），在一定温度下，控制炉气中 CO（%）含量，就可使 SnO_2 还原为 Sn，Fe_2O_3 只还原为 FeO。在生产实践中，往往是 SnO 和 FeO 都要熔入渣中，使其活度变小，还原变得更为困难，要求炉气中的 CO（%）含量更高些，图 3－3 中的还原平衡曲线将向上移动。当（SnO）和（FeO）还原得到金属 Sn 和 Fe，它们又能互溶在一起形成合金时，合金中的［Sn］与［Fe］的活度小于 1，其活度愈小渣中的（SnO）和（FeO）也愈容易被还原，于是图 3－3 中的还原平衡曲线将向下移动。这种平衡曲线上、下移动关系示于图 3－4 中。这种活度的变化对平衡曲线移动的影响，可用下反应式表示：

$$(SnO)_{(渣)} + CO = [Sn]_{Sn-Fe合金} + CO_2 \quad (3-12)$$

$$\Delta G^{\ominus} = -11510 - 4.21T \text{ (J)}$$

$$(FeO)_{(渣)} + CO = [Fe]_{Sn-Fe合金} + CO_2 \quad (3-13)$$

$$\Delta G^{\ominus} = -34770 + 32.25T \text{ (J)}$$

用 $a_{(SnO)}$，$a_{(FeO)}$，$a_{[Sn]}$，$a_{(Fe)}$ 表示相应组分的活度，$a_{(SnO)}$ 愈小及 $a_{[Sn]}$ 愈大，渣中（SnO）愈难还原；$a_{(FeO)}$ 愈大及 $a_{[Fe]}$ 愈小，渣中 FeO 愈容易还原。若合金相与渣相平衡时，锡和铁在两相间的分配可由下式决定：

$$[Fe]_{合金} + (SnO)_{(渣)} = [Sn]_{合金} + (FeO)_{(渣)} \quad (3-14)$$

$$\Delta G^{\ominus} = 23260 - 36.46T \text{ (J)}$$

当加入的锡精矿开始进行还原熔炼时，$a_{(SnO)}$ 的活度很大，返回熔炼的硬头，由于 $a_{[Fe]}$ 大，便可作为精矿中 SnO_2 的还原剂。随着反应向右进行，$a_{(SnO)}$ 与 $a_{[Fe]}$ 愈来愈小，相反 $a_{(FeO)}$ 及 $a_{[Sn]}$ 愈来愈大，反应向右进行的趋势愈来愈小，而向左进行的趋势则愈来愈大，最终达到两方趋势相等的平衡状态，从而决定了锡、铁在这两相中的分配关系。所以在锡精矿还原熔炼过程中，要较好地分离铁与锡是比较困难的。

在生产实践中常用经验型的分配系数 K 来判断锡、铁的还原程度，用以控制粗锡的

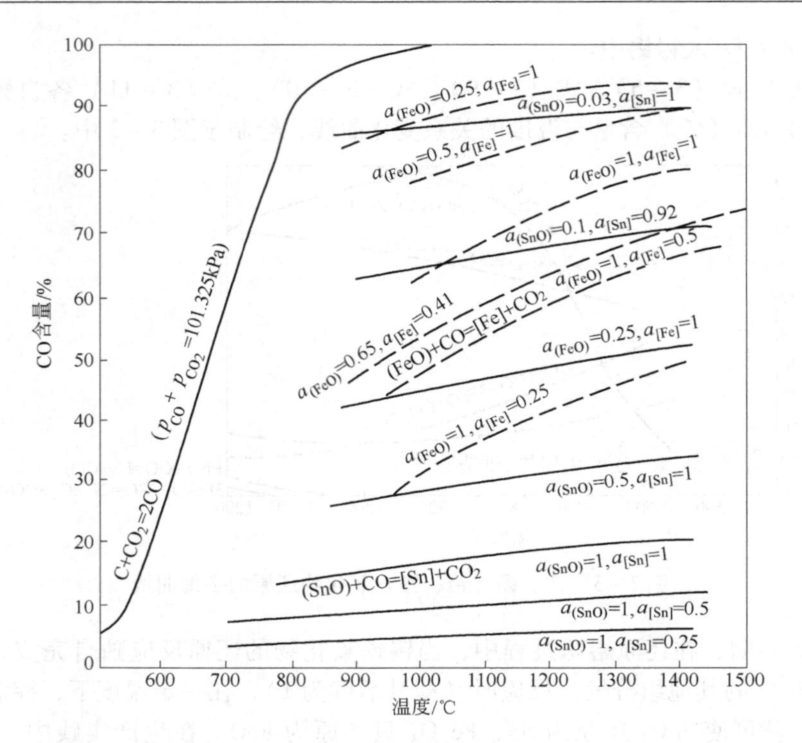

图3－4　不同温度时反应式（3－12）、式（3－13）和式（3－3）的平衡气相组成与温度和组元活度的关系

质量。分配系数 K 表示如下：

$$K=\frac{w_{[\mathrm{Sn}]}\cdot w_{(\mathrm{Fe})}}{w_{[\mathrm{Fe}]}\cdot w_{(\mathrm{Sn})}}$$

式中，$w_{[\mathrm{Sn}]}$，$w_{[\mathrm{Fe}]}$ 和 $w_{(\mathrm{Sn})}$，$w_{(\mathrm{Fe})}$ 分别表示金属相和渣相中 Sn、Fe 的质量分数。实践证实，当 $K=300$ 时，能得到含铁最低的高质量锡；当 $K=50$ 时便会得到含 Fe 约 20% 的硬头。澳斯麦特公司在其工业设计中推荐的 K 值，精矿熔炼阶段为 300，渣还原阶段为 125。

我国锡冶金工作者经过长期研究与生产总结，采取锡精矿还原熔炼产富锡炉渣，然后将富锡炉渣进行烟化处理，优先硫化挥发锡，铁不挥发留在渣中，是目前解决锡、铁分离较为完善的方法。采用澳斯麦特炉熔炼、反射炉熔炼，可有效地控制铁的还原，也可以采用高铁质炉渣，但总铁含量不应大于 50%。

3.2.2.4　影响金属氧化物还原反应速率的因素

锡氧化物被气体还原剂 CO 还原的过程发生在气固两相界面上，属于“局部化学反应”类型的多相反应。在这种体系中，所形成的固体产物包围着尚未反应的固体反应物，形成固体产物层，如图 3－5 所示。随着反应的进行，未反应的核不断地缩小。

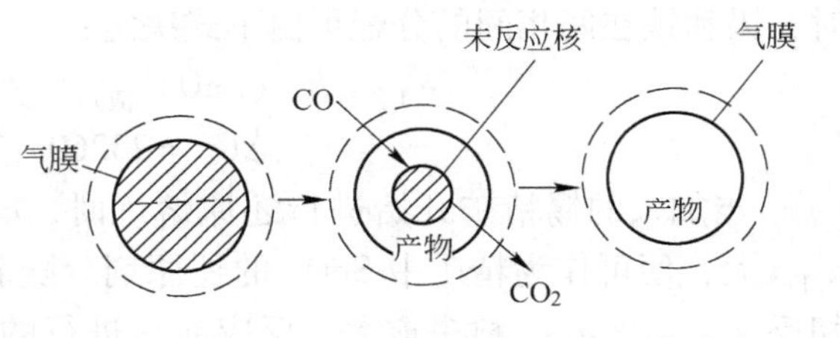

图3－5　氧化物被 CO 还原的过程

从图 3－5 可以看出，CO 还原固体氧化锡的过程可以看成是由几个同时发生的或相继

发生的步骤组成：

（1）沿气体流动方向输送气体反应物 CO。

（2）气体反应物 CO 由流体本体向锡精矿的固体颗粒表面扩散（称外扩散）及气体反应物 CO 通过固体孔隙和裂缝深入到固体内部的扩散（内扩散）。

（3）气体反应物 CO 在固体产物与未反应核之间的反应界面上发生物理吸附和化学吸附。

（4）被吸附的 CO 在界面上与 SnO_2（SnO）发生还原反应并生成吸附态的产物 CO_2。

（5）气体反应产物 CO_2 在反应界面上解吸。

（6）解吸后的气体反应产物 CO_2 在反应界面上解吸。

（7）气体反应产物 CO_2 沿气流流动方向离开反应空间。

上述各个步骤都具有一定的阻力，并且各步的阻力是不同的，所以每一步骤进行的速率一般是不相同的。锡氧化物还原的总过程可以看成是由上述步骤所组成的，而过程的总阻力等于串联步骤的阻力之和，在由多个步骤组成的串联反应过程中，当某一个步骤的阻力远远大于其余步骤的阻力时，即整个反应主要由这个最大阻力步骤所控制。由于氧化锡的还原熔炼是在高温下进行的，所以反应速率通常是由扩散过程，特别是由内扩散过程控制的。

根据热力学原理，若要氧化锡的还原反应进行，体系中 CO 的实际浓度必须大于平衡时的 CO 浓度。由于氧化锡的还原过程处于扩散区，所以过程的表观速率取决于传质速率，因此 CO 实际浓度与其平衡浓度之差成为过程的推动力。而化学反应的速率正比于其推动力与阻力之比，因此影响氧化锡还原速率及彻底程度的因素有：

（1）气流的性质：SnO_2 的还原反应主要靠气体还原剂 CO，故气相中的 CO 浓度愈高，反应速率愈快。为了保证气流中有足够的 CO 浓度，从碳的气化反应可知，炉料中必须有足够的还原剂及较高的温度，这样便可保证 SnO_2 被 CO 还原产生的 CO_2 被碳还原为 CO，使 SnO_2 不断地被 CO 所还原。气流速度加大，固体粒子表面的气膜减薄，更有利于气相中的 CO 渗入到料层中，并较快地扩散到固体颗粒内部，使固体炉料颗粒内部的 SnO_2 更完全更迅速地被还原。对于反射炉和电炉熔炼而言，这种作用是不明显的；对于澳斯麦特炉强化熔池熔炼，气流速度在熔池中的搅拌就显得非常重要了。

（2）炉料的性质：炉料的物理状态包括颗粒大小与含水量。精矿颗粒的粒度愈小，比表面积愈大，愈有利于与气体还原剂接触。一般处理的锡精矿的粒度主要受选矿条件制约，冶炼厂不再磨矿处理。对于反射炉熔炼而言，由于炉料形成料堆，气相中的 CO 很难在其中扩散，同时料堆内部传热也是以传导为主，所以在反射炉内料堆中的还原反应速度很慢，故其生产率较低。在电炉内，料堆下部还受到熔体流动的冲刷，其还原反应速度比反射炉要好一些，但反应并不显著。对于反射炉与电炉熔炼而言，由于 MeO 的还原反应都是在料堆内部进行，故要求还原剂与精矿应在入炉前进行充分混合，最好经制粒后加入炉内，以改善料堆内部的透气性和导热性。在澳斯麦特炉内由于熔体被气流强烈搅动，加入熔池内的炉料，很快被熔体吞没，在熔体内部进行气－液－固三相反应，所以 MeO 还原反应非常迅速，故其生产率较高。炉料经制粒后加入炉内目的主要是为了减少粉料入炉，降低烟尘率以及改善劳动条件。

（3）温度：锡精矿的还原过程是由一系列步骤组成的，温度对这些步骤的影响各不同，所以温度对于还原速率的影响呈现复杂的关系。但总的来说，升温有几个作用：一是锡还原反应本身是一个吸热反应，温度高对加速反应有利；二是温度高可增加解吸速度，加速 CO，CO_2 在精矿表面的扩散过程；三是从图 3 - 1 可知，$CO_2 + C = 2CO$ 为吸热反应，其一氧化碳平衡浓度随温度升高而增加，故温度愈高，CO（%）浓度愈大，而反应 $SnO_2 + 2CO = Sn + 2CO_2$ 随温度递增所需的 CO（%）浓度并不大，故 SnO_2 的还原反应容易进行；四是随温度递增可以降低炉渣的黏度，加速扩散过程。但提高炉温也有不利的一面：铁可能被更多地还原出来，炉子寿命缩短，锡挥发损失增加，所以炉温的提高是有限制的。客观地说，由于锡精矿还原熔炼过程的温度都在 1000℃以上，反应速率主要受扩散速率限制，因此提高反应温度有利于加速扩散，从而提高还原反应速率。

（4）还原剂种类及其加入量：还原剂的种类对还原速率有很大影响，含挥发分少的碳粉只在 850℃时才开始对氧化锡有明显的还原作用，而含挥发分较多的还原剂可以在较低的温度下或较短的时间内充分还原氧化锡。但在较高的温度下各种碳质还原剂的作用相差不大，许多研究者发现碳的种类对反应速率的影响很大；用活性炭作还原剂时，SnO_2 大约在 800℃开始还原；而使用石墨作还原剂时，SnO_2 大约在 925℃才开始还原。还原剂配入的多少，直接影响着还原气氛的强弱和还原反应速度的快慢，以及还原反应进行的程度。如果固体还原剂只是按理论量加入，则在还原过程后期，固体还原剂将不足以维持布多尔反应平衡的需要，而在料层内部将只是反应式（3 - 5）的平衡 CO/CO_2 气氛，不可能使 SnO_2 完全还原。此外，就还原熔炼后期已造渣的锡的还原来说，主要靠 SnO 或 $SnSiO_3$ 在熔渣中的扩散与固体碳直接作用。所以要使 SnO_2 完全还原，并且将炉渣中的氧化锡还原，过量的还原剂是必要的，但还原剂并不是可以无限制地增加，而是受到铁还原的制约的。还原剂的加入量一般按下列两个主要反应来计算：

$$2SnO_2 + 3C = 2Sn + 2CO + CO_2 \tag{3-15}$$

$$Fe_2O_3 + C = 2FeO + CO \tag{3-16}$$

这样的计算结果忽略了原料中其他 MeO 的还原以及碳燃烧过程中的飞扬损失等，所以实际配入的还原剂量，应比理论计算量高 10% ~20%。

3.2.3　炼锡炉渣

3.2.3.1　概述

炉渣是炼锡的重要产品。为了提高炉子的生产率与锡的回收率、获得较好的技术经济指标，必须正确选择炉渣的组成，以便熔炼过程顺利进行。对于炼锡而言，重要的任务是分离锡与铁，尽量使铁造渣，一般选择 $FeO - SiO_2 - CaO$ 渣系。

在锡还原熔炼过程中，为了分离锡与铁，选择的条件［温度及 CO（%）］是相同的，即反应式（3 - 12）与反应式（3 - 13）几乎在同一条件下达到平衡，即：

$$p_{CO}/p_{CO_2} = K_{Sn} \times (a_{[Sn]}/a_{(SnO)}) = K_{Fe} \times (a_{[Fe]}/a_{(FeO)})$$

当还原气氛维持不变，即 p_{CO}/p_{CO_2} 一定，温度一定时，K_{Sn}/K_{Fe} 也是一定，于是可以得到：

$$a_{(SnO)} = a_{[Sn]}/a_{[Fe]} \times a_{(FeO)}$$

此式表明，如果铁硅酸盐炉渣中 $a_{(FeO)}$ 愈小，便可以得到含锡愈低的炉渣，即渣中的锡还原愈完全。炉渣中的 $a_{(FeO)}$ 与 $a_{(SnO)}$ 主要与炉渣中的 FeO、SiO_2、CaO 的含量有关，因为，它们的总量约占炉渣量的80%～85%。

渣中的SnO被还原后产生的液态金属锡滴，是悬浮在液态炉渣中，因此，必须创造小锡滴聚合并从渣中沉下的条件，否则锡、铁不能很好地分离，渣含锡一定很高。小锡滴聚合与沉下的条件与炉渣的熔点、黏度、密度和表面张力等性质有关。

还原熔炼的温度是由炉渣的黏度与熔化温度来确定的。那么，熔炼过程的燃料与耐火材料消耗等许多技术经济指标也多与炉渣的性质有关。

渣带走的锡量是锡在熔炼过程中的主要损失。锡在渣中损失的原因有：

(1) 渣中的SnO没有完全被还原造成的化学损失，约占渣中锡量的50%。

(2) 还原后的小锡滴没有聚合沉下，悬浮在渣中的机械损失在富渣中约占锡量的40%。

(3) 锡在渣中的溶解，这种损失较少。

所有这些锡在渣中损失的原因与炉渣中的主要化学组成 $FeO-SiO_2-CaO$ 的含量有关，因为这些组成含量的变化决定了炉渣的性质。

3.2.3.2 炼锡炉渣的组成及性质

在讨论炉渣的组成和结构时，较成熟的理论是分子与离子共存理论。按照共存理论的观点，熔渣是由简单离子（Na^+、Ca^{2+}、Mg^{2+}、Mn^{2+}、Fe^{2+}、O^{2-}、S^{2-}、F^-等）和SiO_2、硅酸盐、铝酸盐等分子组成。国内外一些炼锡厂的炉渣组成见表3－1。从表3－1可以看出，炼锡炉渣可以分为三大类型：(1) 高铁质炉渣，这种炉渣以氧化亚铁和二氧化硅二元组成为主；(2) 低铁质炉，这种炉渣以氧化亚铁、二氧化硅和氧化钙三元组成为主；(3) 高钙硅质炉渣，这种炉渣以氧化钙、二氧化硅和三氧化二铝三元组成为主。

表3－1 国内外一些炼锡厂炼锡炉渣的化学成分 （质量分数/%）

样 品	SiO_2	FeO	CaO	Al_2O_3	Sn	硅酸度	熔炼设备
国内1号	19～24	38～45	1～2	7～12	6～10	1.1～1.3	反射炉
国内2号	24～31	31～35	9～10	1.4～1.6	7～10	1.2～1.6	反射炉
国内3号	26～32	3～5	32～36	10～20	3～7	1.0～1.2	电 炉
国内4号	17～26	9～21	15	7～12	3～5	1.3～2.0	电 炉
美 国	41.12	13.20	2	10.2	23.6	—	反射炉
前苏联	22～30	17～22	14～15	12～14	4～12	1.25～1.60	反射炉
印度尼西亚	18～24	14～21	5～9	—	0.8～12	—	转 炉
玻利维亚	30	30	14	11	9～12	1.45	反射炉
马来西亚	21.53	16.9	12.72	6.81	15.07	1.55	反射炉
英 国	25	32	13	10	4.4	1.34	鼓风炉

高铁质炉渣适用于冶炼含铁量大于15%的锡精矿；低铁质炉渣适用于含5%～10%的高硅质锡精矿或富渣再熔炼；高钙硅质炉渣的导电性小，熔点高，适用于电炉处理含铁量低于5%的锡精矿及烟尘。

下面以 $FeO-SiO_2-CaO$ 三元系作为锡炉渣的实用代表渣系来讨论炉渣的性质。

A 炉渣熔点

常见造渣氧化物的熔点都很高，几种氧化物熔点见表3－2。

表 3 – 2　几种氧化物熔点

氧化物	SiO_2	Al_2O_3	FeO	CaO	MgO
熔点 $t_{熔}$/℃	1723	2060	1371	2575	2800

如果将这些 MeO 按适当比例配合，就可以得到熔点较低的炉渣。以 $FeO-SiO_2$ 二元系（见图 3 – 6）为例，就可以得到熔点为 1205℃的 $2FeO \cdot SiO_2$ 化合物，熔点为 1178℃与 1177℃的两个共晶物。如果造出这种含 SiO_2 在 24% ~38% 之间的 $FeO-SiO_2$ 二元系炉渣，其理论熔化温度约为 1200℃左右，符合炼锡炉渣的上限温度，但这种炉渣含铁高，密度大；由于 $a_{(FeO)}$ 大，便会有大量的（FeO）被还原进入粗锡，产出硬头；这些都会给熔炼及精炼过程造成许多麻烦。所以只有当熔炼高铁（15% ~20%）精矿时，才考虑选用此种渣型，以减少熔剂的消耗。其他 SiO_2-CaO，$FeO-CaO$ 二元系的熔点都很高，在有色冶金中都不能采用。一般是采用 $FeO-SiO_2-CaO$ 三元系炉渣。$FeO-SiO_2-CaO$ 三元系炉渣状态图，见图 3 – 7（a）表明，在靠近 SiO_2-FeO 线一方的 $2FeO \cdot SiO_2$（F_2S）化合物点，配入适当的 CaO，使其成分向中央扩散，形成一个低熔点炉渣组成的区域（低于 1300℃），这个区域是炼锡炉渣及其他有色冶金炉渣的组成范围，见图 3 – 7（b）。若要求炉渣熔点低于 1150℃，则炉渣组成范围为：$SiO_2$32% ~46%，FeO35% ~55%，CaO5% ~20%。

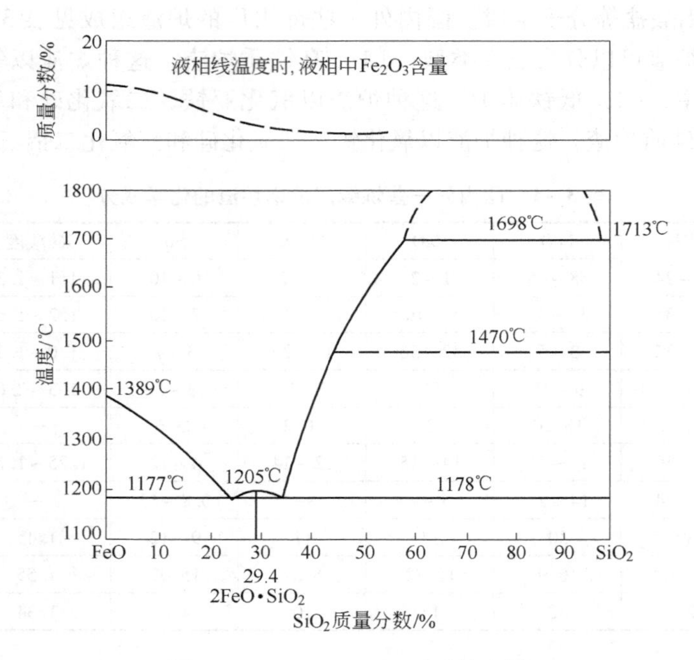

图 3 – 6　$FeO-SiO_2$ 二元系状态图

在锡还原熔炼过程中，不可避免地有 SnO 产生，甚至有许多 SnO 进入炉渣中，可使 $FeO-SiO_2-CaO$ 三元系炉渣的液相区（1200℃以下区域）有所扩大，当产出 SnO 含量高的炉渣时，范围扩大更明显。所以当炉渣中 SnO 含量高时，对炉渣成分的要求不如含 SnO 低时那么严格。炉渣中含有少量的 Al_2O_3、MgO、TiO_2 和 ZnO 时，熔点稍有降低，若其含量高时会使炉渣的熔点升高。

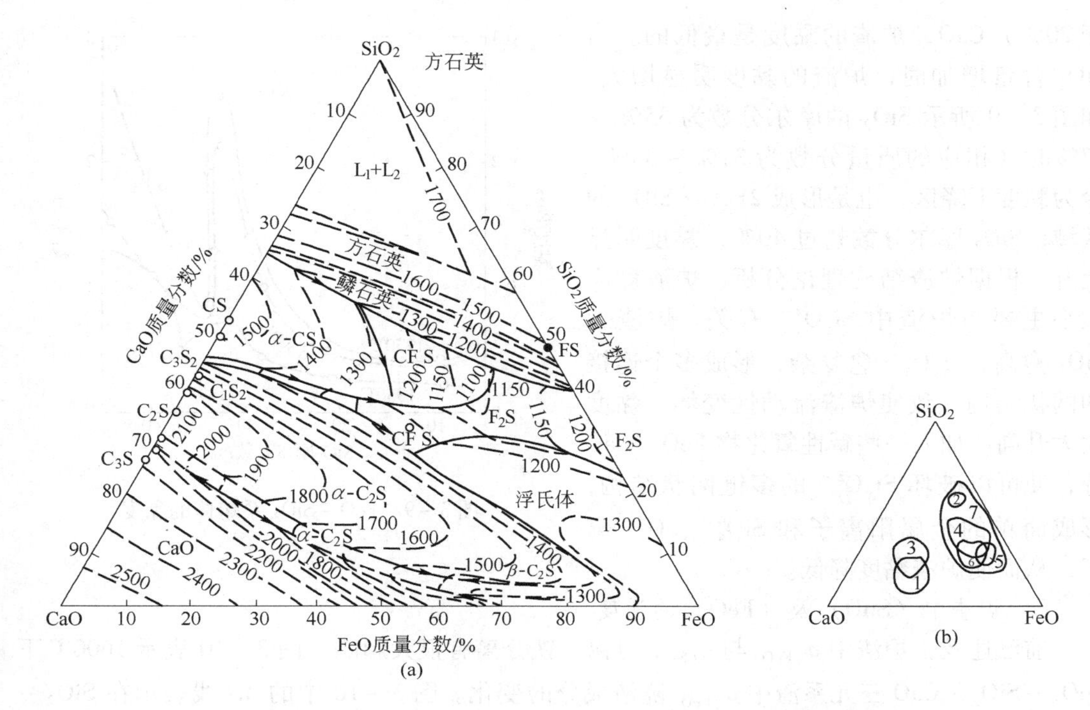

图 3-7 FeO-SiO_2-CaO 三元系相图（a）及各种炉渣的组成范围（b）

（a）：CS—CaO · SiO_2；C_3S_2—3CaO · 2SiO_2；C_2S—2CaO · SiO_2；C_3S—3CaO · SiO_2

（b）：1—碱性炼钢平炉；2—酸性炼钢平炉；3—碱性氧气转炉；4—铜反射炉；5—铜鼓风炉；6—铅鼓风炉；7—炼锡炉渣

B 炉渣黏度

炉渣的黏度影响金属锡与炉渣的分离。实验测出的 FeO-SiO_2-CaO 三元系炉渣的组成-黏度图见图 3-8，图 3-8 表明，在 2FeO · SiO_2 化合物点附近，适当加入少量的（小

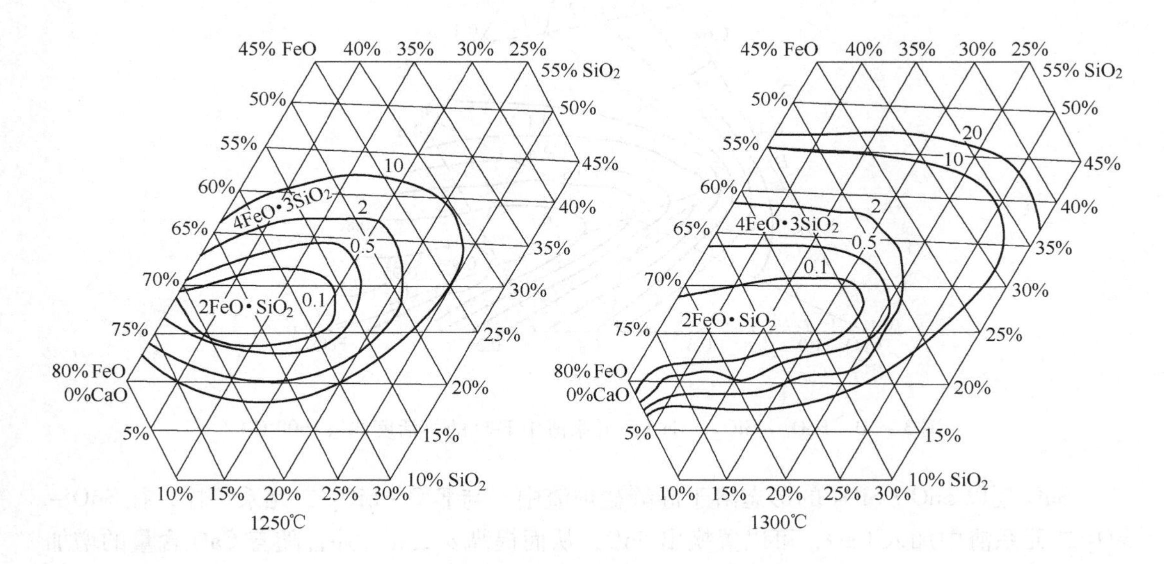

图 3-8 FeO-SiO_2-CaO 三元系中的等黏度线（黏度单位为 Pa · s × 10^{-1}）

于20%）CaO，炉渣的黏度是最低的。当SiO_2含量增加时，炉渣的黏度明显增大。如图3－9所示SiO_2的摩尔分数为35%～37%时（相应的质量分数为31%～33%）恰为黏度下降区，也是形成$2FeO \cdot SiO_2$的区域，SiO_2摩尔分数超过40%，黏度明显上升。根据炉渣结构理论分析，炉渣黏度大小主要与炉渣中$Si_xO_y^{z-}$有关。炉渣含SiO_2愈高，$Si_xO_y^{z-}$愈复杂，形成多个连接的网状结构，致使炉渣流动性变坏，黏度大大升高。加入一些碱性氧化物FeO，CaO等，便可以破坏$Si_xO_y^{z-}$的多链网状结构，形成简单的金属阳离子和SiO_4^{4-}、O^{2-}离子，从而使炉渣黏度降低。

图3－9　$FeO-SiO_2$系熔体的黏度

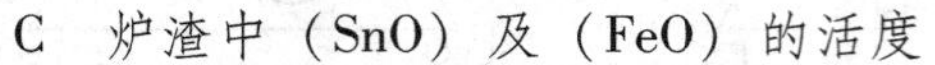

C　炉渣中（SnO）及（FeO）的活度

前已述及，炉渣中$a_{(FeO)}$与$a_{(SnO)}$对锡、铁分离有很大影响。图3－10表示1600℃下FeO_n-SiO_2-CaO三元系渣中$a_{(FeO)}$随渣成分的变化。图3－10中的AB线表示在SiO_2-FeO二元系渣中，加入适量的CaO，可使渣中$a_{(FeO)}$增加。这是由于CaO的碱性更强，可以置换出$2FeO \cdot SiO_2$中的FeO而形成$2CaO \cdot SiO_2$。

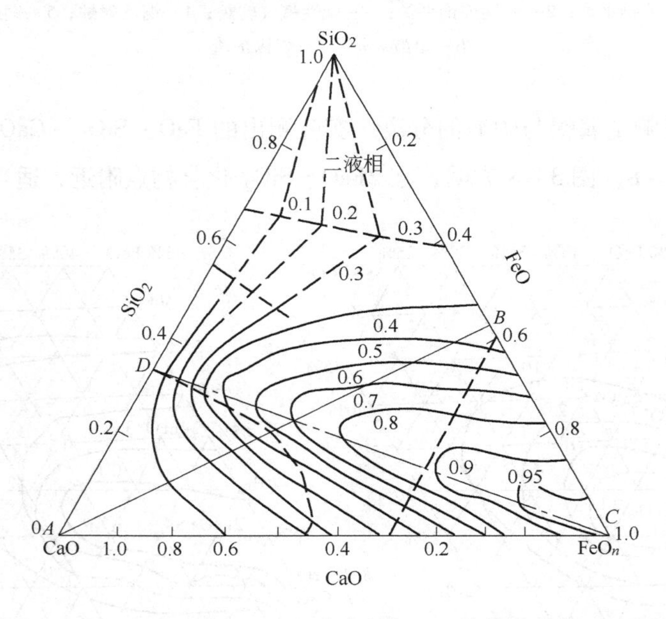

图3－10　FeO_n-SiO_2-CaO三元系渣中FeO的等活度线（1600℃）

SnO是以$SnO \cdot SiO_2$的形态溶于硅酸盐炉渣中。与$FeO-SiO_2$二元系一样，往$SnO-SiO_2$二元系渣中加入CaO，可以置换出SnO，从而提高$a_{(SnO)}$，并且随着CaO含量的增加其活度增大，见图3－11中的AB线。例如，在AB线上，SnO的浓度不变，但沿着AB线

方向减少 SiO_2 和增加 CaO 的含量时，$a_{(SnO)}$ 从 *A* 点时的 0.6 增至 0.7，0.75，最后接近 0.8（即 *AB* 线与图中等活度线各交点的值），故 $\gamma_{(SnO)}$ 也随之增大。所以在锡精矿还原熔炼时，造高钙渣更有利于渣中的（SnO）还原。这就是富锡炉渣加钙（CaO）再熔炼的主要依据。

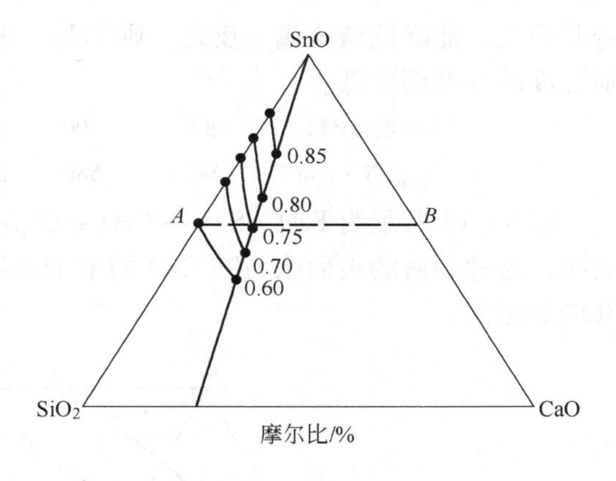

图 3－11 SnO－CaO－SiO_2 三元系中 SnO 的等活度线（1100℃）

D 炉渣密度

炉渣与金属熔体的密度差对炉渣与金属熔体的澄清分层有着决定性的作用。炉渣密度愈小，其与金属熔体的差值愈大，一般其值不应低于 1.5～2，才有利于两者的澄清分层。

炉渣的密度可按其组成的密度，用加权法进行近似计算，几种主要组成的密度见表 3－3。

表 3－3 几种主要组成的密度

氧 化 物	FeO	CaO	MgO	Al_2O_3	SiO_2
密度/$g \cdot cm^{-3}$	5	3.32	2.80	3.4	2.51

当 FeO－SiO_2－CaO 三元系炉渣的组成含量变化时，其相应密度见表 3－4。

表 3－4 FeO－SiO_2－CaO 三元系炉渣的组成含量变化时相应的密度

$w_{(SiO_2)}/\%$	20	25	30	35	40
$w_{(FeO)}/\%$	65	60	55	50	45
$w_{(CaO)}/\%$	15	15	15	15	15
密度/$g \cdot cm^{-3}$	4.10	3.95	3.80	3.60	3.50

FeO 含量愈高的炉渣，密度愈大，不利于炉渣与金属熔体的澄清分层。含 SiO_2 高的酸性炉渣则相反。

E 炉渣的表面张力

FeO－SiO_2－CaO 系熔渣的界面直接关系到炉渣－金属的分离、炉渣－金属两相间的反应以及传质速率和耐火材料的腐蚀等。熔渣的界面性质主要取决于炉渣的表面张力和锡的表面张力。界面张力的大小往往用两液体的表面张力的差给出，这称为安托诺夫法则，即渣－金属间的界面张力可用 $\gamma_{ms} = |\gamma_m - \gamma_s|$，（N/m）计算式来估算，计算值与实测值往往不一致，因为 γ_{ms} 测定困难，精度也低，各种渣－金属的界面张力大致按下列顺序依次减小：CaF_2 系（酸性）＞CaO－Al_2O_3 系（碱性）＞FeO－SiO_2－CaO 系。金属中的氧量和硫量对界面张力影响很大，一般随氧量、硫量的增加而减小，硫对界面张力的影响不如氧大。金属锡珠能否合并长大并从渣中沉降分离出来，很大程度上取决于炉渣和金属锡之间的界面张力。界面张力愈大，则能减少炉渣对金属锡的“润湿”能力，有利于锡珠

合并长大，能降低渣含锡。反之，则不利于锡珠的合并长大和降低渣含锡。锡的表面张力随温度的升高而降低。

温度/℃	200	400	500	600	700	800
γ_{Sn}/N·mm^{-1}	685	580	565	550	535	520

图3－12所示为$FeO-SiO_2-CaO$系炉渣在1350℃时的等表面张力曲线图。图3－12表明，这种炉渣的表面张力随CaO的增加而增大，随SiO_2的增加而减少，FeO的增加对其增加缓慢。

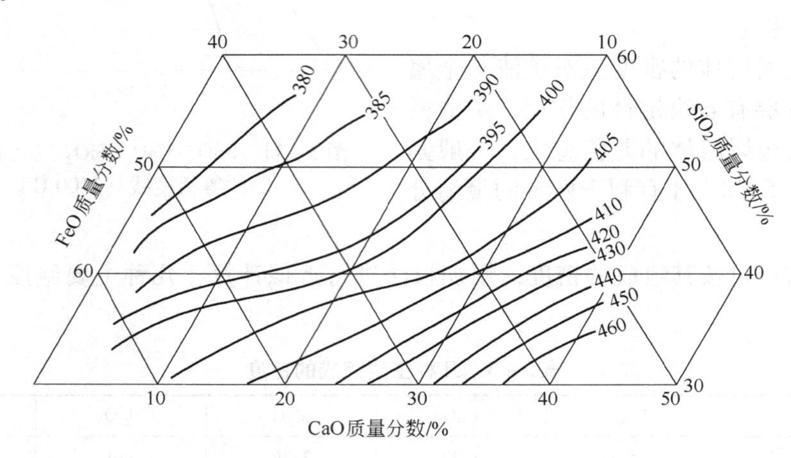

图3－12　$FeO-SiO_2-CaO$系在1350℃等表面张力曲线

（图中表面张力单位为kN/m）

F　炉渣的硅酸度

大多数炼锡厂采用$FeO-SiO_2-CaO$系炉渣，基本上是氧化亚铁与氧化钙的硅酸盐，从这种炉渣的分子结构分类，可将其分为碱性氧化物（如FeO，CaO）和酸性氧化物（SiO_2）。在生产实践中，将酸性氧化物中的含氧量与碱性氧化物中的含氧量之比值，称为炉渣的硅酸度K，可以用下式表示：

$$硅酸度（K）=\frac{酸性氧化物中氧的质量之和}{碱性氧化物中氧的质量之和}$$

一个简便的计算公式是：

$$硅酸度（K）=\frac{\frac{1}{30}\times SiO_2在炉渣中的质量分数}{\frac{1}{56}\times CaO在炉渣中的质量分数+\frac{1}{72}\times FeO在炉渣中的质量分数}$$

计算公式中，分子项SiO_2相对分子质量为60，对1个O而言为30，故其系数取1/30；分母项CaO相对分子质量为56，对1个O而言为56，故系数取1/56，FeO相对分子质量为72，对1个O而言为72，故其系数取1/72。

$K=1$称作一硅酸度炉渣，相当于$2MeO\cdot SiO_2$组成的硅酸盐炉渣。$K=2$称作二硅酸度炉渣，相当于$MeO\cdot SiO_2$组成的炉渣。炼锡厂所产炉渣的K值波动在1~1.5之间。

当电炉熔炼处理低铁（Fe＜15%）锡精矿时，可以采取高温和强还原气氛进行熔炼，也可采用$CaO-Al_2O_3-SiO_2$三元系相图，见图3－13。因为这种渣含FeO少，不必担心渣中 FeO 被还原，从而可以得到含锡较低的炉渣。这种炉渣的熔点较高，只适合于电炉熔炼处理低铁、高钙、高铝的锡精矿。

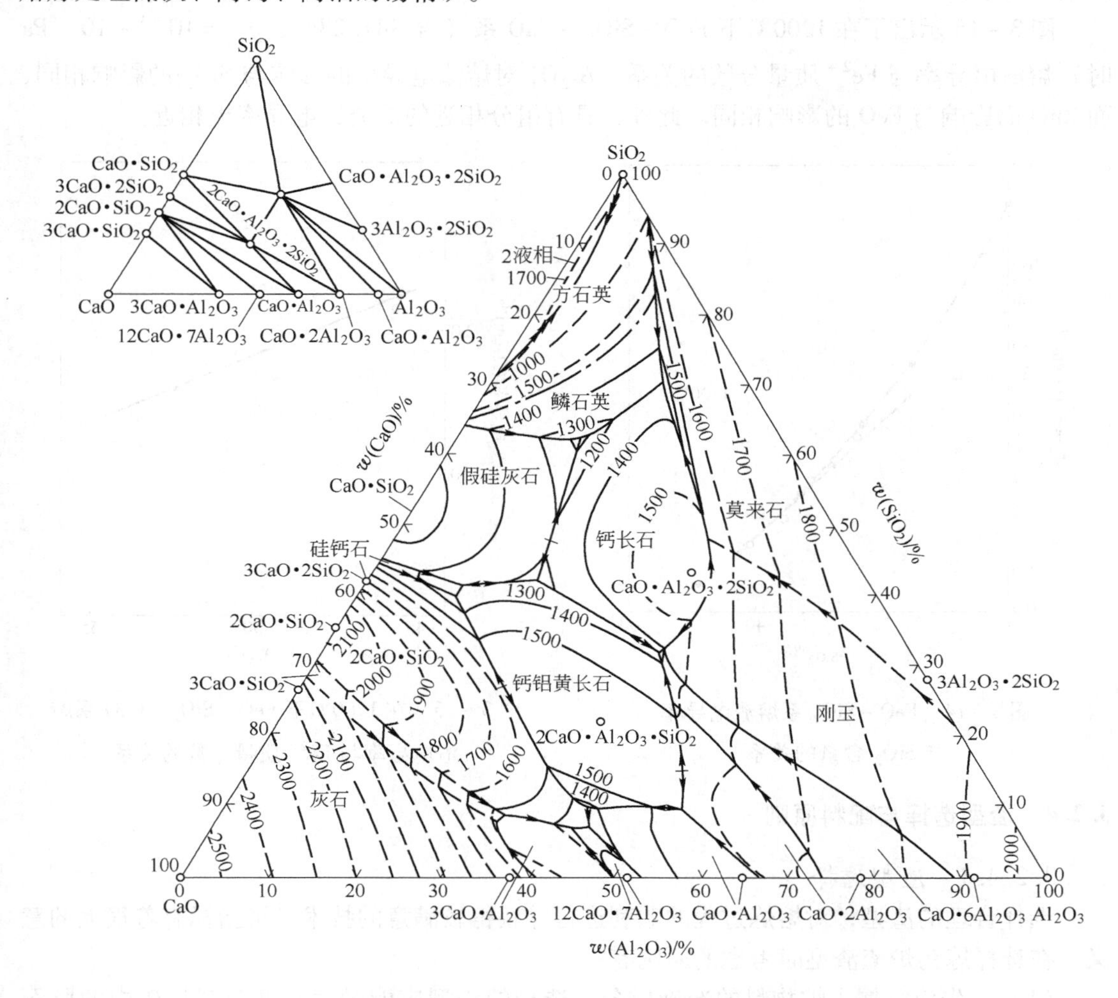

图 3-13 $CaO-Al_2O_3-SiO_2$ 三元系相图

G 导电性

炉渣的导电性对电炉熔炼具有较重要的意义，因为，电炉的热量是靠电极与熔渣接触处产生电弧及电流通过炉料和炉渣发热来进行还原熔炼的。影响炉渣导电性因素主要是炉渣的黏度，所以，凡影响炉渣黏度的因素都要影响到炉渣的导电性。

熔渣的电导是电阻率的倒数，其单位为 $(\Omega\cdot cm)^{-1}$。组成炉渣的氧化物由于结构不同，电导率相差很大。SiO_2，B_2O_3 和 GeO_2 等是共价键成分很大的氧化物，在熔渣中形成聚合阴离子，大尺寸的聚合阴离子在电场作用下难以实现电迁移，电导率很小，在熔点处其电导率 $\kappa<10^{-5}$ $(\Omega\cdot cm)^{-1}$。碱性氧化物中离子键占优势，在熔融态时离解成简单的阴离子和阳离子，易于实现电迁移，熔点处电导率 $\kappa\approx 1$ $(\Omega\cdot cm)^{-1}$。一些变价金属氧化物如 CoO，NiO，Cu_2O，MnO，V_2O_3 和 TiO_2 等，由于金属阳离子价数的改变（如 $Fe^{2+}=Fe^{3+}+e$）将形成相当数量的自由电子或电子空穴，使氧化物表现出很大的电子导电性，

其电导率高达 150 ~ 200 （$\Omega \cdot cm$）$^{-1}$。图 3 – 14 示出了 $FeO-SiO_2$ 系熔渣电导率与 SiO_2 含量的关系。

图 3 – 15 示出了在 1200℃下 $FeO-SiO_2-CaO$ 系（含 SiO_2 28%，$p_{O_2}=10^{-4}\sim10^{-7}$ Pa 时）熔渣电导率与 Fe^{2+} 质量分数的关系。Al_2O_3 对熔渣电导率的影响与 SiO_2 的影响相同，而 ZnO 的影响与 FeO 的影响相同。此外，具有组分相近的炉渣，电导率极相近。

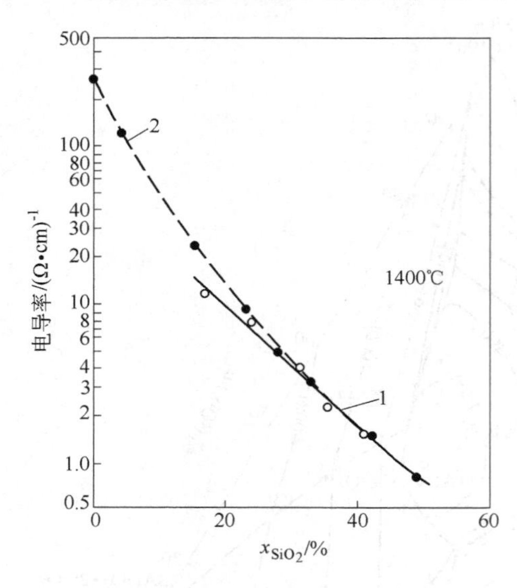

图 3 – 14　$FeO-SiO_2$ 系熔渣电导率与 SiO_2 含量的关系

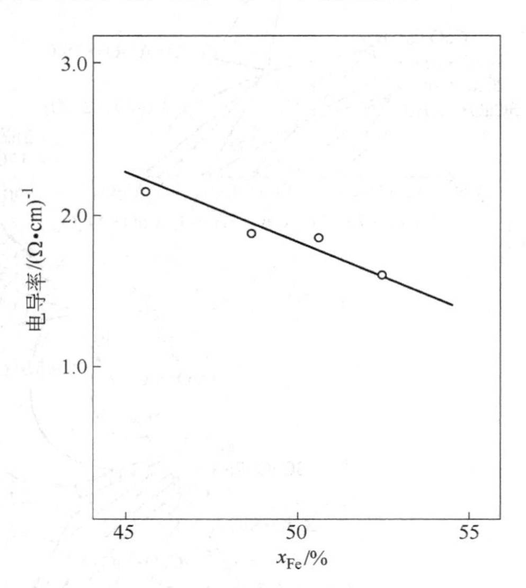

图 3 – 15　在 1200℃下 $FeO-SiO_2-CaO$ 系熔渣电导率与 Fe^{2+} 质量分数的关系

3.2.4　渣型选择与配料原则

3.2.4.1　渣型选择

选择合理的渣型，对熔炼过程的顺利进行并获得较满意的技术经济指标有着很大的意义。在选择炼锡炉渣渣型时考虑的原则有：

（1）首先应掌握入炉物料的准确成分，选择的渣型应能最大限度溶解精矿中的脉石成分及有害杂质，又很少溶解或夹带金属锡。

（2）所选渣型的性质应满足熔炼过程的要求。对炼锡炉渣一般要求：熔点要低但要适应熔炼方法的要求，一般控制在 1100 ~ 1200℃。炉渣黏度要小，以不超过 0.2Pa · s 为好（在 1200℃及 1300℃下，碱度大于 1.5 时，工业炉渣黏度都低于 0.2Pa · s）。密度应小于 4.0g/cm^3，保证与粗锡的密度差值在 2 以上。金属 – 炉渣的界面张力要大，以利金属液滴汇合与澄清分离。

（3）根据精矿中的铁与脉石成分配入适当的熔剂，以满足对炉渣性质的要求。选择的熔剂应具有很高的造渣效率。如选用的石灰石，应该是含 CaO 高，含 SiO_2 很少。配入哪一种熔剂视精矿成分而定，如含铁很高的精矿，应选择高铁渣型，只配入少量的石灰石或石英砂，这样不仅可以减少熔剂的消耗，还能减少渣量，从而提高锡的回收率。要特别注意，选择渣型时必须同时注意渣含锡量与渣量，否则渣含锡低而渣量大，同样会造成锡的大量损失。

3.2.4.2 配料计算

原则上选择了合理渣型后，就可以开始配料计算，求出需要配入的熔剂量，具体计算方法有综合法与硅酸度法两种，分述如下。

A 综合法

综合法是一种比较准确的配料方法，配料计算见表3-5，但计算比较复杂，一般适用于入炉物料成分稳定、批量大的配料，或者需要准确计算时采用。

表3-5 配料计算

名称		数量/kg	Sn		FeO		SiO_2		CaO	
			质量分数/%	质量/kg	质量分数/%	质量/kg	质量分数/%	质量/kg	质量分数/%	质量/kg
投入	锡精矿	100	42	42	22	22	0.8	0.8	0.5	0.5
	烟尘	50	35	17.5	2	1	6	3	0.2	0.1
	还原煤	22	—	—	—	—	—	—	—	—
	燃料灰分	—	—	—	10	0.55	40	2.2	2	0.11
	石英砂	7	—	—	7	0.49	90	6.3	3	0.21
	合计	179	—	59.5	—	24.04	—	12.30	—	0.92
产出	粗锡	60.98	80	48.79	1.97	1.20	—	—	—	—
	炉渣	56.5	11.52	6.51	40	22.6	20.49	11.58	1.6	0.9
	烟尘	12	35	4.2	2	0.24	6	0.72	0.2	0.02
	合计	129.48	—	59.5	—	24.04	—	12.30	—	0.92

其计算步骤如下：

(1) 将各种物料（包括精矿、返料、还原剂及燃料的灰分）分种类、数量和造渣成分按元素（或化合物）填入表内。其中，燃料的灰分是指粉煤燃烧供热时，落入炉内的粉煤灰，这部分粉煤灰约占全部粉煤灰分的40%左右。而其他供热方式如重油燃烧、煤气（或天然气）燃烧以及碎煤层式燃烧等，其灰分可以忽略不计。还原剂灰分量，可以根据理论计算的还原剂量和固体碳（还原剂）所含灰分算出。

(2) 按锡直收率为87%和粗锡含锡80%（或者根据生产实际指标的平均值）计算出粗锡产量。再根据粗锡产量按粗锡含铁4%计算出粗锡含铁量，分别填入表3-5内。

(3) 将表内各种物料带入的铁量总和减去粗锡中的铁量，以剩下的铁量为基础，根据选定的渣型含铁量计算出应产炉渣量。

(4) 按照选定的渣型中 SiO_2 的含量计算出炉渣中应含 SiO_2 量。

(5) 将炉渣中 SiO_2 数量减去由精矿、返料和灰分等物料带入的 SiO_2 量。将所得的差填入表内石英项中 SiO_2 含量栏内。

(6) 根据石英的成分计算出石英的熔剂能力（即未与氧化钙及氧化铁结合的游离 SiO_2），并计算出石英的用量填入表内。

(7) 用计算石英用量同样的方法，计算出石灰石的用量填入表3-5内。

(8) 将表中各造渣元素质量之和（不包括粗锡中的造渣元素）列入炉渣项的相应造渣元素栏内，并计算出相应的百分含量。

（9）将表中所列渣型与选定的渣型进行对比，并适当调整。

表 3 – 5 实例的计算程序如下：

（1）把入炉含锡物料的种类、数量、元素或化合物的含量及重量填入表 3 – 5 内。

（2）根据使精矿中的铁的氧化物尽量造渣和渣含锡尽可能低的原则，既要从理论出发，又要考虑实际经验来选择合理渣型填入表 3 – 5 内。

（3）还原煤用量的计算，假设物料中的锡和铅全部还原成金属，并假设铁的 5%，被还原进入粗锡，其余的铁被还原成氧化亚铁进入炉渣中。也就是说还原剂煤的用量按下列反应式计算：

$$2SnO_2 + 3C = 2Sn + 2CO + CO_2 \quad (3-17)$$

$$Fe_2O_3 + C = 2FeO + CO \quad (3-18)$$

$$3PbO + 2C = 3Pb + CO + CO_2 \quad (3-19)$$

$$Fe_2O_3 + 2C = 2Fe + CO + CO_2 \quad (3-20)$$

计算出来的碳量再乘以 1.1 ~ 1.2 的过剩系数，然后根据还原剂煤的含碳量将计算所得的碳量换算成实际的还原剂煤量。因为还原煤的灰分在熔炼过程中参与造渣，所以要计算出灰分中的各种造渣成分的数量，计算时假设煤含灰分 25%，而灰分含二氧化硅 40%，氧化亚铁 60%，氧化钙 2%，将计算出来的二氧化硅、氧化亚铁和氧化钙分别填入表 3 – 5 中。

（4）粗锡量及成分的计算按直接回收率 82% 计算，算出粗锡含锡数量为 48.79kg，粗锡品位为 80%，计算出粗锡量为 60.98kg 并填入表内，并按入炉物料铁的 5% 被还原成金属铁进入粗锡计算出粗锡含铁的重量（换算成氧化亚铁）为 1.2kg，粗锡含氧化亚铁的百分含量为 1.97%，填入表内，若粗锡含铁超过 3%，则将超出部分计算出硬头量。

（5）烟尘率及烟尘成分的计算，烟尘率是指产出的烟尘量占入炉含锡物料数量的百分比。反射炉的烟尘率一般为 5% ~ 11%，电炉烟尘率一般为 2% ~ 3%，现取反射炉烟尘率为 8%。计算的烟尘量等于（100 + 50）× 8% = 12（kg），又取尘含锡品位为 35%，含二氧化硅 6%，含氧化亚铁 2%，含氧化钙 0.2%，则分别计算得锡、二氧化硅、氧化亚铁和氧化钙的量为 4.2kg，0.72kg，0.24kg 和 0.02kg 并填入表 3 – 5。

（6）渣量及成分的计算，入炉物料所带入的氧化亚铁总量 24.04kg，减去进入粗锡、硬头和烟尘的氧化亚铁的量，余下的 22.6kg 便是进入炉渣的氧化亚铁量；又设炉渣含氧化亚铁 40% 求得炉渣量为 56.5kg。

入炉物料带入的总锡量 59.5kg 减去粗锡、硬头和烟尘所带走的锡量，余下的 6.51kg 锡便进入渣中，则渣含锡品位为：

$$6.51 \div 56.5 \times 100\% = 11.52\%$$

（7）外加石英量的计算，先假设炉渣含二氧化硅 21%（电炉可选高一些），算出渣含二氧化硅量填入表中，然后将渣中的二氧化硅量加上产出烟尘所含二氧化硅量减去入炉精矿、烟尘和还原煤灰分所含的二氧化硅量，便是需要外加石英砂量 7kg。

（8）渣型的最后确定，当外加石英量确定后取石英含氧化亚铁品位为 7%，含氧化钙品位为 3%，分别计算得石英带入氧化亚铁 0.49kg，带入氧化钙 0.21kg，最后根据石英所带入的这些成分的数量对渣型进行调整，即得表中的渣型：Sn11.52%，$SiO_2$20.49%，FeO40%，CaO1.6%。

硅酸度为：

$$K=\frac{\frac{20.49}{30}}{\frac{1.6}{56}+\frac{40}{72}}=1.17$$

B 硅酸度法

硅酸度法配料是一种比较简单的、经验型的配料方法。它的特点是快速方便，适合于复杂多变的物料的配料。实践证明用此法计算的结果能满足工业生产的要求，是一种实用的配料方法。实际生产中的计算步骤如下：

（1）将常用的各种类型精矿及返料分别进行自熔性计算，以确定该物料的酸、碱性。其计算方法如下。

根据硅酸度计算公式：

$$K=\frac{\frac{1}{30}\times w_{SiO_2}}{\frac{1}{72}\times w_{FeO}+\frac{1}{56}\times w_{CaO}}$$

式中，w_{SiO_2}，w_{FeO}，w_{CaO}分别表示物料中二氧化硅、氧化亚铁及氧化钙的百分含量。$\frac{1}{30}\times w_{SiO_2}$，$\frac{1}{72}\times w_{FeO}$，$\frac{1}{56}\times w_{CaO}$表示渣中含有的二氧化硅、氧化亚铁及氧化钙中的氧原子摩尔数。

或者用各种氧化物含氧百分数表示：

$$K=\frac{53\times w_{SiO_2}}{22\times w_{FeO}+29\times w_{CaO}}$$

将物料中的 FeO，CaO 的实际含量代入硅酸度公式，求出当 $K=1$ 时的 SiO_2 的量。然后将所求得的 SiO_2 含量减去物料中实际 SiO_2 含量。若差值为正，说明物料为碱性，反之为酸性。

（2）将酸性物料与碱性物料进行搭配，使混合物料的 K 值尽量接近于1，然后用石英或石灰石调节硅酸度，直到混合料的 $K=0.9\sim1$ 为止。

按以上方法配料，由于没考虑实际熔炼过程中还原剂及燃煤灰分的影响，因此实际炉渣的硅酸度往往比配料时要高，一般 $K=1.2$ 左右。

上述两种配料方法，不论采用哪一种，都必须在熔炼实践中去检验。通过对炉前各种现象的观察，及时调整配料比。在通过一段时间熔炼后，取炉渣综合样进行化验，以验证配料的准确性。

3.3 锡精矿的反射炉熔炼

锡精矿反射炉熔炼始于18世纪初，距今已有近300年历史，在锡的冶炼史上起过重要作用，其产锡量曾经占世界总产锡量的85%，在冶炼技术上也作了许多改进。由于反射炉熔炼对原料、燃料的适应性强，操作技术条件易于控制，操作简便，加上较适合小规模锡冶炼厂的生产要求，目前许多炼锡厂仍沿用反射炉生产。但其生产效率低、热效率低、燃料消耗大、劳动强度大等一些缺点是难以克服的，正迅速被强化熔炼方法取代。

锡精矿反射炉熔炼工艺，是将锡精矿、熔剂和还原剂三种物料，经准确的配料与混合均匀后加入炉内，通过燃料燃烧产生的高温（1400℃）烟气，掠过炉子空间，以辐射传热为主加热炉内静态的炉料，在高温与还原剂的作用下进行还原熔炼，产出粗锡与炉渣，经澄清分离后，分别从放锡口和放渣口放出。粗锡流入锡锅自然冷却，于800～900℃下捞出硬头，300～400℃时捞出乙锡，最后得到含铁、砷较低的甲锡。甲锡与乙锡均送去精炼。产出的炉渣含锡很高，往往在10%以上，可在反射炉再熔炼，或送烟化炉硫化挥发以回收锡。

现在锡精矿熔炼的反射炉类型繁多，可按生产情况划分：

（1）按燃料种类划分，有燃煤、燃油和燃气三种。

（2）按烟气余热利用划分，有蓄热式反射炉和一般热风反射炉，前者须用重油或天然气作燃料，后者多用煤作燃料。

（3）按操作工艺划分，有间断熔炼反射炉和连续熔炼反射炉。

锡精矿反射炉还原熔炼过程以前均采用两段熔炼法，即先在较弱的还原气氛下控制较低的温度进行弱还原熔炼，便可产出较纯的粗锡和含锡较高的富渣；放出较纯的粗锡后，再将富渣在更高的温度和更强的还原气氛下进行强还原熔炼，产出硬头和较贫的炉渣，硬头则返回弱还原熔炼阶段。近代由于原矿品位不断下降，为了提高资源利用率，许多选矿厂都产出低品位（40%～50% Sn）锡精矿，其中铁含量较高，往往在10%以上。将这种低品位精矿加入到反射炉进行两段熔炼，会产出更多的硬头产品，在两段熔炼过程中循环，势必造成更多锡的损失及生产费用的增高。为了克服这一缺点，国内外许多采用反射炉熔炼的炼锡厂，大都采用了先进的富渣硫化挥发法来分离锡与铁，取代了原反射炉的强还原熔炼阶段。所以现代的反射炉熔炼不再采用两段熔炼法，而是用硫化挥发法产出 SnO_2 烟尘（含铁很少）取代硬头（Sn－Fe合金）的返回再熔炼，由于 SnO_2 烟尘含铁很少，还原产出的硬头不多，富渣产量随之减少，这就为反射炉还原熔炼处理高铁低品位锡精矿创造了有利条件。

3.3.1　反射炉熔炼的入炉料

加入反射炉的炉料包括有含锡原料、熔剂、锡生产过程的中间物料和还原剂。含锡原料有不需炼前处理的生精矿，经过焙烧后的焙砂矿和经浸出后的浸出渣矿，以及富渣和锡中矿经硫化挥发后产出的烟尘等。

含锡原料的锡品位愈高愈好，至少不低于35%。各种含锡物料的化学成分列于表3－6。

表3－6　加入反射炉的各种原料的化学成分　　（质量分数/%）

原料名称	Sn	Pb	Cu	As	Sb	Bi	Fe	SiO_2
锡精矿	40～75	0.001～15	0.001～0.38	0.003～0.48	0.001～0.2	0.001～0.16	0.6～16.3	0.04～4.2
焙　砂	56.13	0.10	0.03	0.21	0.07	0.07	13.07	4.73
浸出渣矿	70.23	0.09	—	—	0.031	—	—	—
硫化挥发烟尘	37.41	13.91	0.021	2.945	0.10	0.50	—	4.40

表3－6的数据表明，加入反射炉熔炼的含锡原料，含锡品位变化很大，主要受矿产地的影响。由于反射炉生产工艺的灵活性，可以适应这种原料成分波动。除了含锡原料

外，反射炉还可以搭配处理本身所产的烟尘与富渣，粗锡精炼所产的熔析渣、碳渣、铝渣等中间物料。搭配的数量与各厂的具体条件有关，如精矿的质量以及生产工艺、操作制度等。

为了适应各种原料成分的变化，应选择合理的渣型，需要加入一定数量的熔剂。常用的熔剂有石英与石灰石，很少加入铁矿石和萤石。对石英与石灰石熔剂的质量要求是含主成分高，含其他造渣成分低，这样才具有较高的熔剂效率，其具体要求见表3－7。

表3－7 石英与石灰石熔剂的质量要求

熔　剂	$w_{(SiO_2)}$/%	$w_{(CaO)}$/%	粒度/mm	水分/%
石　英	>90	—	<3	<3
石灰石	—	>50	<5	<3

锡精矿还原熔炼配入的还原剂多为无烟煤，也可用焦粉或木炭。无烟煤还原剂的固定碳含量愈高灰分愈少，其还原效率便愈高，产渣量也会减少，有利于提高锡的冶炼回收率。还原煤含硫高，会造成锡的硫化挥发进入烟尘，降低了锡的熔炼直收率，所以应该选用含硫低的还原煤。某些工厂使用的还原煤成分列于表3－8。还原剂的粒度应小于5mm。

表3－8 炼锡厂采用还原煤成分 （质量分数/%）

工　厂	固定碳	挥发分	灰　分	水　分	硫	灰分成分		
						SiO_2	FeO	CaO
1	约61	8.87	28.4	5.64	—	47.57	14.37	1.72
2	58～81	3.78～7.10	11～31	2.5～4.3	0.6～0.8	4.5～15	0.4～1.2	0.4～2.4
3	71	5.85	20.47	2.72	0.57	—	—	—

熔剂与还原剂的加入量应根据渣型进行配料计算求得，还原剂则根据反应式计算并考虑适当过剩量（10%～20%）。配好的炉料在入炉之前应进行充分混合，使各组成混合均匀，保证还原与造渣反应迅速进行以提高生产率。

3.3.2 反射炉的构造

锡精矿还原熔炼所用的反射炉的结构如图3－16所示。

锡反射炉的结构由炉底、炉膛、炉墙和炉顶组成，通过烟道与烟气系统相连，用立柱、拉杆和拱脚梁等钢结构加固。

反射炉炉底是由炉壳钢板、黏土砖层、填料层、镁铝砖层及烧结层砌构筑成。炉壳钢板四周侧高约1.2m，用12～16mm厚的锅炉钢板焊制而成，以防高温液锡渗漏。有些国家的反射炉没有钢板炉壳，有意让锡渗漏至炉下，也可集中回收炉底锡。整个炉底是支撑在用混凝土和块石浇制的炉基上。炉底是架空的，形成自然通风冷却以保护炉底。

燃烧粉煤的反射炉长约9～12m，长宽比为（2～4）:1，炉膛内高1.2～1.5m。现用的反射炉炉床面积为5～50m^2。

3.3.3 反射炉熔炼的供热

在反射炉内燃料燃烧产出高温（约1400℃）烟气流，主要以辐射传热的方式把热传

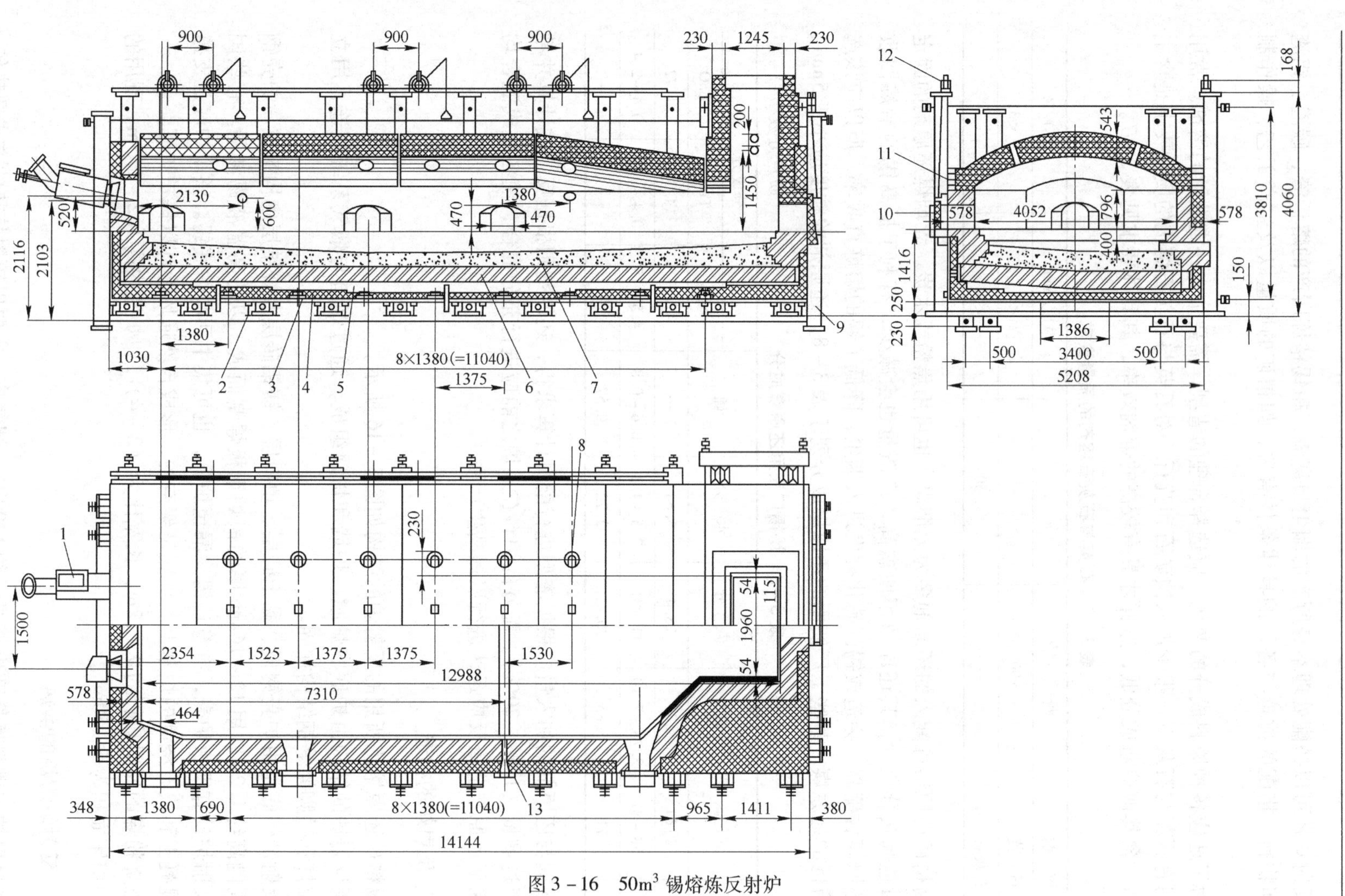

图 3-16　50m³ 锡熔炼反射炉

1—粉煤燃烧器；2—炉底工字钢；3—炉底钢板；4—黏土砖层；5—填料层；6—镁铝砖层；7—烧结层；8—加料口；9—立柱；10—操作门；11—拱脚梁；12—炉门提升机构；13—放锡口

给炉料，强化炉料的熔炼反应和熔化速度。从高温烟气流传给炉料的热量主要取决于燃烧烟气的温度和增大炉料的受热面积。

反射炉熔炼对燃料的适应性较强，可以选用气体、液体和固体燃料。熔炼过程所需总热量的85% ~90%是由燃料燃烧供给，其余是来自过剩还原剂的燃烧及放热的化学反应和入炉料、燃料与空气等带入的显热。

国外炼锡厂的反射炉多使用重油供热，由于重油供应较紧张，国内仅柳州冶炼厂用过。使用气体燃料供热，燃烧过程容易控制，易于实现自动调节，但天然气来源有限，国内外使用的厂家不多，待我国天然气建设普及后，可以在锡反射炉熔炼上使用。目前国内各大锡厂都采用固体燃料。固体燃料的燃烧方式分为层状燃烧法、粉煤喷流燃烧法和旋风燃烧法。

层状燃烧法是一种简单的块煤燃烧法，即在反射炉端头设有燃烧室，用螺旋加煤机连续将煤送到燃烧室内，助燃空气经炉箅下方鼓入通过煤层而使煤燃烧。这种燃烧方式简单，过程比较稳定，但鼓风强度不能太大，故燃烧强度低，只适于中、小型反射炉。我国采用这种燃烧方法的最大炉床面积反射炉是24m^2。燃烧室的大小，由单位时间熔炼所需的煤量来决定。实践燃烧室面积与炉床面积之比一般为1:(4~6)。

粉煤喷流燃烧法是将干燥后磨细到20~70μm的粉煤喷入炉内燃烧。双管式粉煤喷嘴的结构如图3－17所示。输送粉煤的空气称作一次风，其量为助燃风总量的15% ~20%，余为二次风。二次风可以利用余热预热到150~600℃，有利于节约燃料与提高炉温，加上粉煤燃烧反应速度快和煤完全燃烧程度高，所以，粉煤作燃料比煤块层状燃烧的温度高100~200℃。

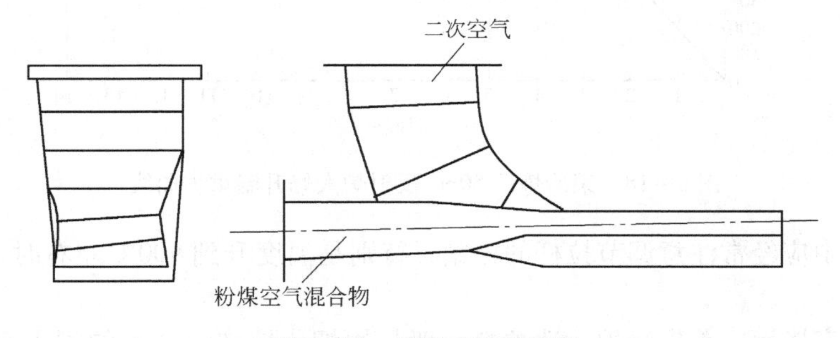

图3－17　双管式粉煤烧嘴

旋涡燃烧法是粉煤燃烧的一种新方法，其最大优点是燃烧强度大，但仍有不完善之处需待解决。反射炉的传热方法是靠辐射传热给炉料，热效率很低，只有20% ~30%，从炉尾排除的烟气温度高达1200℃，烟气带走的热量达炉内总供热量的50%以上，故利用烟气的余热，对降低反射炉熔炼能耗有着很重要的意义。烟气余热利用的方式可用于预热空气或干燥某些物料，部分厂家通过余热锅炉生产蒸汽用于发电。

3.3.4 反射炉熔炼的生产作业

反射炉熔炼生产作业分间断式和连续式两种。间断作业的反射炉熔炼包括进料、熔炼、放锡和放渣、开炉与停炉、正常维修等过程。每一生产周期一般需6~10h，个别情况长达24h。所以在整个生产过程中，各种作业应互相配合，严格操作，保证生产过程能顺利进行。对各种要求分述如下。

3.3.4.1　开炉和进料

新建或大修后的反射炉开炉过程均包括炉底烧结过程，炉底烧结升温制度应根据炉子大小、砖砌体的材质、施工方法和施工季节的不同而制定。

镁铁整体烧结炉底可按下列升温曲线进行烘炉烧结。

20～400℃，木柴烘烤，每小时升温15℃，烘烤25h，保温8h。

400～900℃，最好用重油或煤气烘烤，每小时升温15℃，烘烤33h，保温10h。

900～1400℃，用重油或粉煤烘烤，每小时升温20℃，烘烤25h，保温16h。

1400～1600℃，用粉煤烘烤，每小时升温25℃，烘烤8h，保温4h。

1600～1250℃，每小时降温30℃，共12h。

1250～1500℃，每小时升温25℃，共10h。

某冶炼厂50m³ 反射炉大修升温烘炉曲线实例见图3－18。升温烘炉曲线由炉子构造及材料确定。

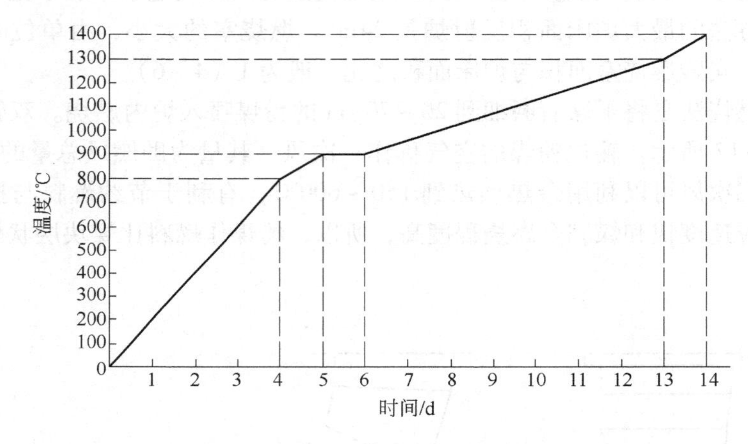

图3－18　某冶炼厂50m³ 反射炉大修升温烘炉曲线

烘炉过程中应经常注意调节拉杆的松紧，特别是温度升到900℃左右时，更应检查拉杆的松紧。

炉底烘烤完毕后，首先洗炉。洗炉料一般是用烟化炉贫渣（有的配入3%～5%的石灰石），其数量约为正常炉料的2/3即可。洗炉的目的主要是将烘炉时落入炉内的煤灰洗净。

中修后的炉子点火烘炉时间一般为7～10d（大修的炉子一般为14～18d）。

进料作业包括称料、混料、运输、进料等过程。按照规定的配料比将物料准确地称量入混料机混合。混合均匀后的炉料用皮带运输机或其他机械送至炉顶料仓以备加料。物料的称量力求准确，特别是熔剂的称量误差不应大于1%。炉料的水分一般控制在9%以下。当上一炉放渣完毕或新炉底烧结完毕后即开始进料。进料时将料仓闸板打开将炉料插入炉内，与此同时将炉尾烟道闸板放下，减少炉内负压以免炉料随烟气被抽入烟道，进料完毕后再将闸板提起。

3.3.4.2　熔炼过程

进料完毕后，炉料即进入了熔炼阶段。由于炉料含有水分以及炉料的吸热，因此进料后炉温将下降到800~900℃，经过1~2h后，炉料水分被蒸干，炉温开始上升。当炉温上升到1150~1250℃时，炉料开始进行还原和造渣过程。当熔炼进行到4~5h时，炉内已有液态炉料出现，此时可开始翻渣作业。作业的过程是用钢耙顺料堆脚进行搅动，以加快炉料的熔化过程。当熔炼进行到7h左右时，炉料基本熔化完毕，此时炉温上升到1300~1350℃，标志着造渣过程已完成，炉渣开始进行过热阶段。这时应对炉内进行一次搅动，将沉入炉底的炉料全部搅起。再过30min后即可开口放锡放渣。

通常以富渣含锡和粗锡含铁的多少作为判断熔炼终点控制的基础。

3.3.4.3 放锡和放渣

反射炉内的粗锡可一次放出，也可多次放出。多次放出的优点是：前期放出的锡含铁及其他杂质较少，并可降低金属锡的挥发损失。目前两种操作方法都有使用。

开口放锡时先用钢钎将锡口下方打开一个小孔将熔融粗锡通过溜槽放入锡锅。粗锡放出时呈暗红色。当锡口附近的锡流表面出现颜色发白的熔体时，说明炉内锡液已放完，开始淌渣了。此时应立即将锡口堵死，作好放渣准备，然后打开渣口，将液渣通过炉前溜槽放入前床，经澄清分离后得到的粗锡仍放入锡锅，而渣则进渣罐。

粗锡在锡锅内降温到800℃左右时，将锅内硬头捞去，继续降温到350~400℃捞去锅面乙锡并送往熔析炉或离心机。锅中剩下的为甲锡，送精炼车间进行精炼。

3.3.4.4 反射炉的停炉和维修

反射炉正常停炉应在放完最后一炉渣后，炉子空烧1h左右，将炉内残存的炉料及炉结放完，然后逐渐停火降温，通常炉内温度降到900℃左右时，关闭所有炉门及烟道闸板，同时停止供热让炉子缓慢冷却。停炉过程要及时拧紧拉杆，以防炉顶变形。

反射炉的维修分小修、中修和大修三种。小修的内容包括：热补炉底、检修料斗等。小修每月进行1次，检修时间1~2d。检修期间不停火，只对炉子进行保温。热补炉底是指镁、铁烧结炉底被烧蚀，局部形成凹塘时，在不停炉的情况下进行修补。其操作程序为：将炉内的锡、渣放完，然后用钢耙将凹塘内残存的锡和渣扒空。将配好的镁铁料（按捣筑炉底的配方）用铁铲送至凹塘内，并扒平、拍打致密。操作完毕后，将炉温升至1500℃，并保温1h后，即可重新进料。

中修主要是局部检修炉顶、检修渣线砖等必须停炉作业的检修项目。停炉时间一般为7~15d。检修周期为3个月至1年，视炉况而定。大修是指从炉基以上部分（包括炉壳钢板、炉底、炉墙、炉顶、烟道等）全部拆除的一种检修方式。一般是在炉底损坏严重、不能再使用的情况下进行大修。大修周期一般为2~3年。检修时间约需2~3个月。经大修后的炉子需重新烧结炉底。

3.3.4.5 反射炉连续熔炼作业

在间断操作的反射炉熔炼周期中，非有效作业（如进料、升温、放锡、放渣）时间要占去整个周期的25%~30%，炉子的生产率大大降低。将间断作业改为连续以后，在加料、放锡、放渣过程中，同时进行熔炼的还原和造渣过程，基本上消除了非有效作业时间，从而大大提高了生产率。连续作业的反射炉构造与间断作业的反射炉没有多大差别，见图3-19。沿长度方向将炉子分为熔炼区和沉淀区，炉料由专门的加料装置连续均匀地或分多批次加入熔炼区，并沿两侧墙形成料坡，在此连续不断地进行熔炼反应。产出的液态产物，沿具有一定斜度的炉底，流向较深的沉淀区分层，分层好的粗锡与炉渣由虹吸放

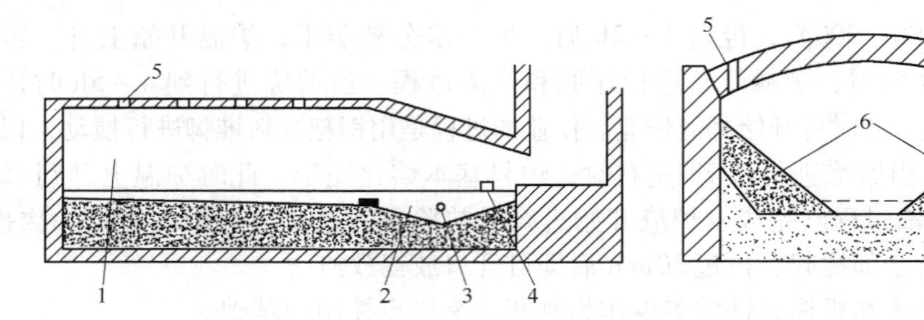

图 3-19　连续熔炼反射炉结构示意图

1—熔炼区；2—沉淀区；3—虹吸放锡口；4—放渣口；5—加料口；6—料坡

锡口和渣口放出。这样就保持了炉内温度稳定、料面与熔体面稳定、受热面也稳定，从而可以提高生产率，降低燃料消耗，稳定提高粗锡质量。

3.3.5　反射炉熔炼的产物

反射炉熔炼的产物有粗锡（有时也有硬头）、炉渣和烟尘。

3.3.5.1　粗锡

粗锡是反射炉熔炼的主要产物，其产量取决于精矿品位和直接回收率的高低。粗锡的品位主要与精矿成分有关，此外也与精矿是否经过炼前处理有关。高品位的精矿，经过炼前处理脱除杂质，熔炼后所产出的粗锡纯度可达到含 Sn99% 以上。反射炉熔炼时，铅、铋、铜、砷等元素的化合物被还原成金属进入粗锡，少部分铁也被还原成金属进入粗锡。所以精矿品位高、有害杂质少，所产的粗锡品位就高，直收率也高；反之，粗锡的品位就低。

在我国，炼锡厂常根据含铁量不同将还原熔炼的粗金属分成硬头、乙锡和甲锡。

如果精矿含铁高或还原剂过多时，粗锡在冷却到 800～900℃前就会产出一种含铁很高（约 40% Fe）的块状晶体，这种块状晶体称为硬头，它所含的铁大部分为 α-Fe，小部分为 ζ 相（$Fe_{1.3}Sn$）。由于砷和铁的亲和力大，所以砷被还原后常与铁结合而进入硬头。正是这个原因，硬头常含有大量的砷。如果熔炼所得到的粗锡冷却很快或含铁不高（Fe 含量小于 3%）时，经冷却所得到含铁的晶体就是乙锡。乙锡含铁一般在 1% 以上，有时则高达 10% 左右。甲锡是将粗锡冷却至接近熔点（350～400℃）结晶析出铁与砷以后所得到的含铁少于 1% 的粗锡。乙锡产出的数量少于甲锡。由于乙锡含铁、砷较高，须经熔析或离心过滤除铁砷后再按甲锡精炼工艺精炼。

国内部分锡冶炼厂甲锡与乙锡的成分列于表 3-9 和表 3-10 中。

表 3-9　国内部分锡冶炼厂甲锡成分实例　　（质量分数/%）

厂　别	Sn	Pb	Cu	As	Sb	Bi	Fe
冶炼厂一	78～85	15～23	0.2～0.4	0.4～0.8	0.4～0.6	0.1～0.3	0.3～0.8
冶炼厂二	92～98	0.26～0.57	0.5～2.34	0.49～1.32	0.05～0.35	0.10～0.35	0.55～1.65
冶炼厂三	97～98	0.15～0.25	0.05～0.26	0.2～0.5	0.005～0.02	0.2～0.5	0.2～0.4
冶炼厂四	92～96	1.5～2.5	0.5～1.5	0.6～2.0	0.5～1.4	0.15～0.20	0.02～0.15
冶炼厂五	92～96	0.4～1.0	0.2～0.8	1～2	1～5	0.02～0.2	0.5～1.5

表 3-10 国内部分锡冶炼厂乙锡成分实例 （质量分数/%）

厂 别	Sn	Pb	Cu	As	Sb	Bi	Fe
冶炼厂一	65~75	12~15	0.3~0.5	3.5~5.0	0.05~0.07	0.12~0.27	7~8
冶炼厂二	65~78	1.5~2.0	1.0~1.8	4~7	1~2	0.20~0.25	8~12
冶炼厂三	70~80	0.4~0.6	0.2~1	4~8	3~7	0.01~0.06	10~15

炼锡厂常将甲锡和乙锡的产量比称为甲乙锡比。甲乙锡的比值与熔炼的精矿和其他物料的质量以及生产操作条件有关。入炉物料含铁高，乙锡的比例就大。我国反射炉熔炼甲乙锡比一般为2~3。甲锡和乙锡送去精炼得到精锡。

硬头成分（%）见表3-11。

表 3-11 硬头成分 （质量分数/%）

Sn	Pb	Cu	As	Sb	S	Zn	Fe
35~38	0.6~0.8	0.15~0.20	10~12	0.01~0.03	1~5	0.4~0.8	35~38

这种硬头可返回到反射炉处理。

3.3.5.2 炉渣

反射炉熔炼产出的炉渣含锡波动于4%~20%之间。由于反射炉熔炼炉渣含锡高，所以，常称之为“富渣”。富渣中的锡占入炉物料锡量的8.5%~10.5%，炉渣成分实例列于表3-12。这种富渣送去硫化挥发回收锡。

表 3-12 国内工厂锡精矿反射炉熔炼炉渣成分 （质量分数/%）

厂 别	Sn	FeO	SiO_2	CaO
冶炼厂一	7~13	45~50	19~23	3~5
冶炼厂二	4.5~10.3	34.87~40.77	22.1~28.3	6.5~13.2
冶炼厂三	13.78~20.88	5.7~7.3	22~31	13.6~16.63
冶炼厂四	8~15	27~34	18~24	8~12
冶炼厂五	8~12	35~38	14~22	3.5~6

3.3.5.3 烟尘

反射炉产出的烟尘一般按收尘设备命名，如淋洗尘、电收尘烟尘和布袋烟尘等。工厂把反射炉上升烟道出口至冷却设备或收尘设备之间的烟道中沉积下来含锡在8%~45%之间的烟尘称为烟道尘。烟道尘的处理方法视锡品位高低而定，一般含锡大于18%的烟道尘与淋洗尘、电收尘烟尘或布袋尘一起返回反射炉熔炼，而含锡小于18%的烟道尘送烟化炉烟化或送其他炼渣设备处理。某些工厂的烟尘成分列于表3-13。

表 3-13 我国炼锡厂烟尘成分 （质量分数/%）

厂 别	Sn	Pb	As	Zn	FeO	SiO_2	CaO
冶炼厂一	38~46	15~17	1~3	13~20	1~2	2~3.5	0.1~0.3
冶炼厂二	45~50	0.9~1.5	1.5~2.5		0.35~0.70	1.5~2.5	0.15~0.30
冶炼厂三	46~50	0.08~0.22	0.32~0.48		2.5~4.5	2.8~4.8	0.24~0.65
冶炼厂四	40~48	0.5~0.8	2~4	2~4	2~5	8~12	2~5
冶炼厂五	45~57.2	0.6~1.2	0.7~1.64		2.05~6.79	3~5	0.2~0.4

3.3.6　反射炉熔炼的技术经济指标

反射炉熔炼的主要技术经济指标有：炉床能力、锡的直接回收率、燃料消耗率、产渣率及渣含锡等。

3.3.6.1　炉床能力

炉床指数［$t/(m^2 \cdot d)$］也称炉床能力，是指每天（昼夜）每平方米炉床面积处理的炉料量。其计算方法如下：

$$炉床能力=\frac{总处理量}{炉床面积\times作业天数}$$

式中，总处理量是指含熔剂在内的进料量。

影响反射炉炉床指数的因素很多，如原料性质、燃料的种类及质量、抽风条件、燃烧方式、配料的准确性以及操作的熟练程度等。

某锡冶炼厂以发热量为23023kJ/kg的烟煤作燃料，热风温度为150～200℃，燃烧方式为层式燃烧的反射炉，在处理锡精矿时炉床指数可达1.2$t/(m^2 \cdot d)$。若用粉煤喷流燃烧法供热，炉床指数能达1.5$t/(m^2 \cdot d)$。国外燃烧重油的反射炉炉床指数最高可达1.6～1.8$t/(m^2 \cdot d)$。

3.3.6.2　锡的直接回收率

锡的直接回收率与还原强度、精矿的杂质含量、精矿含锡品位等有直接关系。锡直接回收率可计算如下：

$$锡直接回收率(\%)=\frac{产出粗锡含锡量\ (t)}{入炉物料含锡量\ (t)}\times100\%$$

某冶炼厂锡直收率与锡精矿含Fe量的关系见表3－14，与锡精矿含As量的关系见表3－15，与锡精矿含锡品位的关系见表3－16。

表3－14　锡直收率与精矿含锡品位及精矿含Fe量的关系

入炉料铁锡比（Fe/Sn）/%	锡直接回收率/%
38.47	77.69
39.32	76.31
41.28	76.10

表3－15　入炉物料砷、锡比与反射炉锡直收率的关系

入炉料砷锡比（As/Sn）/%	锡直接回收率/%
4.7	77.69
5.8	76.73
6.03	76.10

表3－16　入炉锡精矿含锡品位与锡直收率的关系

锡精矿品位/%	锡直接回收率/%
59.46	88.30
52.61	85.23
42.89～43.86	76.31～81.30

以上数据说明：反射炉直接回收率随精矿含锡品位增高而增高，随铁、砷含量的增高而降低。原因在于随着杂质含量的增加，富渣产率、硬头产率以及烟尘率明显上升，因此导致锡的直收率下降。

3.3.6.3 燃料消耗率

锡反射炉燃料消耗率计算为：

$$\text{反射炉燃料消耗率}（\%）=\frac{\text{消耗燃煤量（t）}}{\text{总处理量（t）}}\times 100\%$$

燃料消耗与燃料的性质、燃料的种类及质量有关。锡反射炉燃料消耗约占炉料量的30% ~60%左右，燃烧重油的炉子油耗约占炉料的23%左右。当使用热风时，可以较大幅度地节约燃料。

3.3.6.4 产渣率及渣含锡

产渣率及渣含锡是锡还原熔炼应控制的一项重要指标。其计算如下：

$$\text{锡反射炉富渣率}（\%）=\frac{\text{富渣产出量（t）}}{\text{总处理量（t）}}\times 100\%$$

$$\text{锡反射炉富渣含锡率}（\%）=\frac{\text{富渣含锡量（t）}}{\text{富渣量（t）}}\times 100\%$$

产渣率与精矿的含锡品位有直接关系。精矿品位越高，产渣率越低。根据经验，当精矿品位高于50%时，产渣率为24% ~31%。当精矿品位为40% ~43%时，产渣率升至39% ~41%。

渣含锡反映了熔炼的还原强度。还原强度越大，渣含锡越低。渣含锡的高低同时受到粗锡质量的限制。当熔炼相同质量的精矿时，渣含锡越低，粗锡中含铁就越多，导致精炼过程产渣增加，锡的总损失增大。一般反射炉富渣含锡应控制在8% ~15%为宜。精矿品位高时可适当控制低一些。

某锡冶炼厂反射炉熔炼的一些技术经济指标见表3-17。

表3-17 某锡冶炼厂反射炉熔炼的技术经济指标

入炉物料平均含锡/%	28 ~ 34	42 ~ 45
锡直收率/%	60 ~ 57	74 ~ 78
产渣率/%	50 ~ 52	31 ~ 37
渣含锡/%	8.7 ~ 12.4	14 ~ 16
烟尘率/%	9.7 ~ 11.9	10.2 ~ 12.1
燃煤率/%	41 ~ 48	28 ~ 34
床能力/t·$(m^2\cdot d)^{-1}$	1.4 ~ 1.6	1.8 ~ 2.2

3.4 锡精矿的电炉熔炼

电炉炼锡始于1934年，目前世界上电炉炼锡产量约占世界总产锡量的10%。

3.4.1 生产工艺流程

3.4.1.1 电炉熔炼的工艺流程

炼锡电炉属于矿热电炉（即电弧电阻炉），电炉炼锡工艺对原料适应性强，除高铁物料外，熔炼其他物料均能达到较好的效果，特别适于处理高熔点的含锡物料。电炉熔炼的一般工艺流程见图 3－20。

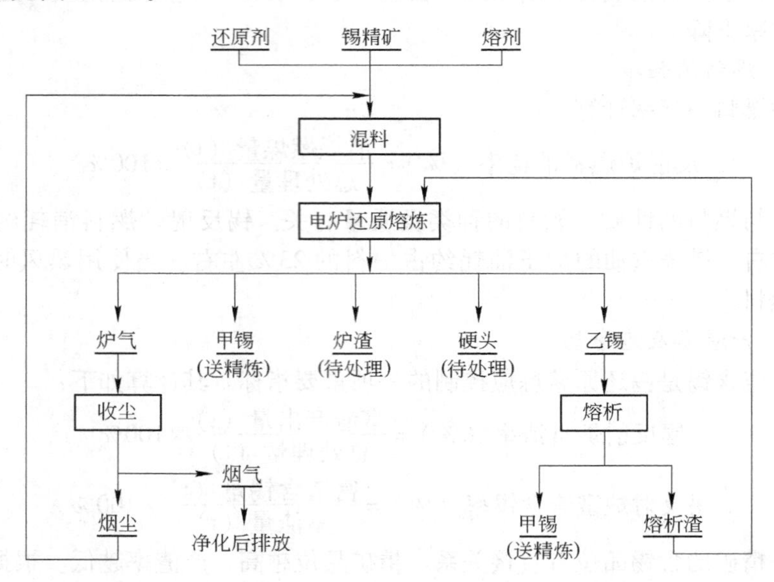

图 3－20　电炉熔炼一般工艺流程

熔炼锡精矿的电炉属于矿热电炉的一种——电弧电阻炉。电流是通过直接插入熔渣（有时是固体炉料）的电极供入熔池，依靠电极与熔渣接触处产生电弧及电流通过炉料和熔渣发热进行还原熔炼。炼锡电炉具有如下特点：

（1）在有效电阻（电弧、电阻）的作用下，熔池中电能直接转变为热能，因而容易获得高而集中的炉温。高温集于电极区，炉温可达 1450～1600℃，因而适合于熔炼高熔点的炉料。特别是对熔炼含钨、钽、铌等高熔点金属多的锡精矿更具优越性。同时较高的炉温为渣型选择提供了更宽的范围。

（2）炼锡电炉基本上是密封的，炉内可保持较高浓度的一氧化碳气氛，还原性气氛强，因此电炉一般只适合于处理低铁锡精矿。较好的密封，减少了空气漏入炉内，烟气量少，熔炼相同量炉料所产生的烟气仅为反射炉的 1/16～1/18。烟气量少，还原性气氛强，相应地减少了锡的挥发损失，一般电炉熔炼锡挥发损失约为 1.3%，而反射炉则达 5%。同时烟气量少，带走热量也少，因此可采用较小的烟道降温系统及收尘设备。

（3）锡精矿电炉熔炼具有炉床能力高：3～6t/(m^2·d)，锡直收率高（熔炼富锡焙砂时可达 90%）、热效率高、渣含锡低（3%左右）等特点。

3.4.1.2　入炉物料

A　原料

电炉熔炼对原料的适应性强，除锡精矿外，还可以处理各种锡渣、烟尘。为了保持操作稳定和较好的技术经济指标，原料需要配料和均化，为防止熔炼中炉料爆喷和减少电耗，炉料含水一般不超过 3%；对于粉状物料，尤其是各类含锡烟尘，入炉前最好先制粒（团）干燥，球团粒度以 ϕ10～20mm 为宜，如果粉料直接入炉时，烟尘率高。粉料透气性差，容易产生爆喷塌料现象，入炉锡精矿的一般成分见表 3－18。

表 3－18 电炉熔炼锡精矿成分 （质量分数/%）

Sn	Fe	Pb	Bi	S	As	WO_3	H_2O
50 ~ 65	3 ~ 5	0.3 ~ 1	0.1 ~ 0.3	0.1 ~ 0.5	0.1 ~ 0.5	<2	<3

由于近几年原料竞争激烈，高品位锡精矿逐年减少，有时入炉锡品位只能达到 40% ~ 50%，特别是 Fe 达到 10% ~ 16%，这样会严重影响电炉作业指标，造成渣率增大，硬头增多，直收率下降。为保证电炉指标，对入炉锡品位及 Fe 的含量应有严格要求。

B 熔剂

根据原料的不同及渣型的选择，配入的熔剂种类及量也有差异，生产上通常用石灰石、石英等。对熔剂一般要求石灰石含 CaO > 50%、石英石含 SiO_2 > 90%，粒度不超过 6mm，含水分应在 3% 以下。

熔剂的加入量应以选择的渣型作依据。

电炉易达到较高的熔炼温度和保持较强的还原气氛，从而可以处理难熔物料，产出高熔点的炉渣，故渣型选择的范围较宽。电炉熔炼低铁物料时，其渣成分一般为：$SiO_2$25% ~ 40%，CaO12% ~ 36%，FeO5% ~ 25%，$Al_2O_3$7% ~ 20%。精矿含铁低时，配入的熔剂主要是石灰石，精矿含铁高时，可适当配入石英作熔剂。

C 还原剂

电炉熔炼所用还原剂有无烟煤、焦炭、木炭等。焦炭及木炭作为还原剂时，活性及反应能力强，很少或没有挥发物产生，效果较好，但其价格相对较贵，工业上一般不采用，生产多用无烟煤作还原剂。无烟煤含有少量挥发物，容易黏附在收尘器内壁上，对收尘有影响，但还是适应生产，一般要求 Fe > 60%、H_2O < 3%、灰分 < 25%，粒度以 5 ~ 15mm 为宜。

还原剂的加入量应保证炉料中的 SnO_2 完全还原，可按下列反应式计算：

$$2SnO_2 + 3C = 2Sn + 2CO + CO_2 \tag{3-21}$$

但不得过量以防止炉料中的铁被大量还原，从而产生大量硬头，降低锡的冶炼直收率。还原剂的用量一般为精矿的 15% ~ 18%。精矿含铁高时适当减少还原剂用量。

3.4.2 电炉熔炼的产物

锡精矿电炉还原熔炼一般产出粗锡、炉渣和烟尘，粗锡送精炼处理产出精锡，炉渣经贫化回收锡后废弃，烟尘返回熔炼或单独处理。

3.4.2.1 粗锡

视原料成分的不同，产出的粗锡成分差异也很大，表 3－19 是两组典型的不同原料冶炼所得的产品成分对比。

表 3－19 两组典型的产品成分对比 （质量分数/%）

工厂	类别	Sn	Pb	Bi	Fe	Cu	Sb	As
1	甲锡	98 ~ 99.1	0.33 ~ 1.2	0.17 ~ 0.39	0.03 ~ 0.12	0.07 ~ 1.18	0.01 ~ 0.02	0.15 ~ 0.25
	乙锡	88 ~ 92	0.8 ~ 2.3	0.18 ~ 0.70	3.52 ~ 8.72	0.06 ~ 0.60	0.02 ~ 0.10	0.70 ~ 3.00
2	甲锡	64.1 ~ 92.1	3.1 ~ 28.1	0.22 ~ 0.88	0.22 ~ 1.66	0.16 ~ 0.94	0.10 ~ 2.71	0.17 ~ 1.44
	乙锡	43.0 ~ 75.5	3.7 ~ 28.3	0.23 ~ 1.00	5.06 ~ 11.19	—	2.19 ~ 4.53	0.16 ~ 5.83

由粗锡成分可知，锡中的主要杂质是铅、铋、铁、铜、砷、锑等，经铸锭送去精炼。由于螺旋结晶与真空蒸馏精炼技术的开发，锡铅分离已变得容易，故可将难选的复杂锡矿，选得一种锡铅混合精矿，而炼出一种含铅很高的粗锡。

由于电炉熔炼是周期性作业，每批炉料的熔炼时间约20～24h，多次分批加料、放锡与放渣，开头放出的几次粗锡，含锡品位较高称为甲锡，以后放出的锡尤其是炼渣阶段放出的粗锡，品位较低称为乙锡。乙锡中的杂质主要是铁的含量比甲锡高许多，说明还原熔炼后期，进入渣中的SnO更难还原，造成渣中FeO也随SnO一道被还原进入乙锡中。

乙锡可经初步熔析精炼后产出甲锡，熔析渣可返回熔炼过程中处理。

3.4.2.2　电炉炼锡炉渣

电炉熔炼可以处理难熔物料，产出高熔点的炉渣；但不宜处理高铁物料，产出高铁炉渣。在通常情况下，产出的炉渣成分为（%）：$SiO_2$25～40，CaO15～36，FeO3～7，$Al_2O_3$7～20。

某些工厂电炉熔炼所产炉渣成分见表3－20。

表3－20　某些工厂电炉熔炼炉渣成分　　（质量分数/%）

厂别	Sn	FeO	SiO_2	CaO	Al_2O_3	MgO
1	2.5～9.0	3～5	26～32	32～36	10～20	—
2	3～5	26～36	28～30	8～15	6～10	—
3	3.72～8.17	9.26～11.63	25～43.5	9.31～14.78	8.28～13.33	—
4	5.7	1.58	47.25	14.49	12.00	1.76
5	3.29	3.29	37.68	15.80	15.12	7.08

从表3－20可看出，电炉熔炼所产炉渣与其他有色冶金炉渣相比，其特点是FeO含量较低，高熔点组分Al_2O_3与MgO含量很高。电炉渣中的锡含量高，往往在3%以上，所以，电炉渣应经过处理回收锡以后才能废弃。

3.4.2.3　烟尘

电炉熔炼产生的烟气量较少，随烟气带走的粉尘不多，由于电炉熔炼的温度高且还原气氛强，某些易还原挥发的元素进入烟尘的量也就多一些。某些工厂所产电炉烟尘成分见表3－21。

表3－21　某些工厂所产电炉烟尘成分　　（质量分数/%）

Sn	Pb	Bi	Zn	As
57.45～60.09	0.422～0.65	0.056～0.328	—	0.65～1.16
22.57～29.05	0.66～1.43	—	33.33～37.38	2.46～4.19

除了含锌等易挥发元素在烟尘中的含量很高另行处理外，一般烟尘均返回熔炼过程中处理回收锡。

3.4.3　电炉熔炼的基本过程

炼锡电炉与其他矿热电炉一样，其热量来源于电弧，也来源于炉料和炉渣的电阻。电流的热效应可用下式表示：

$$Q = I^2Rt \text{ (J)}$$

式中 I——电流强度，A；

R——电阻，Ω；

t——时间，s。

电极插入渣层中，在电极和渣层接触面有一层很薄的气袋，通电时强大的电流通过电阻很大的气袋而产生电弧，因而在电极附近电位有很大的降落。接着电流通过有一定电阻的渣层，电位继续下降。在电极附近3mm处，电位已降低了21.9%，因此电极周围是电阻较大的区域，也是发热量最大的区域。电场的分布还与电极插入渣层的深度有关。当电极插入很浅时，电极附近电压降的百分率很大，这是由于通过气袋的电流密度特别大，有效导电容积小，大部分电流是按电极—炉渣—电极的方向流动，即三角形负荷的电流占优势，热量高度集中在电极附近的熔池表面，弧光暴露到料堆表面，热损失大，炉顶易过热，炉料中温度低，因而对熔炼不利。电极插入较深，电极附近电压降百分率大大减小，产生电弧减弱，成为埋弧熔炼，电极与渣的接触面增大，大部分电流按电极—炉渣—粗锡—炉渣—电极通过，即星形负荷的电流占优势，此时热损失小，热量分布较均匀，但电极易接近导电性良好的粗锡发生短路事故。生产中电极插入深度为渣层一半较为适宜。

电炉熔池内温度较低的部位是熔池的料堆熔化表面，另外，各区域电位降的百分率不均匀，使得各区域的温度相差很大。这种高温区和低温区的存在是造成炉渣的循环运动和热交换的动力。

在熔炼过程中，由于锡精矿密度大而沉入渣层，而焦炭则覆盖在渣面上，在电炉内渣中氧化锡的还原是在焦炭层下及直接在熔体内的熔体运动中进行的。电炉内炉渣运动及温度分布示于图3－21中。从图可以看出，电极附近的炉渣接受了大量的热量（电极区放出的热量大于50%）温度升高，同时炉渣中存在反应产生的气体、气泡，使炉渣的密度和黏度减小，炉渣向上沿电极运动的速度增大，然后喷至表面，并在焦炭下面由电极向各个方向流散。炉渣沿焦炭层的粗糙表面与还原剂接触并发生金属氧化物的还原反应，而不与焦炭接触的炉渣内则发生 $SnO + Fe \longrightarrow Sn + FeO$ 的置换反应。与此同时，高温炉渣将热量带到温度很低的炉料的熔化表面，炉料吸收过热炉渣的热量而熔化，过热炉渣的温度相对降低，熔化的炉料和已降温的炉渣一同混合，密度增加而下沉。下沉到电极插入深度时，又受上浮过热炉渣的影响，一部分熔体转向电极作水平运动而加入到连续循环中，另

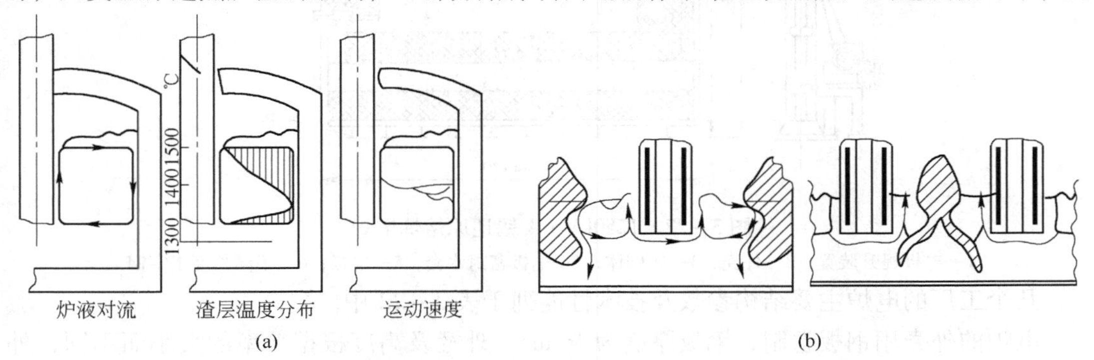

图3－21 电炉内炉渣运动及温度分布

（a）电炉内炉渣运动及温度分布；（b）有料堆时炉渣的对流

一部分则沉到料堆末端，由于其温度还高于炉料表面温度而继续沿着炉料下部熔化表面作水平运动，直到其温度接近炉料熔化温度为止。有关研究认为：在锡精矿还原熔炼时从炉渣中分出液态锡滴或铁锡合金滴的过程决定着锡的回收程度。在金属氧化物发生还原作用的同时，快速发生分子分散的反应产物（金属滴和气泡）的活化聚合过程，使它们的粒度增大。当炉渣向炉缸壁移动，以及向电极和炉底移动时，在炉渣中继续发生聚合，并使锡滴增大。锡滴增大到一定程度时则随大部分的熔体一起落入比较平静的渣层，以进行炉渣和粗锡的分离。而另一部分粒度较小的锡滴则随炉渣继续循环。

电炉内热源和传热与反射炉不同，在反射炉内，炉料受热是在料堆表面开始，逐渐向内发展，化学反应也是这样。电炉的热量则在炉料内部产生，炉料受热熔化和相互作用是在炉料内固体和液体界面上进行，即熔融炉渣以较大的速度冲刷着炉料的表面，并同时进行化学反应。因此可以认为，在电炉内还原和造渣是同时进行的。

3.4.4　炼锡电炉及附属设备

炼锡电炉多为圆形，由外壳、炉底、炉墙、炉顶、电极提升装置等部分构成，功率一般为180～1400kV · A，石墨电极直径为100～400mm，个别厂用自焙电极，直径达600mm。功率为1250kV · A的电炉结构如图3－22所示。

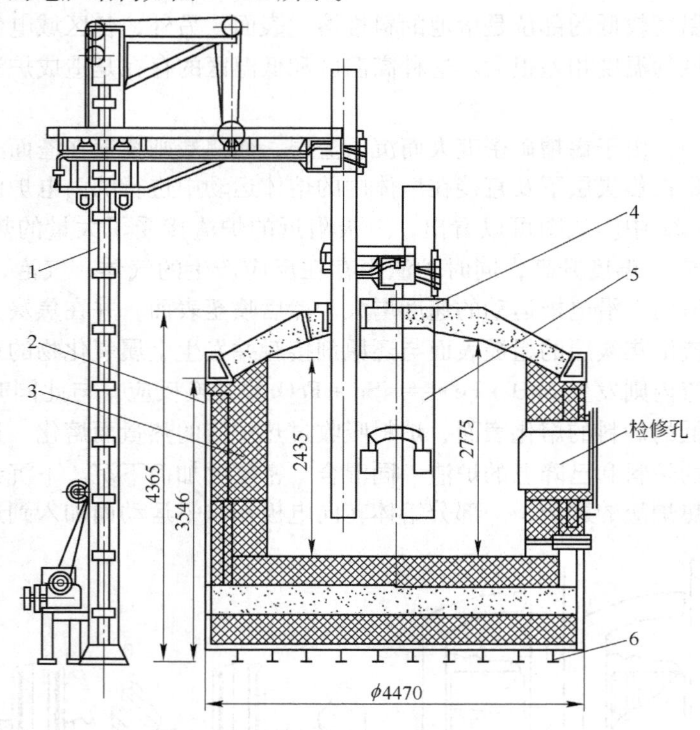

图3－22　1250kV · A锡还原熔炼电炉

1—电极提升装置；2—外壳；3—砖砌体；4—电极密封水套；5—电极；6—不同长度工字钢

几个工厂的电炉主要结构参数及技术性能列于表3－22中。

电炉的外壳用钢板卷制，钢板厚度为16mm，外径及高度根据功率的大小而不同，外壳置于混凝土基础上的工字钢上面，目的在于保证空气的循环冷却和便于收集炉底渗漏的金属锡。

表 3-22 电炉结构主要参数和技术性能

厂　别	1	2	3	4
额定功率/kV·A	400	800	1000	1250
电极直径/mm	250	250	250	400
电极截面积/cm^2	490.9	490.9	490.9	1256.6
电炉外廓尺寸/mm×mm	ϕ3472×3144	ϕ3500×3340	ϕ3400×2894	ϕ4470×4635
炉膛总高/mm	1844	1890	1700	2775
炉床面积/m^2	3.14	2.36	3.0	7.4
处理量/t·(d·炉)$^{-1}$	6~9	12~18	5.5~8.0	18
冶炼周期/h·炉$^{-1}$	20~22	20~22	18~20	24

炉底一般先砌黏土砖层，而后为耐热混凝土捣打层，最上层为炭砖镶砌，炉底厚度一般为1000~1200mm。炉膛内深渣线以下镶砌炭砖，其余墙体用黏土砖或高铝砖砌筑。炉顶盖可用耐热混凝土捣筑或用高铝砖砌成拱形，炉顶设置电极孔、加料孔和排烟孔。其大小根据电极的直径、加料量及烟气量等确定。在炉底砌筑时，稍向放锡口倾斜，放锡口高于熔池10~15mm，保持底部有一层金属，保护炉底炭砖不易损耗。在砌筑炉墙时，要设置操作门，便于观察炉内情况及打捞脱落电极。在电炉旁设置电极提升装置，用以夹持电极和控制电极的升降，以调节电流强度和炉温。

电炉变压器是电炉熔炼的主要设备，电炉变压器一般应满足以下要求：

(1) 变压器绕组应能承受短时间电流大量超负荷的冲击而不受损坏；

(2) 所有构件应能经受突然提高电流或短路时产生的强大机械应力的冲击；

(3) 为适应工艺过程的要求，二次侧电压应有一定的调整范围；

(4) 电炉变压器的功率由日处理炉料量、每吨物料耗电量、功率利用、工时利用、电炉功率因数等确定。

电炉收尘系统一般可配置沉降室、表面冷却器、布袋收尘器以及净化烟气的脱硫塔。电炉处理物料量较小，配料采用圆筒混料机，可以充分混匀各种入炉物料。

3.4.5 电炉供电与电能的转换

电炉的供电系统由三相变压器或由3个单相变压器组成变压器组、三根电极以及将每根电极和变压器各相连接起来的矩圈组成。

在电炉熔池的电极周围产生热能，加热和熔化炉料，并进行相应的化学反应的区域称为反应区。反应区的大小主要取决于电极的直径和输入的功率，因为，功率和电极直径是相互联系的，所以这两个因素对反应区的影响是统一的。在电极插入熔池的情况下，它就成为熔池最重要的工艺因素。每一个操作过程都相应地有一个一定的适宜的反应区功率密度值，这个值在一定程度上决定冶炼的电气制度。电炉的电气制度是由电炉的功率、电压、电流等参数表现出来的。通常电炉通过两种形式放热：（1）电流通过电极-炉渣的界面以电弧的形式放出的热量；（2）电流通过熔体产生的热量。选择适宜的电气制度，可降低能耗，增大生产能力。每一种冶炼过程都有一个合适的电气制度，这个制度的实现主要是靠合适的电极插入深度来实现的。也就是说炉子的输入功率是由电极的电流来控制的，而电流变化又靠电极在炉料中的浸没深度来完成。

当熔炼锡精矿粉料或堆积密度较小的球粒（烟尘）时，由于料坡沉入渣池较浅，为了保持较高的熔炼温度，应使热量在熔池上层发出。此种情况下，电气制度应采用电弧放热为主来达到熔炼的目的，通过减小电极插入深度来达到这一要求。

当熔炼的物料是块矿时，因堆积密度大，在渣池上层有较深的料坡形成，应设法使热量用于炉渣过热，通常加大电极插入深度（埋弧熔炼）来达到这一要求。

在功率相同的情况下，提高二次电压，二次侧电流较小，可减少矩网电能损失；但会导致电极插入过浅，操作困难，设备和操作都可能出现不安全因素。但二次电压过低，电极插入过深，也会给操作带来不良的后果。

在生产实践中，熔化物料、炼渣、处理炉结等阶段需要的功率相应较大，二次侧电压多为 80 ~ 120V，应根据要求灵活调整。

3.4.6　电炉熔炼的操作及主要技术经济指标

3.4.6.1　电炉熔炼的正常操作

电炉熔炼原理和基本过程决定了电炉熔炼的操作实践。但由于不同工厂处理的锡精矿原料成分的差异，以及对炉渣是否再贫化处理等因素不同，实践中会有一些差别。较为普遍的操作实践分述如下。

A　烘炉

新建的电炉及大修的电炉都要预先烘炉，首先在炉底铺上粒度为 25 ~ 50mm，厚 250 ~ 300mm 的焦炭层，然后使电极和焦炭层的距离达 150mm 便可通电，产生电弧升温。此时负荷功率不高，二次电压用较低的一档，电流小于 1000A。新修的炉子烘炉时间为 10 ~ 14d，中、小修的炉子烘 3 ~ 8d。烘炉后期即可加富渣进行熔炼，以提高温度达到要求水平，最后加进一定量的富渣和石灰石作炉料。当炉温提高到要求温度时，就可进料熔炼。

B　还原熔炼

熔炼是间断操作，通常采用多次进料、多次放锡、一次放渣的间断作业制度，熔炼开始时炉温为 900 ~ 1100℃，结束时为 1400 ~ 1500℃。每炉炉料分 6 ~ 8 批加入，熔炼时间 20 ~ 24h。进第一批料时，将一炉料的 1/3 左右加入炉内，此时应采用较低电流供电，因炉内渣量少，电极放下较深，接近炉底产生电弧，电流大时易损坏炉底。熔炼产生一定量的炉渣和锡以后，可提高电流加速熔炼作业。隔 2 ~ 3h 后进第二批料，以后每隔 1.5 ~ 2h 进料一批，直至炉料全部进完。每批料量约为全炉料的 1/9，全部料约 12 ~ 14h 进完。实际操作中加入每批料的间隔时间视炉料熔化情况和工作电流稳定与否而定。间隔时间较长，炉内物料全部熔化，炉渣过热，渣中锡很快贫化，会引起铁的氧化物大量还原，增加乙锡量，同时再进料时，冷料很快沉入熔渣中，炉内沸腾激烈，易形成渣壳，给操作带来困难；间隔时间过短，炉内物料熔化少，炉温较低，进料时会结死熔池，降低炉料导电性，通电困难，压死电弧，难于操作。

C　放渣和放锡

为了保持电炉的正常工作，熔炼产物必须从炉内及时放出。熔渣和锡液面波动大，便会破坏电炉的正常电气制度，使电炉工况不稳定。

在操作周期内第一批炉料入炉熔炼7~8h后放第一次锡，以后在正常投料和熔炼过程中，每隔4~6h放锡一次，一般每炉周期放锡3~4次。一作业周期结束前放出最后一次锡后，接着一次性地放渣。富锡渣在前床内保温，进一步澄清分离出少量锡后，再送烟化炉贫化处理。

当熔炼高铁锡精矿时，炉料全部熔化造渣结束后立即放渣，尽量缩短炉渣在炉内的过热时间，减少渣中FeO还原进入粗锡。但是这种操作法却会增加渣含锡量。

3.4.6.2 电炉生产中常见的炉况异常和事故处理

在生产过程中，常见的炉况异常有以下几种情形：

(1) 炉料的导电性差，电流升不上来，炉温低。若遇到这种情况就添加高铁质炉渣或熔析渣，以改善导电性。加入量为炉渣量的10%~20%。

(2) 炉渣的酸度高，黏性大，炉内产生的大量气体不能顺利排出，造成炉渣结壳。为消除这种现象，可加入石灰石，以降低炉渣的熔点和黏度，改善流动性。石灰石的加入量为渣量的5%左右。

(3) 当炉渣含三氧化钨高时，不易放出。为消除这种现象，可在熔炼后期加入渣量3%左右的碳酸钠以降低炉渣的熔点和黏度。

(4) 当炉内煤灰过多或形成炉结时，应在下一炉加进高铁低熔点炉料来清除煤灰和炉结；若煤灰过多，炉结严重时，则应加炉渣洗炉。

可能出现的故障有：

(1) 由于烟道堵塞造成炉气爆炸，这时应及时清通烟道。

(2) 渣口冻结，可用氧气烧通。

(3) 当炉内生料或炭黑过多时，电极不易起弧。为避免生料过多，应掌握好进料的间隔时间；如炭黑过多，则用富渣洗炉来处理。

(4) 电极断落。一旦出现这种故障，应及时取出断落的电极，并更换电极。

(5) 水箱漏水，应及时更换水箱。

3.4.6.3 电炉熔炼的主要技术经济指标

电炉熔炼的规模可大可小，处理的物料适应性强，但电能消耗、直收率、渣含锡、床能力不尽相同，其主要技术经济指标见表3-23。

表3-23 电炉熔炼的主要技术经济指标

锡直收率/%	85~94	烟尘率/%	3~5
锡回收率/%	98.5~99	床能力/$t\cdot(m^2\cdot d)^{-1}$	4~4.5
渣　率/%	20~30	吨矿电耗/kW·h	950~1200
渣含锡/%	3~10	吨矿电极消耗/kg	4~10

国内一炼锡厂，采用功率为800kV·A的圆形密闭式电炉炼锡，炉床面积2.8m^2。操作条件为：电压85~105V，电流5400~4400A；配料比：锡精矿100，无烟煤10~12，石灰石1~2；熔炼炉温1100~1500℃。所得到的熔炼指标为：日处理量8.5~9t [2.7t/(m^2·d)]，直收率90%~95%，渣含锡3%~5%，产渣率20%~22%，烟尘率3%~4%，吨矿电耗850~1000kW·h，吨矿电极消耗4~6kg，乙锡比30%。属于电炉一般熔炼精矿的实例。

国内另一炼锡厂，采用1250kV·A电炉处理混合锡烟尘粒，所得到的指标比反射炉熔炼要好。直收率高于70%，渣含锡3% ~5%，吨矿电耗约1000kW · h，吨矿电极消耗8 ~ 10kg。混合锡烟尘粒含Zn10%左右，通过电炉熔炼，锌得到富集，电炉烟尘含Zn量大于30%，便于开路回收，显示了电炉熔炼高锌锡烟尘的特点。

3.5　澳斯麦特炉炼锡

3.5.1　澳斯麦特熔炼的一般生产流程

澳斯麦特技术也称为顶吹沉没喷枪熔炼技术。顶吹沉没喷枪熔炼技术是在20世纪70年代初由澳大利亚联邦科学与工业研究组织（CSIRO）在Floyd博士领导下，为处理低品位锡精矿和复杂含锡物料而开发的，因此，也被称为赛罗熔炼技术（Sirosmelt Technology）。1981年，Floyd博士建立澳斯麦特公司（Ausmelt），将该技术应用于铜、铅和锡的冶炼，因此，该技术又被称为澳斯麦特技术。后来蒙特艾萨公司使用的艾萨炉也是起源于这一技术。

顶吹沉没喷枪熔炼技术是一种典型的喷吹熔池熔炼技术，其基本过程是将一根经过特殊设计的喷枪，由炉顶插入固定垂直放置的圆筒形炉膛内的熔体之中，空气或富氧空气和燃料（可以是粉煤、天然气或油）从喷枪末端直接喷入熔体中，在炉内形成剧烈翻腾的熔池，经过加水混捏成团或块状的炉料可由炉顶加料口直接投入炉内熔池。

1996年，秘鲁明苏公司引进澳斯麦特技术，建成世界上第一座采用澳斯麦特技术，年处理30000t锡精矿，产出15000t精锡的冶炼厂——冯苏冶炼厂（Funsur Smelter）。1997年达到设计能力，1998年改用富氧鼓风，在炉子尺寸完全不改变的情况下，年处理能力增加到40kt锡精矿，产出20kt精锡的水平。1999年，该厂又上了一座澳斯麦特炉，使产锡能力进一步提高，使原来不生产精锡的秘鲁一跃成为世界产锡大国之一。2002年4月，云南锡业股份有限公司建成了世界上第二座澳斯麦特炉，设计能力为年处理50kt锡精矿，是目前世界上最大的炼锡澳斯麦特炉。

锡精矿经沸腾焙烧脱砷、脱硫，再经磁选，使锡精矿中Sn品位提高至50%以上，As < 0.45%，S < 0.5%，放置于料仓内。其他入炉物料还原煤。贫渣经烟化产出的烟化尘及凝析产出的析渣焙烧后也置于各自的料仓内。各种入炉物料经计量配料后，送入双轴混合机进行喷水混捏。混捏后的炉料经计量，用胶带输送机送入澳斯麦特炉内还原熔炼。

还原熔炼过程周期性进行，通常将其分成熔炼、弱还原及强还原3个阶段。熔炼阶段，需6 ~7h，熔炼结束后渣含Sn15%左右；弱还原阶段，需20min，渣含Sn由15%降至5%；强还原阶段，需90min，渣含Sn由5%降至1%以下。强还原作业可不在澳斯麦特炉内进行，而将经熔炼和弱还原两个过程得到含Sn5%左右的贫渣直接送烟化炉处理，这样既可增加熔炼作业时间，又可提高Sn的回收率。

澳斯麦特熔炼炉产出粗锡、贫锡渣和含尘烟气。熔炼炉产出的粗锡进入凝析锅凝析，将液体粗锡降温，铁因溶解度减少而成固体析出，以降低粗锡中的含铁量。凝析后的粗锡通过锡泵泵入位于电动平板车上的锡包中，运至精炼车间进行精炼。凝析产出的析渣经熔析、焙烧后返回配料。这部分渣称为焙烧熔析渣。

熔炼炉产出的贫渣放入渣包，通过抓推车和抬车，送烟化炉硫化烟化处理，得到抛渣和烟化尘，烟化尘经焙烧后返回配料。这部分烟尘称为贫渣焙烧烟化尘。

熔炼炉产出的含尘烟气经余热锅炉回收余热，产出过热蒸汽。烟气经表面冷却器冷却，再经布袋收尘器收尘，收下烟尘经焙烧返回配料入炉，这部分烟尘称为焙烧烟尘。烟气再经洗涤塔脱除 SO_2 后烟囱排放。澳斯麦特炉的一般生产流程如图 3－23 所示。

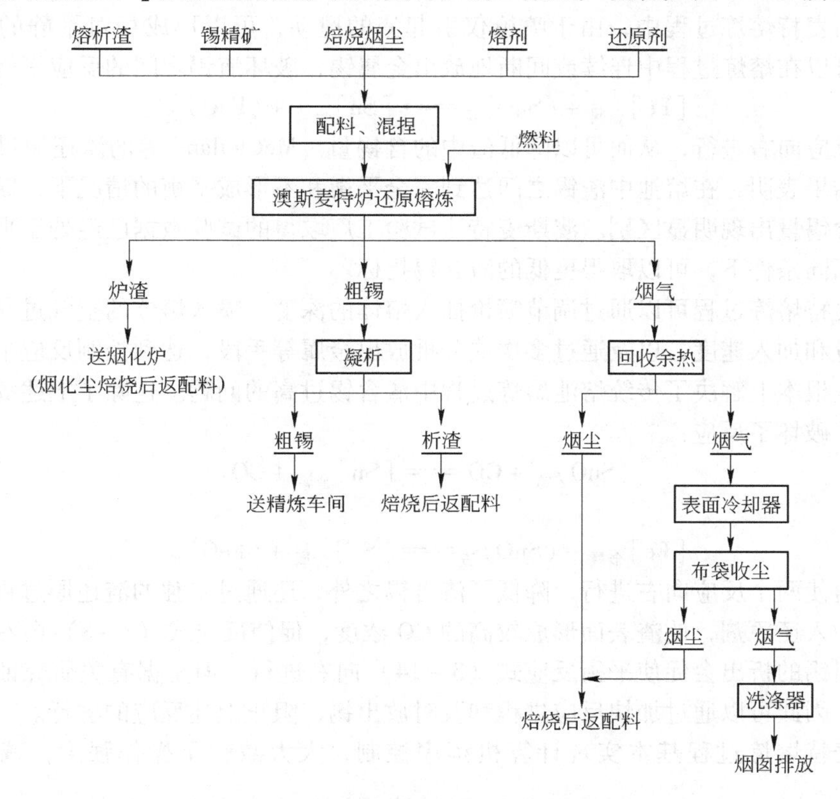

图 3－23　澳斯麦特炉炼锡的一般生产工艺流程

澳斯麦特技术与传统炼锡炉相比，最大的特点是通过喷枪形成一个剧烈翻腾的熔池，极大地增强了整个反应过程的传热和传质过程，大大提高了反应速度，有效地提高了反应炉的炉床能力（炉床指数可达 18～20t/(m^2·d)），并大幅度地降低燃料的消耗。

在澳斯麦特炉熔炼过程中，燃料随空气通过喷枪直接喷入炉体内部，燃料直接在物料的表面燃烧，高温火焰可以直接接触传热。并且由于熔体不断直接搅动，强化了对流传热，从根本上改变了反射炉等炉型熔炼主要靠辐射传热的状况，从而，大幅度提高热利用效率，降低了燃料消耗。

锡精矿还原反应过程主要是 SnO_2 同 CO 之间的气固反应，而控制该反应速度的主要因素是 CO 向精矿表面扩散和 CO_2 向空间的逸散速度和过程。在其他炉型熔炼过程中，物料形成静止料堆，不利于上述过程的进行。而在澳斯麦特熔炼过程中，反应表面受到不断地冲刷以及由于燃料在物料表面直接燃烧的高温可形成更高的 CO 浓度，有力地促进了上述的扩散和逸散过程，改善了反应的动力学过程，加快了还原反应的进行。

澳斯麦特熔炼过程可以通过调节喷枪插入深度、喷入熔体的空气过剩量或加入的还原剂的量和加入速度，以及通过及时放出生成的金属等手段，达到控制反应平衡的目的，从而控制铁的还原，制取含铁较低的粗锡和含锡较低的炉渣。

由于反射炉等传统熔炼过程中渣相和金属相之间达到平衡，因此，要想得到含铁较低的粗锡而大幅度降低渣中含锡是不可能的，渣中含锡量和金属相中的含铁量成负相关关系，即当平衡情况下，炉渣中的含锡量低于2%时，粗锡中的含铁量将急剧上升。

在澳斯麦特熔炼过程中，由于喷枪仅引起渣的搅动，可以形成相对平静的底部金属相，因此可以在熔炼过程中连续或间断地放出金属锡，破坏渣锡之间的反应平衡：

$$[Fe]_{金属} + (SnO)_{渣} = [Sn]_{金属} + (FeO)_{渣} \tag{3-14}$$

迫使上述反应向右进行，从而可以降低渣中的含锡量。McClelland 等的渣还原过程热力学模型分析结果表明，在熔池中渣锡之间达到完全平衡和不形成平衡的情况下，锡的还原程度和渣中含锡量出现明显区别。澳斯麦特法试验工厂取得的试验数据已经处于平衡曲线以下，即在相同条件下，可以取得更低的渣含锡指标。

澳斯麦特熔炼过程可以通过调节喷枪插入熔体的深度、喷入熔体的空气过剩量或加入还原剂的量和加入速度，以及通过多次或分批放出金属等手段，达到控制反应平衡和速度的目的，从根本上解决了传统熔池熔炼过程中渣含锡过高的问题。这除了上述的生成金属及时排除，破坏了反应：

$$(SnO)_{渣} + CO = [Sn]_{金属} + CO_2 \tag{3-8}$$

和反应：

$$[Fe]_{金属} + (SnO)_{渣} = [Sn]_{金属} + (FeO)_{渣} \tag{3-14}$$

的平衡，迫使两个反应向右进行，降低了渣含锡之外，还通过单独的渣还原过程，提高温度和快速加入还原剂，使渣表面形成较高的 CO 浓度，促使反应式（3－8）向右进行。尽管随着金属锡的析出会促使平衡反应式（3－14）向右进行，但是据有关研究证明该反应相应较慢，因此可以通过加快反应进程和及时放出锡，阻止上述反应的进行。

澳斯麦特熔炼过程基本实现计算机程序控制，大大减轻了操作强度，减少了操作人员。

澳斯麦特熔炼过程基本上处于密闭状态，极大地改善了作业环境。由于总体烟气量小，相应的收尘系统也简单，例如，冯苏冶炼厂烟气量在最高的熔炼阶段也达不到（标态）30000m^3/h，相当于两座反射炉的烟气量，从而极大地节省了收尘系统的投资和操作维护费用。

作为澳斯麦特技术关键的喷枪，由于可以通过外层套管中压缩空气的冷却，在外壁挂上一层渣，使喷枪不易被烧损，万一被烧损，修补也很方便。

澳斯麦特技术是典型的沉没熔炼技术，它的先进性主要表现在以下几个方面：

（1）熔炼效率高、熔炼强度强。澳斯麦特技术的核心，是利用一根经特殊设计的喷枪插入熔池，空气和粉煤（燃料）从喷枪的末端直接喷入熔体中，在炉内形成一个剧烈翻腾的熔池，极大地改善了反应的传热和传质过程，加快了反应速度和热利用率，有极高的熔炼强度。澳斯麦特炉单位熔炼面积的处理量（炉床指数）是反射炉的10～20倍。

（2）处理物料的适应性强。由于澳斯麦特技术的核心是有一个翻腾的熔池，因此，只要控制好适当的渣型，选好熔点和酸碱度，对处理的物料就有较强的适应性。

（3）热利用率高。由喷枪喷入熔池的燃料直接同熔体接触，直接在熔体表面或内部燃烧，根本上改变了反射炉主要依靠辐射传热，热量损失大的弊病。炉内烟气经一个出口排出，烟气余热能量得到充分利用，使每吨锡的综合能耗有较大幅度下降。

（4）环保条件好。由于集中于一个炉子，烟气集中排出，容易解决烟气处理问题。因澳斯麦特炉开口少，整个作业过程处于微负压状态，基本无烟气泄漏，无组织排放大幅度减少。此外，由于烟气集中，可以有效地进行 SO_2 脱除处理，从根本上解决对环境的污染。

（5）自动化程度高。基本实现过程计算机控制，操作机械化程度高，可大幅度减少操作人员，提高劳动生产率。

（6）减少中间返回品占用。澳斯麦特熔炼过程可以通过调节喷枪插入深度、喷入熔体的空气过剩量或加入还原剂的量及加入速度等手段，控制反应平衡，从而控制铁的还原，制取含铁较低的粗锡，大大减少返回品数量。

（7）占地面积小、投资省。由于生产效率高，一座澳斯麦特炉就可以完成多座其他炉子的熔炼任务；而且，炉子主体仅占地数十平方米，主体设备简单，投资省。

综上所述，澳斯麦特技术是目前世界上最先进的锡强化熔炼技术，是取代反射炉等传统炼锡设备较理想的技术设备。

3.5.2 澳斯麦特炼锡炉及主要附属工艺设备

澳斯麦特炉炼锡系统一般分为熔炼系统、炼前处理系统、配料系统、供风系统、烟气处理系统、余热发电系统和冷却水循环系统等部分如图 3－24 所示。设备连接如图3－25 所示。

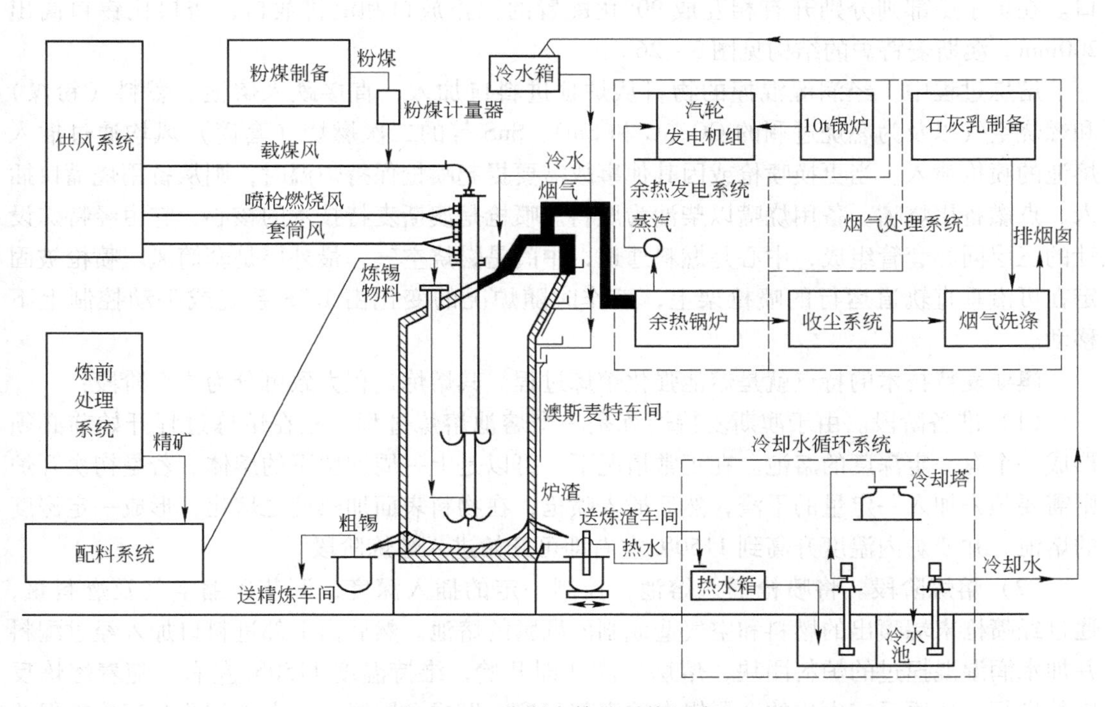

图 3－24 澳斯麦特炉系统组成

3.5.2.1 熔炼系统

澳斯麦特炉是一个钢壳圆柱体，上接呈收缩的锥体部分，再通过过渡段与余热锅炉的

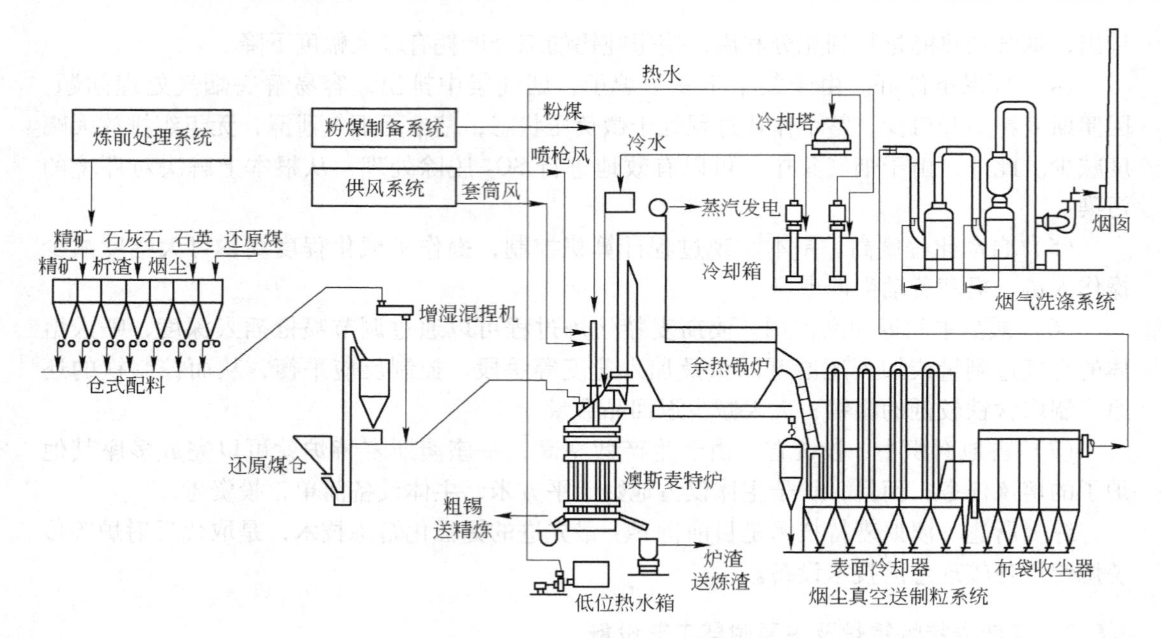

图 3－25　澳斯麦特炉炼锡设备连接

垂直上升烟道连接，炉子内壁全部衬砌优质镁铬耐火砖。炉顶为倾斜的平板钢壳，内衬带钢纤维的高铝质浇注耐火材料，其上分别开有喷枪口、进料口、备用烧嘴口和取样观察口。在炉子底部则分别开有相互成 90°角配置的锡排放口和渣排放口，渣口比锡口高出 200mm。澳斯麦特炉的结构见图 3－26。

熔炼过程中，经润湿混捏的物料从炉顶进料口加入，直接跌入熔池。燃料（粉煤）和燃烧空气以及为燃烧过剩的 CO、C 和 SnO、SnS 等的二次燃烧（套筒）风均通过插入熔池的喷枪喷入。当更换喷枪或因其他事故需要提起喷枪保持炉温时，则从备用烧嘴口插入、点燃备用烧嘴。备用烧嘴以柴油为燃料。喷枪是澳斯麦特技术的核心，它由经特殊设计的三层同心套管组成，中心是燃料通道，中间是燃烧空气，最外层是套筒风。喷枪被固定在可沿垂直轨道运行的喷枪架上，工作时随炉况的变化由 DCS 系统或手动控制上下移动。

澳斯麦特技术的特点就是熔池强化熔炼过程。其熔炼过程大致可分为 4 个阶段：

（1）准备阶段。由于澳斯麦特熔炼是一个熔池熔炼过程，故在熔炼过程开始前必须形成一个有一定深度的熔池。在正常情况下，可以是上一周期留下的熔体。若是初次开炉则需要预先加入一定量的干渣，然后插入喷枪，在物料表面加热使之熔化，形成一定深度的熔池，并使炉内温度升高到 1150℃左右即可开始进入熔炼阶段。

（2）熔炼阶段。将喷枪插入熔池，控制一定的插入深度，调节压缩空气及燃料量，通过经喷枪末端喷出的燃料和空气造成剧烈翻腾的熔池。然后由上部进料口加入经过配料并加水润湿混捏过的炉料团块，熔炼反应随即开始，维持温度 1150℃左右。随着熔炼反应的进行，还原反应生成的金属锡在炉底部积聚，形成金属锡层。由于作业时喷枪被保持在上部渣层下一定深度（约 200mm），故主要是引起渣层的搅动，从而可以形成相对平静的底部金属层。当金属锡层达到一定厚度时，适当提高喷枪的位置，开口放出金属锡，而

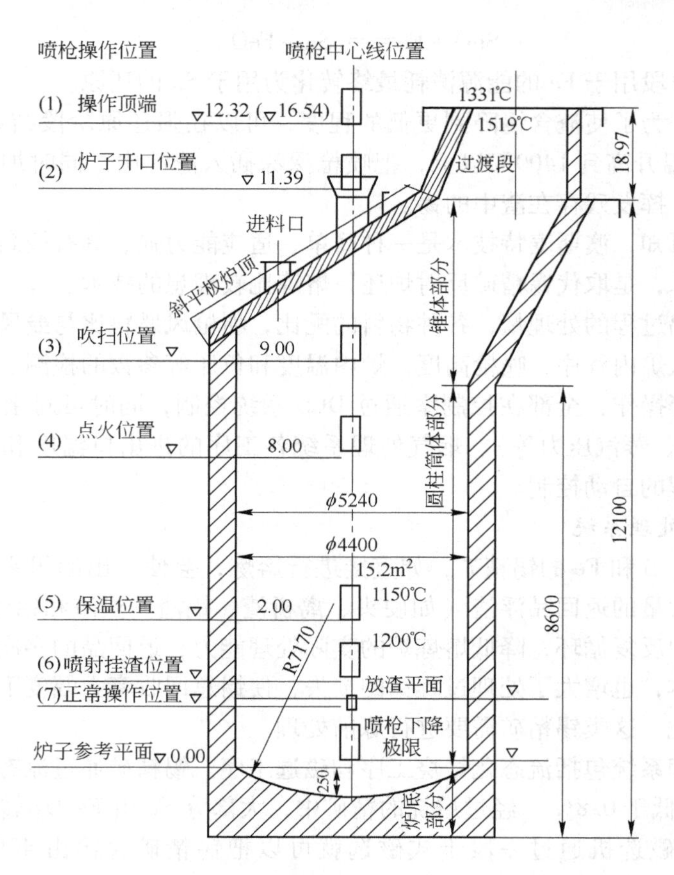

图 3-26 澳斯麦特炉结构及喷枪各操作位置

熔炼过程可以不间断。如此反复，当炉渣达到一定厚度时，停止进料，将底部的金属锡放完，就可以进入渣还原阶段。熔炼阶段耗时 6~7h。渣还原阶段根据还原程度的不同分为弱还原阶段和强还原阶段。

（3）弱还原阶段。弱还原阶段作业的主要目的是对炉渣进行轻度还原，即在不使铁过还原而生成金属铁，产出合格金属锡的条件下，使炉渣含锡从 15% 降低到 4% 左右。这一阶段作业炉温要提高到 1200℃ 左右。这时要把喷枪定位在熔池的顶部（接近静止液渣表面），同时快速加入块煤，促进炉渣中 SnO 的还原。弱还原阶段作业时间约 20~40min。作业结束后，迅速放出金属锡，即可进入强还原阶段。

（4）强还原阶段。强还原阶段是对炉渣进一步还原，使渣中含锡降至 1% 以下，达到可以抛弃的程度。这一阶段炉温要升高到 1300℃ 左右，并继续加入还原煤。由于炉渣中含锡已经较低，因此，不可避免地有大量铁被还原出来，所以，这一阶段产出的是 Fe-Sn 合金。强还原阶段约持续 2~4h。作业结束后让 Fe-Sn 合金留在炉内，放出的大部分炉渣经过水淬后丢弃或堆存。炉内留下部分渣和底部的 Fe-Sn 合金，保持一定深度的熔池，作为下一作业周期的初始熔池。残留在炉内的 Fe-Sn 合金中的 Fe 将在下一周期熔炼过程中直接参与同 SnO_2 或 SnO 的还原反应：

$$SnO_2 + 2Fe \xlongequal{} Sn + 2FeO \tag{3-22}$$

$$SnO + Fe \xlongequal{} Sn + FeO \quad (3-23)$$

因此，强还原阶段用于 Fe 的能源消耗最终转化为用于 Sn 的还原。

在特殊情况下，为了使渣含锡降到更低的程度，可以在强还原阶段结束前放出 Fe - Sn 合金后，便将炉温升高到1400℃以上，把喷枪深深插入渣池中，同时加入黄铁矿，对炉渣进行烟化处理，挥发残存在渣中的锡。

通过以上分析可知，澳斯麦特技术是一种简单、适应能力强、具有极高熔炼强度的先进喷吹熔池熔炼技术，是取代锡精矿反射炉还原熔炼比较理想的技术。

澳斯麦特炉炼锡过程的处理量，各种物料的配比，喷枪风燃料比与鼓风量，燃烧空气过剩系数，喷枪进入炉内程序，喷枪高度，炉内温度和负压等参数的检测、控制、记录以及备用烧嘴的升降等操作，全部在控制室通过 DCS 系统控制，同时可对余热锅炉的状况（蒸汽量、蒸汽温度、蒸汽压力等）、烟气处理系统各工序的进出口温度和压力等进行监测，基本实现了过程的自动控制。

3.5.2.2　炼前处理系统

对于含较高 As、S 和 Fe 的锡精矿，如直接进行熔炼，会使产出的粗锡品质变坏，并在精炼过程中产生大量的返回品浮渣（如硬头、离析渣、锅渣、炭渣和铝渣等）和烟尘，使大量的锡在流程中反复循环，降低熔炼炉的实际处理能力；返回品的多次循环产出及处理既增加了加工成本，也增大了处理过程锡的损失，使锡总回收率大幅度下降，严重影响整体经济效益。因此，这类锡精矿需要进行炼前处理。

锡精矿炼前处理系统包括流态化焙烧工序和磁选工序。锡精矿通过流态化焙烧使焙砂中 As 和 S 的含量均低于0.8%。经过焙烧的精矿中，大部分 Fe 由 Fe_2O_3 转化为有磁性的 Fe_3O_4，因此采用弱磁选机通过一段干式磁选就可以把锡精矿含锡由 40% 左右提高到 50%，熔炼这种高级精矿回收率可达 94% 以上。

3.5.2.3　配料系统

配料系统由料仓、电子皮带秤、皮带运输机和双螺旋混捏机组成。分装在 7 个料仓中的锡精矿、石英、石灰石、还原煤、返回烟尘、焙烧析渣等物料，按控制室的指令经皮带秤计量后，汇入皮带运输机送入双螺旋混捏机中加水混捏成团，以防止粉状的精矿、烟尘等物料在加入炉子跌入熔池过程时被抽入烟道中。经润湿混捏的物料用皮带运输机送到炉顶，从进料口直接加入炉内。

3.5.2.4　余热发电系统

澳斯麦特炉在熔炼过程中产生大量的高温烟气，并集中从一个炉口排出，这为余热利用创造了极为有利的条件。由于锡冶炼过程基本上不用蒸汽，因此采用余热发电方案。考虑到锡冶炼过程会产生大量烟尘以及发生炉渣的喷溅黏结堵塞上升烟道的可能性，因此，采用新型的带有膜式全水冷壁垂直上升烟道、强制循环和新型带弹簧垫锤式振打清灰装置的余热锅炉（图 3 - 27），每小时产出 30t，2.5MPa，400℃的过热蒸汽，供 6000kW 汽轮发电机组发电。

如前所述，澳斯麦特炼锡过程是周期性的，在放渣阶段或更换喷枪时烟气量大幅下降，以至余热锅炉产出的蒸汽量甚至不足以推动汽轮机空负荷运行，这将会造成机组的损坏，对汽轮发电机组的运行是不允许的。为此，配置一台能力为 10t/h 的燃煤蒸汽锅炉，平时可作为中心锅炉站向全厂提供蒸汽，而在余热锅炉蒸汽不足时，集中供汽轮发电机组

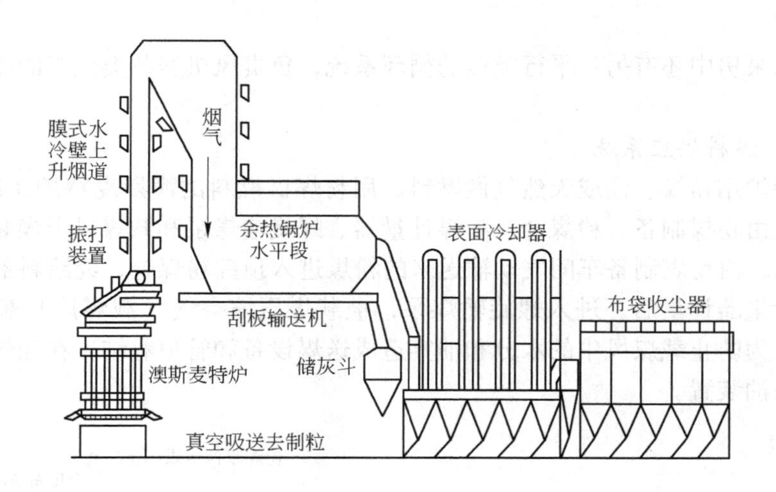

图 3-27 余热锅炉和收尘系统

发电。由于余热锅炉蒸汽量的频繁变化，给系统的控制带来很大困难，为此采用 DCS 对汽轮机运行时的各参数进行检测、控制和汽机的保护联锁以及设备状态的监测，并在汽轮机组上设置了先进的数字式电液调节系统 DEH，保证系统安全可靠运行。

3.5.2.5 烟气处理系统

烟气处理系统包括由余热锅炉的水平段、3200m^2 的表面冷却器和 3390m^2 布袋收尘器组成的收尘工序（见图 3-26）；由二级高效湍冲洗涤器及相配套的浆液循环、沉降、过滤设备组成的烟气 SO_2 洗涤工序和作为湍冲洗涤器的 SO_2 吸收剂的石灰乳制备工序三部分。从澳斯麦特炉排出的高温烟气经余热锅炉降温到 300～350℃并在水平段沉降一部分烟尘后，进入表面冷却器使烟尘进一步沉降并使烟气温度降到 150～200℃后，再进入布袋收尘器。在锅炉水平段沉降的烟尘由设在其底部的刮板运输机刮入储灰斗，并定期从储灰斗放出烟尘，用真空输送送去制粒。表面冷却器和布袋收尘器灰斗中的烟尘也定期用真空输送送去制粒，经制粒后的烟尘直接返回配料系统或进行焙烧脱砷处理后再返回配料系统。通过布袋收尘器除尘后的烟气经二级串联的高效湍冲洗涤器，用石灰乳淋洗，使烟气中的 SO_2 达到排放标准后，经 800kW 引风机排入烟囱。脱硫过程生成的含石膏泥浆可泵入沉降槽，底流送板框压滤机过滤，滤液返回洗涤器，石膏渣送堆渣场。

石灰石乳制备站日处理 100t 石灰石，外购 -5mm 石灰石粒经二段球磨，石灰石乳粒度 100% 通过 0.063mm 筛孔。产出的石灰石乳除供澳斯麦特炉炼锡系统烟气洗涤用外，还供烟化炉和炼前处理烟气洗涤脱 SO_2 用。

3.5.2.6 冷却水循环系统

澳斯麦特技术采用炉壁喷淋强制冷却的方式，以延长炉衬耐火材料寿命。冷却水经软化处理循环使用。如图 3-24 所示，冷却水从循环水泵房冷水池泵到 30m 处的高位冷水箱，自流到澳斯麦特炉。为保证炉壁的各个部分形成均匀的水膜，分别在炉体圆柱部、锥体部和平炉盖上设置了相应的喷水管组，而在出渣口和出锡口则采用铜水套强化冷却。各路回水最终沿炉壁流下经汇水槽汇入低位集水箱，再自流回到循环泵房的热水池，升温后的回水经冷却塔冷却后流回冷水池循环使用。为保持水的清洁，在循环中自动抽出部分回水经过滤处理。

在循环水泵房中还有另一平行类似的循环系统，负责风机房各类风机的冷却水的供给和处理。

3.5.2.7　燃料供应系统

澳斯麦特炉用粉煤、油或天然气做燃料。用粉煤做燃料的澳斯麦特炉系统较为复杂。燃煤供应系统由粉煤制备、粉煤仓、粉煤计量器、螺旋输煤泵和载煤风干燥装置组成。如图3－28所示，由粉煤制备车间气动输送来的粉煤进入顶部粉煤仓，经给料器使粉煤均匀入环状天平计量器计量后，进入螺旋输煤泵，被载煤压缩空气（载煤风）裹载，通过喷枪喷入熔池。为防止载煤风中的水分和油雾造成送煤设备和管道黏结，在输煤泵前设置了一套除水、除油装置。

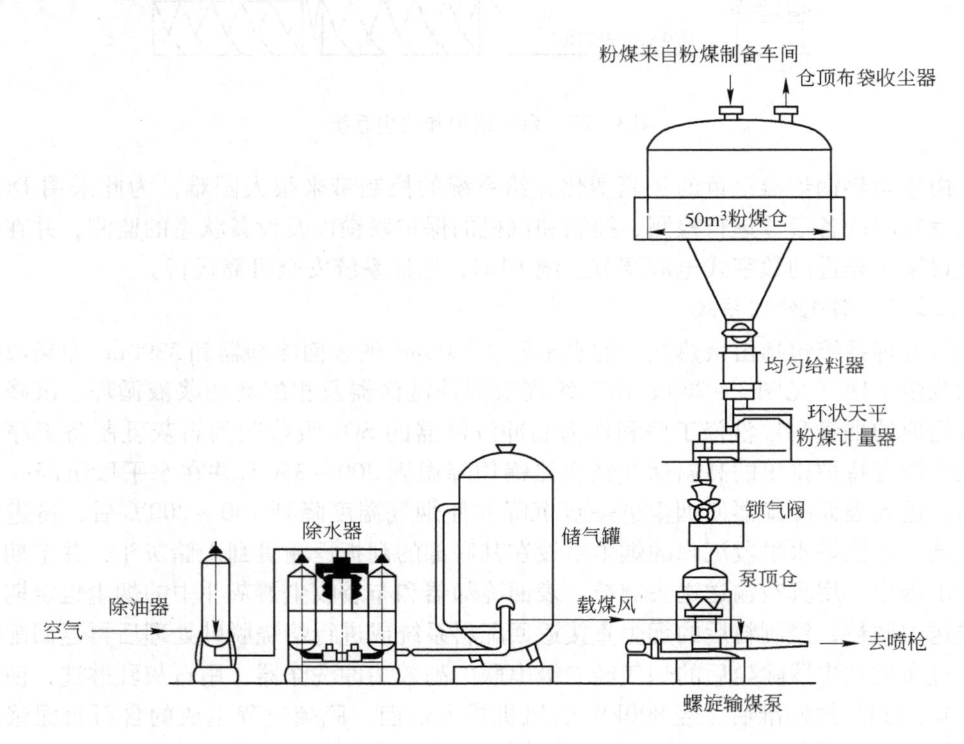

图3－28　燃煤供应系统工艺流程

3.5.2.8　供风系统

澳斯麦特技术的核心是喷枪，燃煤和燃烧空气通过喷枪喷入熔池，二次燃烧风则通过外层套管在熔池上方鼓入炉内。由于喷枪插入熔池，并使熔池保持一定程度的搅动状态，要求喷枪燃烧风有恒定的风压，而二次燃烧（套筒）风的压力较低一些，风压一般为喷枪燃烧风的30%～50%。此外，由于在3个熔炼阶段的供风量变化幅度大，某厂4个阶段风量变化情况见表3－24。因此要求鼓风机在保持恒压的前提下有较宽的风量调节余地。

因此，作为燃烧风、载煤风和套筒风的供风设备，就必须满足上述风量变化的要求。

供风系统还包括供备用烧嘴的雾化风和布袋收尘器的反喷吹除灰用压缩空气的压缩

表 3-24 各熔炼阶段喷枪燃烧风与套筒风变化情况

阶 段	熔炼阶段	渣还原阶段	放渣阶段	保温阶段
燃烧风量（标态）/$m^3 \cdot h^{-1}$	25605	13460	4000	4000
套筒风量（标态）/$m^3 \cdot h^{-1}$	15865	11225	3500	3500

机，作仪表动力用风的压缩机等。

全系统的抽风依靠设在系统尾端的引风机来完成。

3.5.3 澳斯麦特炉的操作及主要技术指标

3.5.3.1 配料操作

配料是冶炼的重要环节。澳斯麦特炉的配料由 DCS 控制系统控制各个料仓的给料量来完成。在设定各个料仓给料量的过程中，需要技术人员和操作人员进行配料计算，选择适当的渣型，从而在 DCS 系统中设定单位时间内各种物料的给入量，并按照所设定量进料。

在实践中，澳斯麦特炉炉渣的硅酸度一般控制在 1.0～1.1，同时考虑炉渣的熔点、密度、流动性、黏度等指标。一般情况下，熔点控制在 1050～1150℃，密度为 4g/cm^3 左右。

经过主控室在 DCS 系统中设定好单位时间内各种物料的给入量后，料仓的抓斗吊车要确保各个料仓中有足够的物料。

3.5.3.2 喷枪操作

A 喷枪控制系统

作为澳斯麦特系统的一部分，喷枪操作系统的作用是直接把燃料和燃烧气体喷射入熔融物料的熔池中。喷枪在炉内的定位动作通过喷枪操作设备来完成。喷枪操作设备包括：喷枪提升架、喷枪提升机、喷枪提升架导轨。

喷枪提升架用来控制喷枪在炉内垂直面上进行插入、提出炉子的动作。喷枪提升架在导轨上的定位通过定位轮执行。该定位轮沿着喷枪提升架的导轨外侧运行，而喷枪提升架的升降运行则通过提升机来执行。喷枪在炉子中的位置则通过位置传感磁致伸缩杆进行测定。该装置安装在喷枪提升架导轨上，由一块磁体和一根磁性感应线组成。感应线与喷枪提升架上的金属管连接并绕在金属管上，可提供喷枪沿提升架运行 12140mm 距离。安置在金属管上的磁体与金属管被安装在喷枪提升架上，磁体可在导线周围形成一个磁场，探测并推断出喷枪提升架的位置，从而得出喷枪在炉子中的位置。传感器把所得到的信息传递给喷枪控制柜和控制系统；喷枪提升架上枪夹采用电动液压系统装置控制，系统包括一个容量为 20L 的储油箱、高压旁路、电动机和液压泵。液压缸的冲程为 250mm，当喷枪放置在枪夹上时，可控制液压系统完成伸出、回收达到锁紧喷枪的目的；喷枪提升架上的滑轮装置形成四个独立的悬挂行走装置，每一装置还配备了 8 个从动轮，这些从动轮沿导轨柱外缘的内壁和外壁运行，各悬挂行走装置还有一个附属从动轮，该从动凸轮沿导轨凸缘的内壁运行，从而承担了喷枪提升架的侧面负荷；喷枪提升架上的载煤风管、喷枪风管接头是一个偏心快速接头，靠此接头的旋转来锁紧。

B 喷枪操作系统

喷枪是澳斯麦特炉技术的核心部分，它由特殊设计的三层同心管组成，中心是燃料管，中间是燃烧空气管，最外层是套筒风管。喷枪由液压枪夹固定在喷枪提升架上，随炉况的变化由 DCS 系统或手动控制上下移动。喷枪的操作位置共有 7 个，下面以某厂的实际位置为例介绍，如图 3－26 所示。其在炉内的定位是依据炉底中心到喷枪顶端的距离来确定的。每一位置根据工艺及生产情况对燃料量、风量等参数进行了设定。当喷枪下到某一位置时控制系统自动调整煤、风等参数达到该位置的设定量，同时也可在该位置根据炉况对煤量、风量等进行调节；当喷枪在两个枪位之间时，喷枪的燃料量、风量值在两个枪位之间波动。喷枪在各位置的物流量见表 3－25。

表 3－25　喷枪的物流量和位置

位置	燃煤流量 /kg · m^{-3}	载煤风流量（标态）/m^{3} · h^{-1}	套筒风流量（标态）/m^{3} · h^{-1}	喷枪风流量（标态）/m^{3} · h^{-1}	喷枪在炉内位置/mm	说　明
1	0	0	0	0	12320	位于顶端
2	0	0	0	0	11400	喷枪头在喷枪口处
3	0	1250	0	0	9000	吹扫位置
4	800	1250	5500	0	8000	点火位置
5	800	1500	5500	5500	2500	保温位置
6	800	1500	7000	5500	1500	挂渣位置
7	2000～3700	1500	11225～13460	15000～25000	1000	准备位置
					150～900	熔炼位置
					700～900	还原位置

位置 1：换枪位置

喷枪位于操作顶端，在此位置进行换枪操作。枪位高度（炉底到当前喷枪口垂直距离，下同）为 12320mm。

位置 2：喷枪入炉位置

枪头刚好处于喷枪孔的口径内，枪位高度 11400mm，此位置无流量进入枪体。

位置 3：吹扫位置

喷枪到此位置后，开始有载煤风流量对炉内进行吹扫。吹扫的目的是为了保证在每次下枪时或发生 ESD（紧急停车程序）后再次下枪时，喷枪煤管畅通，杜绝冲大煤现象，确保点火成功。喷枪高度 9000mm。

位置 4：点火位置

当喷枪从位置 3 到达位置 4 时，控制系统自动启动粉煤输送泵，供给喷枪燃煤，同时喷枪风、套筒风等也开始导入喷枪，喷枪点火。在此位置的操作要确保炉内温度达到 800℃，并且喷枪提升架已触动到提升架标柱上位置 3 的限位开关时，才能引入粉煤。喷枪高度为 8000mm。

位置 5：保温位置

喷枪在此位置时，燃煤量和风量的设定值能使炉子保持在所要求的操作温度范围内，直至开始投料生产。喷枪高度为 2500mm。

位置 6：挂渣位置

喷枪在6位置时，进行喷枪挂渣操作，高度为1500mm。挂渣操作过程中的具体枪位不是一成不变的，合适的挂渣位置是根据渣池面的高低来决定的，只有确定了起始渣池面的位置才能保证喷枪的有效挂渣。

位置7：正常操作位置

位置7并不是一个固定位置，它只是在位置6之下的一个区域。在这个位置上有3个操作模式：熔炼模式、还原模式、准备模式，在生产中可根据生产实际情况进行选择操作。喷枪的正常操作对澳斯麦特炉的正常熔炼极为关键，合理的操作方法能延长喷枪的使用寿命、降低生产成本、确保各种技术经济指标的顺利完成。

C 喷枪挂渣

澳斯麦特炉喷枪是在一个高温熔融池且具有很强腐蚀性环境中操作的，为使喷枪钢材不至于受损，在每次下枪时必须进行挂渣操作，以便在喷枪表面形成一层冷凝渣层，来达到保护喷枪的目的。挂渣操作过程中首先要确定渣池面的高度，然后控制喷枪置于渣池上方100～200mm的位置，并保持不少于60s的时间，反复几次后就可完成对喷枪的挂渣操作过程。由于喷枪风直接喷射到渣池表面，导致一些细小的渣粒在炉内飞溅，这些小的渣粒喷溅到喷枪表面上，通过套筒风和喷枪风的冷却，逐渐在喷枪表面形成一层冷凝渣层，使喷枪钢体和液渣池隔离，达到保护喷枪的目的。喷枪每次浸入熔池时都要进行挂渣，这样做是很有必要的，因为喷枪在提出渣池过程中，渣套的某一部分有可能发生物理剥落现象（因温差而使渣骤冷发生收缩），导致喷枪钢体和液渣池接触而损坏喷枪。

在实际生产中判断喷枪是否正确挂渣的方法有：

（1）喷枪的声音变化。当喷枪接近渣池表面时，因枪风直接喷射到渣池表面会导致喷枪所发出的噪声加大，只要多加注意即可判断。

（2）渣池中细渣的飞溅。从炉子各操作口中飞溅出的细小渣粒的多少也可判断出喷枪在炉子中是否已接近渣池。

（3）用渣池的深度推算。此方法是最常用的，下枪挂渣前首先用取样杆对渣池进行测量，然后依据所测到的渣池深度来下枪挂渣。

经过生产实践证明，保留适当的起始渣池对喷枪的挂渣操作及保护起着重要的作用。在操作中可根据生产情况保留350～500mm的渣池来进行挂渣操作，渣池过低，喷枪难挂渣，易烧枪。但也要注意，过多地保留渣池，也会产生煤耗加大、后期操作枪位过高等不利于生产的影响因素。

D 喷枪熔炼操作

喷枪在操作中根据生产需要枪头必须浸入渣池100～300mm，并在此位置上下调整，才能保证渣池的搅拌强度及熔炼过程所需的温度。在此过程中渣池的搅拌运动集中在枪头以上区域，喷枪下方的运行相对要弱一些，间断性地降低枪位有利于提高炉底温度，特别是下部温度低或有炉结时更需要下深枪来提温和化炉结。但操作时要小心，枪位停留时间过长会导致下部耐火材料快速磨损。因此一定要以生产实际为主，找到最佳操作枪位。可采用以下三种方法来进行判断操作：

（1）在测定起始渣池后，把喷枪下到合适的操作位，根据进料量的多少，推算出投入物料熔融后在炉内所占体积和高度，在料量跟踪系统中设置后进行操作。

（2）以喷枪风背压、燃煤背压来判断。喷枪在炉内插入深度不同，渣池给予喷枪风和燃煤反压也不相同，此时可参照日常操作经验作出判断，及时调整枪位。

（3）喷枪的晃动情况。随着喷枪在炉内的插入深度，会导致喷枪发生不同程度的晃动，可根据喷枪晃动的程度来调整枪位。但要注意的是，有时因渣熔点高、渣池温度过低等原因会导致渣黏度加大，此时喷枪所承受的反压也同时加大，也会促使喷枪晃动加剧，在操作中需要加以分析，区别对待。

E　喷枪磨损

喷枪在使用过程中会发生正常或非正常的磨损。引起非正常磨损的因素有以下几点：

（1）挂渣操作不当或起始渣池过低、渣型不好等，喷枪挂渣不好；

（2）长时间深枪位操作，渣腐蚀枪体钢材；

（3）在化炉结等操作时，喷枪插入到熔池金属相中被腐蚀；

（4）在提枪检查时不认真，枪头有结渣未清理，导致在操作过程中，枪头散热不好而烧损；

（5）喷枪风与套筒风量设置不合理，枪体冷却不够，挂渣剥落；

（6）喷枪维修时质量差，焊缝有结渣或气孔。

F　喷枪损坏判断

在澳斯麦特炉熔炼作业过程中，若喷枪发生损坏将严重影响生产的正常进行，因此要认真观察喷枪的作业情况，发现枪体有损坏时应立即提枪检查、更换。在生产中可根据以下几种情况对喷枪是否损坏作出判断：

（1）在正常熔炼时熔池温度突然下降，并有炉结产生，在排除渣型、进料量、所用燃煤量等因素后，可断定是喷枪损坏引起，此时应立即提枪检查。

（2）喷枪晃动程度加剧或减弱，在排除操作枪位过高或过低后，也可初步判断是喷枪损坏。

（3）在正常熔炼时喷枪口、烧嘴口、进料口等操作口有细小的渣粒从炉内飞溅出来，这也是喷枪损坏所引起的。

（4）上升烟道烟气温度突然上升且幅度大，此时也有可能是喷枪损坏导致枪内燃煤在炉内上部燃烧引起的。

3.5.3.3　澳斯麦特炉的主要指标

澳斯麦特炉在秘鲁冯苏冶炼厂及云南锡业股份有限公司运用的主要指标见表3－26。

表3－26　澳斯麦特技术在冯苏冶炼厂及云南锡业股份有限公司运用的主要指标　（%）

名　称	冯苏冶炼厂	云南锡业股份有限公司
锡直接回收率	52～65	65～78
粗锡品位	90～93	89～94
产渣率	40～48	28～39
渣含锡	1.0～1.5	3～6
烟尘率	30～35	18～24
熔剂率	15～17	0.1～1.0
还原剂率	18～24	17～23
金属平衡率	96～99	98.0～99.8

3.5.4　澳斯麦特炉的富氧还原熔炼

3.5.4.1　富氧熔炼的工艺流程

为进一步提高澳斯麦特炉还原熔炼锡精矿的效率，节约能源，减少排放，提高产量，2006 年 10 月起，云南锡业股份有限公司冶炼分公司开展了“锡精矿顶吹沉没熔炼炉富氧熔炼工艺技术的开发与应用”项目的实施工作。研究和开发了锡精矿顶吹沉没熔炼炉富氧熔炼工艺技术，并应用这一技术对云南锡业股份有限公司冶炼分公司的澳斯麦特炉锡精矿熔炼系统进行了全面的技术改造，有效地提高了生产效率、降低了烟尘率，提高锡冶炼回收率，降低了生产作业成本。锡精矿富氧还原熔炼的生产工艺流程如图 3－29 所示。

3.5.4.2　锡精矿富氧熔炼的特点

锡精矿的还原熔炼与硫化铅精矿和硫化铜精矿等硫化矿的氧化熔炼不同，由于锡精矿中的锡均以氧化态（SnO_2）形态存在，因此，锡精矿的熔炼是还原熔炼，其主要反应为前面所述的化学反应：

$$(SnO)_{渣} + CO \Longrightarrow [Sn]_{金属} + CO_2 \qquad (3-11)$$

在富氧熔炼的条件下，由于从喷枪鼓入熔池的气体中氧浓度大幅度提高，要使上述反应顺利进行，气氛的控制就显得非常重要。这也正是锡精矿的还原熔炼多年来未曾尝试过富氧熔炼的原因之一。

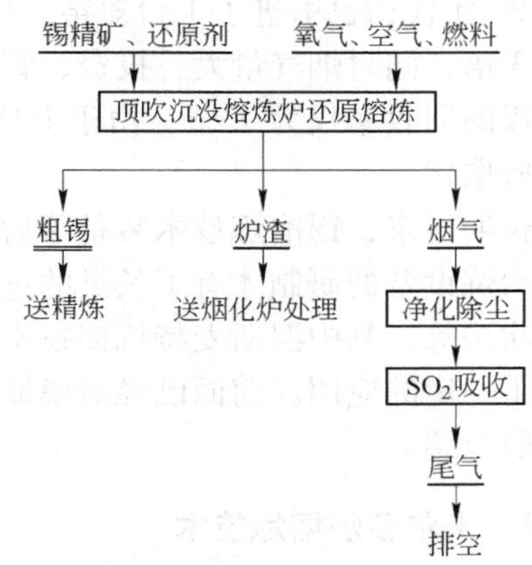

图 3－29　锡精矿富氧熔炼的生产工艺流程

云锡在开发锡精矿富氧熔炼技术时，充分考虑了上述因素，在富氧气体与燃料的准确配入与完全燃烧上进行了认真分析和计算，确保在富氧喷入熔池的喷枪头处不出现氧化气氛，使得熔池中始终保持适度的还原气氛，以保证锡精矿的迅速有效还原，同时防止炉渣中的 FeO 氧化为磁性铁而产生泡沫渣的危险。

锡精矿富氧喷枪顶吹沉没熔炼工艺方法的主要优点在于：

（1）在锡精矿喷枪顶吹沉没熔炼炉中采用富氧熔炼，在喷枪风中混入氧气，在单位时间内投入炉内的总气量不变的情况下，使得单位时间内加入熔池的氧量增加，随之单位时间内投入炉内的燃料量、能量和处理的物料量同步增加，锡产量也随之增加。

（2）此种工艺方法使得熔炼速度和效率进一步提高，处理单位物料量的烟气量减少，烟尘率也随之降低，锡冶炼回收率进一步提高。

（3）此种工艺方法，压缩空气与氧气混合后的富氧浓度在 25%～40%之间；与空气熔炼相比，处理量增加 20%～50%，产量增加 20%～50%，而尾气系统处理的烟气量与空气熔炼相比基本保持不变。

锡精矿富氧熔炼，大幅度提高了生产效率，取得了良好的节能效果、环保效果、资源综合利用效果和经济效果。

3.6　锡的其他熔炼方法

3.6.1　概述

锡精矿还原熔炼设备除反射炉、电炉和澳斯麦特炉之外，鼓风炉在我国和国外少数炼锡厂也曾用于炼锡，但是由于鼓风炉熔炼的炉料需要制粒或制团，炉内气氛难于控制，锡的挥发率高等缺陷，现今已经不再用作炼锡设备。

短窑也称作转窑，它是一种能回转的炼锡设备，在德国弗赖贝格冶炼厂首先使用。1967年由德国克勒克内工业设备公司为印度尼西亚PT. 蒂玛炼锡厂设计并安装了3台ϕ3.8m×8m（内径ϕ3.1m×6.6m）的回转短窑，这是当时最大的短窑。我国某冶炼厂20世纪90年代初也引进了1台短窑。该设备用于锡还原熔炼时耐火材料消耗大，约为反射炉的3倍，同时烟气量大，投资、管理和维修费用高，熔炼含锡58%Sn、5.9%Fe的锡精矿，锡的回收率仅为93%。由于上述原因，印度尼西亚PT. 蒂玛炼锡厂的短窑已经被反射炉所取代。

长期以来，锡冶炼技术装备落后于铜、铅、锌等有色金属，直到20世纪70年代，新的锡冶炼设备的研制才有了长足的进步，相继出现了卡尔多炉、澳斯麦特熔炼技术、超声波顶吹法等，其中澳斯麦特炼锡技术以其明显的优点已经得到迅速推广应用，卡尔多炉也得到了一定的应用。前面已经对澳斯麦特技术进行了详细介绍，以下对卡尔多炉炼锡技术作一般介绍。

3.6.2　卡尔多炉熔炼技术

卡尔多（Kaldo）炉是20世纪70年代初由瑞典波利顿公司开发成功的一种顶吹旋转炉。卡尔多的名称来源于发明者瑞典冶金学教授波·卡林和最先使用该发明的瑞典杜姆纳尔沃钢厂的两个名字的字头字母组合。

卡尔多炉完全改变了传统的反射炉和电炉等炉膛静止的状态，在熔炼过程中圆筒形的炉身与水平呈一定倾角，并围绕中轴线不断旋转，而氧气（或富氧空气）和燃料（天然气、油或粉煤）则通过安装在炉顶烟罩上的喷枪吹入炉内熔池表面，与随炉子回转而翻腾的炉料发生剧烈的传质和传热反应，迅速完成熔化过程和化学反应，从而极大强化了熔炼过程。

波利顿公司最初将卡尔多炉用于铜和铅的熔炼，1978年美国得克萨斯炼锡厂建成容量50t的卡尔多炉，取代了连续使用了30多年的44m^{2}的反射炉。

3.6.2.1　卡尔多炉的结构和附属设备

A　卡尔多炉

卡尔多炉炉壳由30mm钢板制成。炉壳外形尺寸：ϕ4420mm×6160mm；炉膛尺寸：ϕ2820mm×5700mm；炉膛空间为30m^3，有效容积为16m^3；炉口直径ϕ1500mm；放锡口ϕ30mm；炉体自重300t，其中耐火材料为160t。内衬两层耐火材料：第一层为厚300mm的高铝砖，第二层为熔铸铬镁砖，砖砌厚度在炉底为630mm，炉身为530mm，炉口为400mm。

B　传动机构

由倾斜装置和回转装置两部分组成。倾斜装置由一空心钢环，经托架连接承重托轮和加固拉杆，靠基座上的轴承支撑整个炉体重量，用电动机经减速箱进行倾斜转动，可以轴承为中心旋转360°；回转装置由炉体上两个钢环和上下两个电动机经涡轮减速带动回转传动轮与钢环进行摩擦传动，使炉体回转，速度为10～40r/min。卡尔多炉示意图如图3－30所示。

C 喷枪

卡尔多炉喷枪是一规格为φ400mm×6000mm，由多层同心套管组成的长管，中间管为气体燃料管和备用油管，外层为水冷却管，中间为空气、氧气混合管。喷枪被安装在活动的排烟罩上，作业时由顶部炉口插入炉内，燃料和富氧空气以20°倾角喷向熔池渣表面。由于处于高温状态下，同时受高速气流的冲刷和熔体的喷溅，喷枪的工作条件十分恶劣，必须用水冷却，同时对喷枪的材质也有一定的要求，最好用高温耐腐蚀钢材，如铬钢或镍铬钢等。

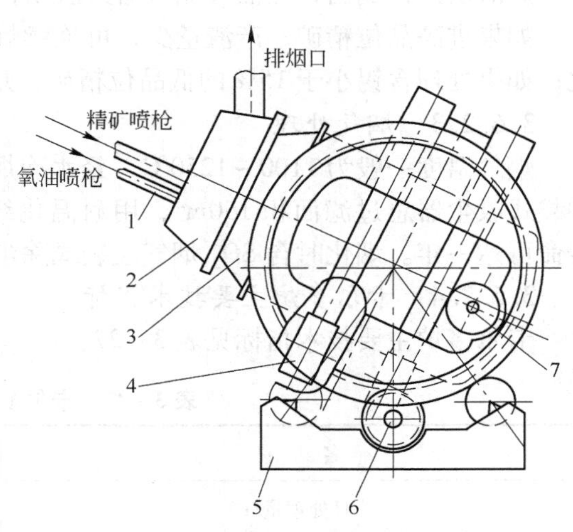

图3－30 卡尔多炉示意图
1—喷枪；2—活动烟罩；3—炉体装置；4—炉体旋转机构；5—炉体倾翻支撑托轮及其支撑架；6—炉体倾翻机构；7—止推托辊

D 加料系统

炉料在炉子垂直状态下直接由顶部炉口加入。炉顶上有两个加料斗：一个是加大块炉渣，由吊车直接吊入料斗垂直入炉；另一个是加60mm以下含锡物料，按配料要求由铲车运到地面料仓，经皮带运输送至料斗，再经圆盘给料机、螺旋给料机和加料溜槽入炉。

3.6.2.2 卡尔多炉的操作

A 加料

新炉烘烤到1100℃后，先加洗炉料，每炉加50t。先加大块料10～15t，然后将炉体倾斜到水平呈20°，套上活动烟罩，插入喷枪，转动炉体到15～20r/min，同时供给天然气及氧气加热，迅速升温到1200～1250℃，控制炉内气氛，开动加料系统，连续进入碎料。如操作正常，在2h左右加完余下的35～40t料，继续熔炼1～2h，停炉取渣样，如渣含锡达到6%～8%即可放锡。

B 放锡

停止加热，用氧气烧放锡口，使锡流入前床。根据原料含锡品位，每次放锡量约10～30t，放完锡后堵好锡口，转入烟化。

C 炉渣烟化

卡尔多炉的炉渣烟化也是用硫化挥发，放锡后立即用天然气和氧气加热，迅速升温到1300～1350℃，炉体转速20～25r/min，加入一定量的黄铁矿和焦炭，加大空气量，进行挥发熔炼。约2～2.5h，停止转动，取渣样，经炉前快速分析，当渣含锡达到0.3%～0.5%，即可放渣。

如炉渣含WO_3在3%以上，则将炉渣含锡降至0.2%以下，然后继续升温至1400～

1450℃，加入焦炭，进行高温还原熔炼 1～2h，使大部分 WO_3 生成钨铁合金，停炉取样，当渣中含 WO_3 小于 0.2%，即可放出合金，然后放渣。

D　放渣

炉渣从炉口倒出，经溜槽流入露天渣场，冷却后破碎出售。

如果进高品位精矿，产渣量少，可连续炼 3～5 炉，使渣量达到 30t 左右，才进行烟化；如果处理含锡小于 15% 的低品位精矿，则不产粗锡，全部进行烟化。

3.6.2.3　烟气处理

烟气温度一般为 1100～1250℃，经水冷烟道进入袋式收尘器的温度应小于 200℃。脉冲袋式收尘器总过滤面积 150m^2，用耐温化纤材料，同时加特殊涂层，能在 300℃使用，寿命可达一年。烟化时含 SO_2 烟气经袋式除尘器后进行脱硫处理，达标后排放。

3.6.2.4　卡尔多炉主要技术指标

卡尔多炉主要技术指标见表 3－27。

表 3－27　卡尔多炉主要技术指标

名　称	指　标
日处理量/t	80～120
年生产时间/d	290
锡直收率/%	82～84
吨矿能耗/kJ	12550～14640
烟尘率/%	8～10
炉渣率/%	约 35
渣含锡/%	0.2～0.8
吨矿耐火材料消耗/kg	15
吨矿水耗/m^3	23
炉寿命/d	90～100

3.6.2.5　卡尔多炉熔炼技术的优缺点

A　优点

优点如下：

（1）熔炼强度大，对炉料适应性强，能处理含锡大于 3% 的炉渣、中矿及工业废料和各种高、低品位锡精矿。

（2）由于炉子回转，炉料进炉前不用混合，炉料与烟气温差小（30℃ ±），热利用率高。

（3）燃料可用天然气、重油等，并用氧气助燃，炉温升高很快，炉内气氛容易控制。

（4）精矿熔炼、炉渣烟化及锡的富集回收可在同一炉内分阶段完成，改变了传统的两段熔炼法。

（5）烟气量小，对收尘设备要求不高，环境污染少。

（6）全部操作均可按照操作程序自动控制，自动化程度高。

B 缺点

缺点如下：

（1）由于炉体转动，设备结构复杂，维修费用高。

（2）由于炉体回转和喷枪喷吹，炉内衬耐火材料容易损坏，炉寿短，耐火材料消耗大。

4 锡的精炼

4.1 锡的火法精炼

4.1.1 概述

4.1.1.1 杂质对锡性质的影响

锡精矿还原熔炼产出的粗锡含有许多杂质，即使是从富锡精矿炼出的锡，其纯度通常也不能满足用户的要求。为了达到标准牌号的精锡质量要求，总要进行锡的精炼。在多数情况下，精炼时还能提高原料的综合利用率并减轻对环境的污染。

粗锡中常见的杂质有铁、砷、锑、铜、铅、铋和硫，它们对锡的性质影响较大。

铁：含 Fe0% ~0.005% 对锡的腐蚀性和可塑性没有明显的影响；含铁量达到百分之几后，锡中有 $FeSn_2$ 化合物生成，锡的硬度增大。

砷：砷有毒。包装食品的锡箔、镀锡薄板用的锡，含砷量限定在 0.015% 以下。砷还引起锡的外观和可塑性变差，增加锡液的黏度。含有 As0.055% 的锡硬度增至布氏硬度 8.7，锡的脆性也增大，锡的断面成粒状。

锑：含 Sb0.24% 对锡的硬度和其他力学性能没有显著的影响，含锑升高到 0.5%，锡的伸长率便降低，硬度和抗拉强度增加，但锡展性不变。

铜：用作镀层的锡含铜越少越好，因为，铜不仅形成有毒的化合物，还会降低镀层的稳定性。含 Cu 约 0.05%，会增加锡的硬度、拉伸强度和屈服点。

铅：镀层用的锡含铅不应大于 0.04%，因为铅的化合物有毒性。用于马口铁镀锡的精锡近年要求含铅量更低，最好能低于 0.01%，以保证食品的质量。

铋：含 Bi0.05% 的锡，拉伸强度极限为 13.72MPa（纯锡为 18.62 ~20.58MPa），布氏硬度为 4.6（纯锡为 4.9 ~5.2）。

铝和锌：在镀锡中含铝或锌不应大于 0.002%。含锌大于 0.24%，锡的硬度增加 3 倍，并降低锡的延长度。

4.1.1.2 粗锡的一般成分及精锡标准

各冶炼厂生产的粗锡成分波动很大，这主要取决于锡精矿的成分、精矿炼前处理作业及冶炼工艺流程等。

一般而言，粗锡成分大体可分为三类：第一类是处理冲积砂矿所获得的很纯净锡精矿，含锡在 75% 以上，含杂质很少，若采用反射炉两段熔炼，其粗锡含锡在 99% 以上，只含少量的杂质元素；第二类是处理脉锡矿所获得的含锡在 50% 以上的锡精矿，经过炼前处理除去部分杂质后采用一段还原熔炼，其粗锡含锡 99% 以上，含有较多的杂质元素；第三类是处理脉锡矿所获得的含锡约 40% 的锡精矿，又没有经过炼前处理，冶炼这种精矿产出的粗锡品位在 80% 左右，杂质元素含量高。

粗锡的一般成分见表 4 -1，锡锭的化学成分应符合表 4 -2 的规定。

表 4-1 粗锡的一般成分 （质量分数/%）

编 号	Sn	Fe	As	Pb	Bi	Sb	Cu
1	99.79	0.0089	0.010	0.012	0.0025	0.005	0.002
2	99.83	0.0144	0.0183	0.031	0.003	0.010	0.025
3	94.68	1.25	1.07	1.19	0.05	1.22	0.20
4	96.47	0.615	0.88	1.35	0.02	0.69	0.32
5	79.99	3.11	3.82	9.07	0.295	0.096	1.29
6	81.54	3.25	3.33	9.14	0.184	0.094	1.07

表 4-2 锡锭的化学成分（GB/T 728—1998）

牌 号	Sn（质量分数，不小于）/%	杂质（质量分数，不大于）/%									
		As	Fe	Cu	Pb	Bi	Sb	Cd	Zn	Al	总和
Sn99.99	99.99	0.0005	0.0025	0.0005	0.0035	0.0025	0.002	0.0003	0.0005	0.0005	0.010
Sn99.95	99.95	0.003	0.004	0.004	0.010	0.006	0.014	0.0005	0.0008	0.0008	0.050
Sn99.90	99.90	0.008	0.007	0.008	0.040	0.015	0.020	0.0008	0.001	0.001	0.10

4.1.1.3 火法精炼的原则流程

锡精炼通常采用火法精炼和电解精炼。

火法精炼锡的过程是由一系列作业组成的，其中每一作业能够除去一种或几种杂质。火法的优点是生产能力较高，在生产过程中积压的锡量少。俄罗斯新西伯利亚炼锡厂研制成功了离心机除铁、砷和真空蒸馏设备，使火法精炼技术有了相当大的发展。离心机可以全自动除去精炼锅中的精炼浮渣，而且减少了渣中的含锡量。真空蒸馏设备清洁卫生，劳动强度很低，能从锡中除去铅、铋、砷、锑。我国研制成功的电热连续结晶机除铅、铋，劳动生产率高，金属回收率高，生产成本低。此外，火法精炼使杂质能够依次地提取出来，并富集于各种精炼渣中，为综合回收这些金属提供了条件。

国内外炼锡厂有些是以火法精炼为主，辅以电解精炼，少数冶炼厂采用全电解精炼。火法精炼是利用锡与杂质对氧、硫和氯的亲和力的差别，以及与杂质生成不溶于液体的化合物的试剂作用，来达到精炼目的。这些工序具有一个共同的特点，即生成的化合物杂质浮在液体锡上，可以固体或黏性产物形式从金属表面捞去。

各炼锡厂粗锡所含杂质不同，生产规模不同，以及原料供应及设备条件不一样，因而火法精炼流程也不一样。对于熔炼杂质少的高品位精矿所产的粗锡，如马来西亚、泰国等，只用1~2道火法精炼作业就能得到高级精锡，精炼回收率（泰国）达到99.45%。处理含杂质高的粗锡火法精炼流程比较长，如玻利维亚文托炼锡厂，俄罗斯新西伯利亚炼锡厂，我国某锡冶炼厂，采用图4-1所示的火法精炼流程，其中每一道作业除去一种或几种杂质，而有的杂质要在几道作业中逐步除去。例如，砷就在3道作业中相继除去（离心除铁、砷，凝析除铁、砷，加铝除砷、锑）。

4.1.2 熔析与凝析法除铁、砷

熔析法、凝析法除铁、砷是根据这些杂质在锡液中与锡生成高熔点金属间化合物在锡

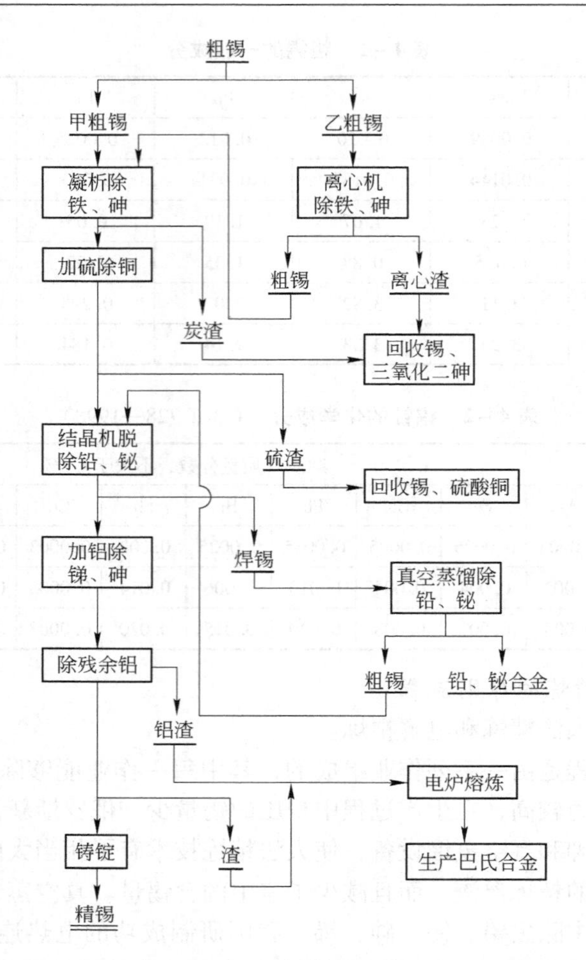

图4-1　火法精炼原则流程

液中的溶解度随温度变化而不同，加以脱除。熔析法将含铁、砷高的固体粗锡（生产中称为乙粗锡），加热到锡熔点以上，高熔点金属间化合物保持固体状态，而锡熔化成液体与其分开。相反，凝析法是将含铁、砷料低的已熔成液体的粗锡（称为甲粗锡）降温，由于铁、砷及其化合物溶解度降低，便会结晶成固体析出，达到锡与铁、砷分离。

4.1.2.1　*熔析与凝析法除铁、砷的基本原理*

锡精矿还原熔炼得到的乙粗锡是以锡为主体含铁、砷较高的粗锡，一般含As1.5%～5%，Fe1%～10%。根据Sn－Fe系状态图，锡和铁生成Fe_3Sn，Fe_3Sn_2，$Fe_{1.3}Sn$，FeSn，$FeSn_2$等金属间化合物。取Sn－Fe系的富锡端部分状态图（见图4－2）说明加热过程中铁与锡分离的情况。当温度升到232℃，开始熔析出较纯的液体锡并不断移去，温度在232～496℃间，铁以$FeSn_2$化合物保持固体状态留在粗锡残锭上。当温度由496℃升到901℃时，含铁的粗锡残锭不断熔化并析出未形成化合物的液态残锡，同时金属间化合物不断分解而析出液态锡，而剩下的Sn－Fe合金视熔析温度不同分别以FeSn，Fe_3Sn_2，Fe_3Sn，α－Fe等形态残留在固相残渣中（称为熔析渣）。

可见，在升温过程中固体渣（熔析渣）含锡量逐渐降低，含铁量逐渐升高；相反，

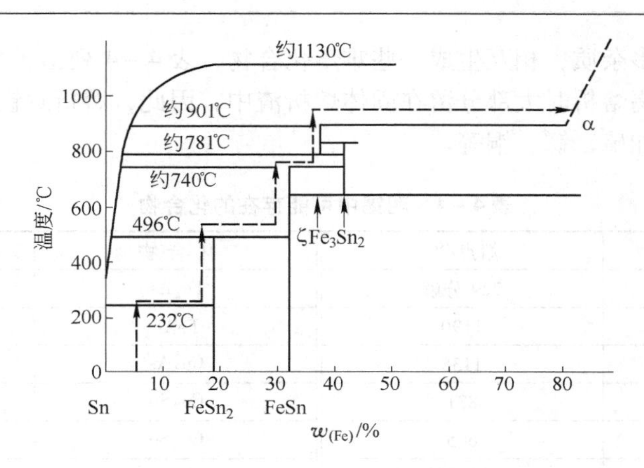

图 4－2 Sn－Fe 富锡端部分状态

熔析出的锡随温度升高，含铁量（%）上升，粗锡含 Fe 量与温度的关系见表 4－3。

表 4－3 粗锡含 Fe 量与温度的关系

温度/℃	400	500	600	700	800	900
锡含铁量 $w_{(Fe)}$/%	0.024	0.082	0.220	0.80	1.60	2.80

从 Sn－As 系状态图 4－3 富锡端可以看出，砷或 Sn_3As_2 化合物在锡液里的溶解度随温度上升而增大。熔析温度在 232～596℃时，Sn_3As_2 保持固体状态与锡液分离，超过 596℃，Sn_3As_2 将熔于锡中，失去除砷作用，故处理含砷高而含铁低的粗锡时，溶析温度应低于 596℃。

粗锡中铁、砷同时存在，对熔析除铁、砷有利，因为铁对砷的亲和力大，生成两个化合物 Fe_2As（熔点 931℃）和 FeAs（熔点 1031℃），其间还有 ε 相（Fe_3As_2）包晶化合物。这些化合物和 ε 相的熔点和分解温度都很高而保留于熔析渣里。

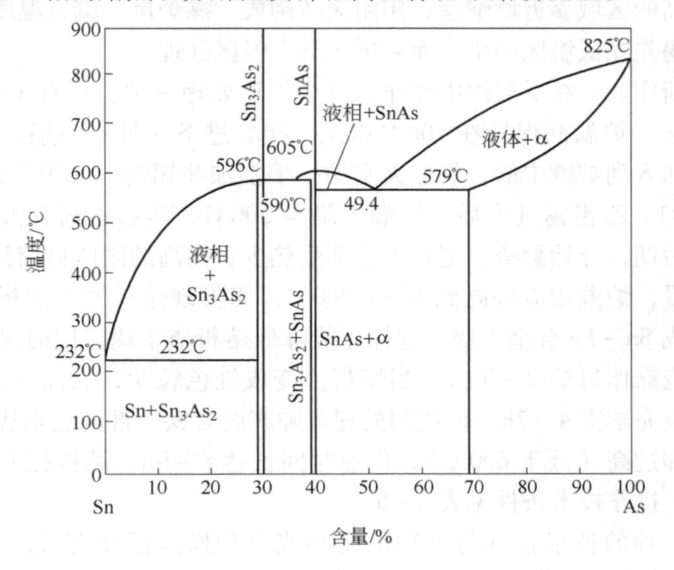

图 4－3 Sn－As 系相图

粗锡中存在许多杂质，相互生成一些难熔化合物，表4-4列出了可能存在的化合物，这些化合物在乙粗锡熔析时大部分留在固体熔析渣中，因此，熔析除铁、砷时，也附带除去一些别的杂质，如硫、锑、铜等。

表4-4　粗锡中可能存在的化合物

化合物	熔点/℃	化合物	熔点/℃
$FeSb_2$	729分解	Fe_2As	931
FeS	1190	FeAs	1031
CuS	1135	Cu_3As	827
SnS	881	Cu_2Sb	586分解
SnAs	605	Cu_3Sb	684分解
Sn_3As_2	596	—	—

熔析法可除去粗锡中大部分的铁、砷，但不能使其含量达到符合精锡的标准，尚需经过凝析法处理。凝析法是熔析法的逆过程，将液体精锡降温，铁和砷在锡液中的溶解度减小，达到饱和状态后以固体形式析出而分离。

在锡的熔点232℃时，铁在锡中的溶解度为0.001%，在300℃时为0.0046%。因此，将粗锡液温度降低到锡熔点附近，由锡液中凝析出$FeSn_2$的细粒晶体，可使含铁量降低到约0.001%，能满足精锡的含铁要求。在相同温度下锡液溶解的砷量比铁多。在232℃时，砷的溶解度为0.14%~0.18%。所以通过熔析与凝析过程后，砷含量仍达不到精锡要求。若锡液中有铁和砷共同存在，则对除砷有利。

4.1.2.2　熔析法除铁、砷实践

炼锡厂熔析设备主要用反射炉，少数也用电炉。用反射炉作熔析设备，其炉床为斜底，面积较小，否则对作业后期翻渣出渣都不方便，炉内各点温度也不均匀，炉床面积以$10m^2$左右为宜。炉床用黏土砖砌成，三面高，向放锡口方向倾斜。也有的工厂炉床分为两个区，温度较高的区域靠近燃烧室，用耐火砖砌成，靠炉尾一端是温度较低的区域，用生铁板做成，粗锡先在低温区熔析，而后再扒到高温区处理。

熔析法为间断作业，在反射炉中操作，每个工班处理一炉，也有3个班处理四炉的。出完前一炉熔析渣，炉温尚保持在700℃以上，接着进下一批乙粗锡。锡锭从侧墙门加入，也有从炉顶加入到炉膛中的，靠近火室的一端多加些锡锭，靠炉气出口的一端少加，使乙粗锡受热均匀。乙粗锡进完后，炉温下降至300℃，然后逐渐升温，使熔析速度加快。熔析过程到后期，开始翻渣，把料堆底部受热少含锡高的固体料翻到面上，以便升高温度，降低含锡量，炉温相应提高到800~900℃。当发现熔析渣有变稀的趋势时，应降低炉温，避免生成Sn-Fe合金大块，这样才能降低熔析渣含锡，同时又不致给出渣和清炉造成困难。翻渣操作每炉2~3次。当熔析渣变成红色粒状，表面无锡珠，便可出渣。从开始进料到出渣完毕需4~7h；但遇到处理含砷高而含铁很低的乙粗锡时，因熔析温度不允许升得太快和过高（低于600℃），作业时间长达8~9h。熔析控制的技术条件主要是温度。某冶炼厂操作技术条件见表4-5。

熔析法除铁、砷的技术指标与处理的粗锡成分和操作温度有关。当处理Sn80%~85%的乙粗锡时，熔析原料及产物成分列于表4-6中。

表 4－5　某冶炼厂操作技术条件

名　　称	温度/℃	作业时间/h
进料结束	300	—
低温熔析	300～500	1～1.5
中温熔析	500～700	1～2.5
高温熔析	700～900	1～2.5
捞　　渣	300～350	1～1.5

表 4－6　熔析的原料及产物成分　　（质量分数/%）

名　　称	Sn	Fe	As	Cu	Sb
粗锡 1	84.91	7.95	2.32	0.16	1.59
粗锡 2	82.87	7.49	3.21	0.31	1.93
熔出锡 1	94.74	0.58	0.75	0.13	1.55
熔出锡 2	95.20	0.35	0.72	0.17	1.75
熔析渣 1	46.94	20.22	8.14	0.25	0.90
熔析渣 2	44.79	2.82	9.03	0.21	0.46

4.1.2.3　凝析法除铁、砷实践

火法精炼中凝析除铁、砷，加铝除锑、砷和加硫除铜所用的设备都由精炼锅和搅拌机两部分组成。

精炼锅由钢板焊接而成。它比生铁铸件具有许多优点：制造简单，经久耐用，导热性好，升温、降温容易控制，锅的容量根据生产规模而定。目前，容量最大为 30～35t，锅面上安装半圆形烟罩，强制抽风，排出精炼产生的气体。锅安装在炉灶上，灶体内为炉栅燃烧室。

搅拌锡液的搅拌机装在车架上，用时运到锅边支稳。有的工厂把搅拌机装在锅上，作业中锅和搅拌机配置见图 4－4。根据锅的大小确定搅拌的动力。容量为 30～35t 的锅，配的电机功率为 10～14kW，转速为 830～900r/min。

在操作中有的工厂用空气、蒸汽吹炼液体锡。采用这种方法时，部分铁与杂质一起除去。熔锡由沉降桶直接倒入大铸铁锅中，并鼓风或通蒸汽，使锡“沸腾”。在靠近锅附近的鼓风管或蒸汽管内安装聚水器，因为，液态水的任何“液滴”，若被鼓入熔融锡内，将引起猛烈爆炸。当金属表面上有糊状的浮渣生成便捞去浮渣。马来西亚的 3 个炼锡厂，由于铅、砷、锑在焙烧时除去，铜、铋含量极少，需要除去的杂质只有铁，因此，只需将反射炉精锡冷却至 300℃，用浮渣笼取去表面渣，吹入 0.49MPa 的压缩空气保持温度 400℃，扒渣两次，即得到精锡，全部过程只用 3.5～5h。

俄罗斯新西伯利亚炼锡厂的操作是将木柴插入锡液中，木柴放出的气泡、蒸汽和碳氢化合物，可以捕收悬浮在锡中的细小固体粒子，并将这些粒子带到金属表面上来。固体粒子是凝析后残留在金属中的锡铁化合物、铁与砷、锡与砷及其他元素的化合物晶体。

我国凝析除铁、砷采取加锯木屑促使晶体悬浮物与液体锡达到分离。粗锡装锅后，锡液的温度为 280～300℃，观察有无砷、铁化合物结晶析出。如果锡液的温度高，看

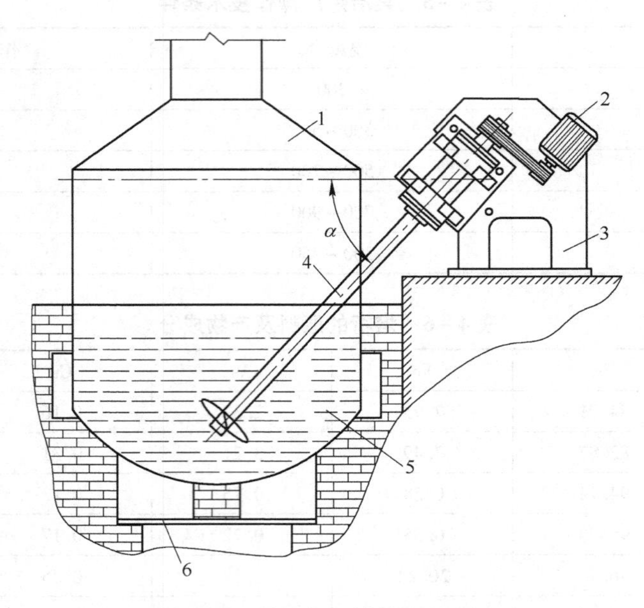

图 4－4　精炼锅、搅拌机的配置

1—烟罩；2—电机；3—支座；4—搅拌轴；5—锡锅；6—炉栅

不到砷、铁化合物结晶析出时，则应降温搅拌，加入适量的锯木屑，捞去浮渣（炭渣），呈现洁净的锡液面。随着温度逐步降低，砷、铁化合物结晶析出逐渐增多，如果粗锡含砷多，含铁很少，Sn_3As_2 结晶析出，锡液面上有砂粒状耀眼的粒子，这时降温凝析、搅拌凝聚，投进锯木屑吸附，投入量以不影响旋涡正常为适度，并捞去浮渣。要多次降温、搅拌、加锯木屑、捞去浮渣重复操作。对粗锡含铁、砷相等或铁比砷多的情况，液态粗锡降温冷却时，铁和砷优先结合，生成 Fe－As 固体化合物。它们的密度小于锡液的密度，上浮在锡液表面，再加上它们凝聚性强，凝聚成非常黏稠的浮渣。这时开始搅拌并加入锯木屑，促使晶粒凝聚和上浮，锯木屑也增加这些浮渣的气孔度，有助于锡液滴汇聚增大，穿过浮渣层回到锡液中。上述作业也要反复多次进行，直到将温度降至锡液熔点附近，强烈搅拌不再析出渣子，则铁已除到 0.003% 以下，砷达到 0.03% 以下，完成凝析作业。

利用砷和铁的性质曾做过生产实验。粗锡中的砷除到 0.2% 以下时，往锡液中加入一些含铁高的粗锡，而后凝析加锯木屑，可进一步降低砷在锡中的含量。但粗锡含砷在 0.2% 以上时，补加铁就没有意义了。此时，没有铁的存在，砷不仅能以 Sn_3As_2 结晶析出，而且产出的晶体粒子相互碰撞而长大，无黏稠性。所产生的炭渣机械带走的锡很少。

凝析法加锯木屑除铁、砷的粗锡、产物成分列于表 4－7 中。炭渣率 2% ~5%，炭渣

表 4－7　凝析法除铁、砷的粗锡及产物成分　　（质量分数/%）

名　称	Sn	Fe	As	Cu
粗锡 1	87.88	0.10	1.20	1.27
粗锡 2	87.46	0.65	1.32	0.40

续表 4-7

名　称	Sn	Fe	As	Cu
产品锡 1	89.01	0.0015	0.14	0.13
产品锡 2	89.35	0.0016	0.15	0.12
炭渣 1	82.05	1.00	10.80	1.55
炭渣 2	75.83	0.515	9.88	1.28

含锡 65% ~83%，冶炼耗时 1.5h。

4.1.3　离心机除铁、砷

前已述及无论是熔析法还是凝析法除铁、砷，其实质都是在一定温度下，铁、砷和锡互相间生成的不溶于液体锡的杂质结晶化合物，呈固体或浮渣状，用人工或简单机械从锡液表面捞去这些浮渣，达到除铁、砷的目的。人工捞渣，劳动强度大，作业环境差而且浮渣中残留大量的机械夹杂的锡，给下一步处理浮渣带来困难，也影响锡的回收率。

分离液、固相最有效的方法之一为离心过滤法。但要在火法冶金中采用离心机技术，需要解决许多工艺上的困难，首先是制造离心机的材料应承受很高的温度，而且要具有很好的耐蚀性，其次设备结构要适于液体锡与浮渣的分离。

第一台金属液离心机是 20 世纪 30 年代在英国设计制造的，用来旋转净化在精炼焊锡时得到的金属互化物浮渣。

从 1970 年开始，苏联进行了沉没式离心机的研究。沉没式离心机的转鼓在运转时，位于被精炼的粗锡中，这样就带来了许多优点：不需要专门的加料装置，因为在转鼓旋转时，锡渣形成旋涡，自动流入离心机内没有飞溅现象，减少了锡的氧化损失；最主要的是在沉没式离心机内可以在降低粗锡温度下进行，即随着从粗锡中杂质的除去，锡液温度不断下降，杂质呈不溶化合物较完全脱除。用于工业生产的离心机为 ПАФВС-650-9Y 型。

云锡研制的 YT-CC-I 型离心机，主要由转鼓、离心机悬臂和油压系统组成，其结构如图 4-5 所示。该厂采用这种离心机处理乙粗锡，以代替熔析炉除铁、砷。离心机法与传统火法精炼除砷、铁的技术和经济指标比较列于表 4-8。

目前，有几种型号的离心机已在部分炼锡厂中使用。

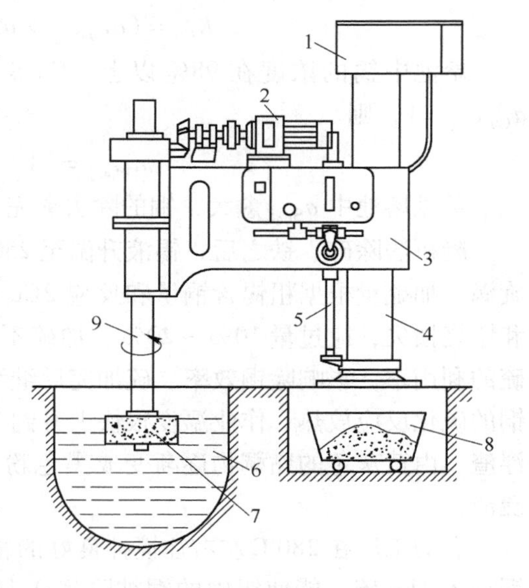

图 4-5　悬臂离心机
1—支柱转动装置；2—电机；3—悬臂；4—支柱；5—升降杆；6—锡锅；7—转鼓；8—渣车；9—转动轴

表 4-8　离心机法与传统火法精炼技术指标比较

名　称	传统火法精炼	离心机
粗锡允许含铁/%	0.1~0.4	0.1~10
粗锡允许含砷/%	0.1~1.0	0.1~20
吨粗锡的铝片消耗/kg	7.8	2.9
吨粗锡浮渣产出量/kg	123.0	69
锡入渣率/%	8.3	3.7
锡直接回收率/%	91.0	96.8
锡损失率/%	0.3	0.1
精炼后锡中含铁/%	0.005	0.005
精炼后锡中含砷/%	0.01	0.01
15t 锅精炼时间/h	3.5~5.5	1.5~2.5

4.1.4　加硫除铜

硫和铜的亲和力大于硫和锡，硫和铜化合生成硫化亚铜（Cu_2S），熔点高（1130℃），密度小（5.6g/cm^3），不溶于锡，浮于锡液表面而生成硫渣。由于锡液的浓度大，加入的硫绝大部分先溶解于锡液中，然后再与铜反应：

$$[SnS]+2[Cu] = Cu_2S_{(s)}+[Sn] \tag{4-1}$$

反应的平衡常数在 270℃时约为 5.12×10^5。

用这种方法除去铜的极限，可以根据反应的平衡常数与组元的活度关系式计算：

$$K_{Cu}=(a_{Cu_2S_{(s)}}\times a_{[Sn]})/(a_{[Cu]}^2\times a_{[SnS]})$$

熔池中锡的浓度在 98% 以上，Cu_2S 几乎不溶于锡而呈独立相析出，故 $a_{[Sn]}=1$，$a_{Cu_2S_{(s)}}=1$，则

$$a_{[Cu]}=[1/(K_{Cu}\cdot a_{[SnS]})]^{1/2}$$

可见熔池中 a_{Sn_2S} 愈大，铜的除去愈完全。

凝析法除砷、铁之后，锡液升温至 250℃时，搅拌锡液形成旋涡，把硫黄缓缓地加进旋涡。加硫量根据粗锡含铜量和反应 $2Cu+S = Cu_2S$ 计算，考虑到一部分杂质消耗硫和燃烧损失，应过量 10%~20%。加硫不可过急过多，否则硫在锡液面上燃烧，会降低硫的利用率，影响除铜效率。硫加完后继续搅拌，使硫在锡液中充分和铜起作用。锡液中铜的硫化反应放热，作业温度很快上升到 280℃，能促进反应迅速进行。浮在锡液表面的浮渣，由黄灰色的黏稠物逐渐变成黑色粉末，可视为反应结束，停止搅拌，捞浮渣（即硫渣）。

有的工厂在 280℃左右往搅拌良好的精炼锅中的锡液中加入硫，加硫量是按除去 1kg 铜加入 1kg 硫，能使锡中的铜被除到 0.1%，然后 1t 锡液加入 10kg 硫来结束脱铜过程，最后往锡液中加入 10~20kg 硫，并搅拌至金属表面没有硫燃烧。停止搅拌，捞去浮渣，就可获得很好的脱铜效果。用这种方法能使锡液中的铜除到 0.01%，捞出的浮渣含 Sn70%、Cu10%、As2%，过筛后除去金属锡珠，浮渣含铜提高到 14% 左右。

如果粗锡含 Cu 量大于 0.5% 时，先加硫除铜，后凝析除铁、砷。加硫时温度控制在 300 ~320℃。加硫时过量 30%。若粗锡含铜量过高，则需用硫较多，一次加入后渣量多，会影响搅拌，可以分次加入。对 32t 精炼锅而言，每次加硫量最好不超过 50kg。

先加硫除铜对凝析除砷有利。若粗锡含铁高，又将反过来影响加硫除铜。因此要排除铁的影响。根据前述铁在锡中的溶解度关系可知，控制温度在 320℃ 加硫将会出现两种情况：粗锡含铁低于 0.007%，铁完全溶解于锡中，对除铜没有影响；粗锡含铁高于 0.007%，铁含量超过溶解度，过量的铁便会结晶析出，变成黏稠的浮渣，把没有和硫起作用的铜包裹起来，影响 Cu_2S 的生成。另外，还增加硫渣的黏性而难搅散呈粉状渣，使渣含锡升高。解决的办法，一是升高锡液温度，使铁完全溶解于锡中；二是在加完硫继续搅拌时补加锯木屑，使凝析出来的固体粒子吸附到锯木屑上变成炭渣，防止铁对加硫除铜的干扰，这样得到的硫渣实际上是硫渣和炭渣的混合物。

加硫除铜的技术指标如下：硫渣率 2% ~4%；锡直收率 97% ~99%；耗硫量为处理 1t 粗锡用硫 0.24kg；硫渣成分为：Sn55% ~ 65%，Cu10% ~ 22%，Fe0.5% ~ 2%，As1% ~2%，S3% ~6%，除铜效率大于 96%。

4.1.5 连续结晶机除铅、铋

粗锡中一般含有铅和铋。粗锡火法精炼除铅，国外在 20 世纪 70 年代前采用氯化法，即于 300℃ 下使 Pb 生成 $PbCl_2$ 除去。氯化法除铅，不但消耗大量的试剂，产出大量的浮渣，而且除铅效率低，劳动条件差，对含铅高于 5% 以上的粗锡用此法更不适宜。国外有些工厂加钙镁除铋，国内均不采用。

我国炼锡厂的粗锡历来含铅、铋均较高。因此一直采取了熔析、结晶法除铅、铋。

结晶放液法在生产中使用了 20 多年，也作过多次改进，但是结晶、放液是间断进行的，大量是手工操作，生产率低，劳动强度大，难以达到高质量锡的要求。如何使熔析结晶法连续化机械化，引起了国内外炼锡专家的广泛注意。

我国冶金工作者经过多年的研究试验，对结晶机的结构和温度的合理分布及自动控制均作了改进，取得了满意的效果，成为现今用于生产的电热连续结晶机。这一设备不仅在国内各个炼锡厂使用，而且已推广到美洲、亚洲、西欧等 10 多个炼锡厂，是我国炼锡工业的独特创造。

4.1.5.1 连续结晶——熔析除铅、铋的基本原理

从 Sn - Pb 二元系相图（见图 4 - 6）可见，在富锡端，设某一成分的合金，其成分为 C_0，当加热到 232℃ 以上而缓慢冷却产出固相（晶体）时，溶质金属铅在晶体中的浓度 C_1 与在未结晶的液相（液体）中的浓度 C_2 之比称为平衡分配系数，其方程式为：

$$K_0 = C_1/C_2 \tag{4-2}$$

若 $K_0 < 1$，表明铅在晶体中的浓度小于相应的液体中的浓度，则晶体得到提纯；若 $K_0 > 1$，表明液体得到提纯。为了求出 Sn - Pb 系富锡端溶质金属铅的平衡分配系数，可列出固相线 AB 和液相线 BC 的方程，以 y 表示温度（纵坐标），C_1 和 C_2 分别表示平衡晶体和液体的含铅量（横坐标），在假设固相线和液相线为近似直线时，其斜率分别为：18.84，1.280。

固相线方程：

$$y_1 = 232 - 18.84C_1 \tag{4-3}$$

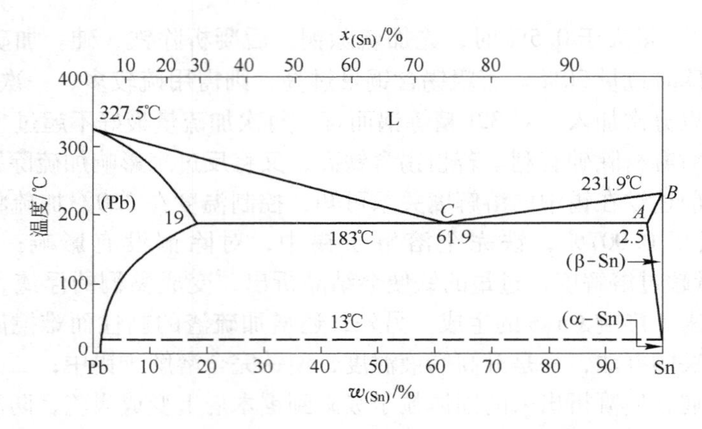

图 4－6　Sn－Pb 二元系相图

液相线方程：
$$y_2 = 232 - 1.280C_2 \tag{4-4}$$

两相达到平衡，温度相等，$y_1 = y_2$

则
$$232 - 1.280C_2 = 232 - 18.84C_1$$
$$K_0 = C_1 / C_2 = 1.28/18.84 = 0.068$$

由此看出，溶质金属铅的平衡分配系数小于 1，说明在晶体中的铅比在液体中的铅低得多，只要晶体和液体能够分离，晶体便能得到提纯。

要在一台设备内，达到连续结晶、熔析除铅的目的，首要的条件是在设备的两端，严格控制由锡、铅共晶熔点 183℃至精锡熔点 232℃之间的温度梯度；其次必须保证在 183～232℃之间连续结晶、熔析过程中晶体和液体的分离；此外，在连续进料的同时，必须达到进料和出料的平衡。在设备结构上，采用电加热控制所需的温度，采用槽体倾斜和螺旋搅拌提升的方法实现结晶、熔析过程中产出的晶体和液体的分离，满足除铅工艺的要求。

为了说明结晶、熔析除铅的具体过程，取 Sn－Pb 合金相图富锡端绘制成晶体和液体成分随温度变化关系示意图于图 4－7 中。任一时刻，任一成分的合金，在冷却时产生晶体，在螺旋器的作用下，逐渐向温度升高的区域移动；相反，残留的液体靠重力和结晶槽坡度向低温区回流。温度上升后，原有晶体和流体间的平衡关系受到破坏，而在新的温度条件下将建立新的平衡，在高温下熔析液体在低温下将发生结晶。熔析时将分别熔出 L_1，L_2，…，L_n 液体，晶体熔析的结晶使晶体本身锡的纯度逐渐升高，熔出的液体向低温回流，必然结晶出晶体 β_1，β_2，…，β_n 才能建立新的平衡。结晶的结果液体中锡的纯度降低。这些与晶体逆向运行的液体，不仅与下一级晶体进行热交换，同时也进行质交换。由此看出，由于电热连续结晶机内形成温度梯度和螺旋器的作用，而又重新不断建立晶体和液体之间新的平衡，这种晶体和液体间平衡的破坏和建立的对应统一，使得结晶、熔析过程连续进行。当晶体达到结晶机高温出料端时，产出含铅低于 0.04% 的产品锡，液体到达低温焊锡放出口时，得出含锡低于 67% 的锡、铅焊料合金。

从 Sn－Bi 系相图（见图 4－8）可见，在富锡端液体粗锡降温结晶出 α 相固溶体（晶体），含铋减少，而平衡的液体合金中含铋升高，故粗锡中的铋也和铅一样，一同进入焊锡。对于含铅高而含铋低的合金，采用结晶、熔析法除铅、除铋效果均好；而对于含铅低而含铋高的粗锡，采用结晶、熔析法除铅效果好，但除铋效果差。为了达到除铋效果，必

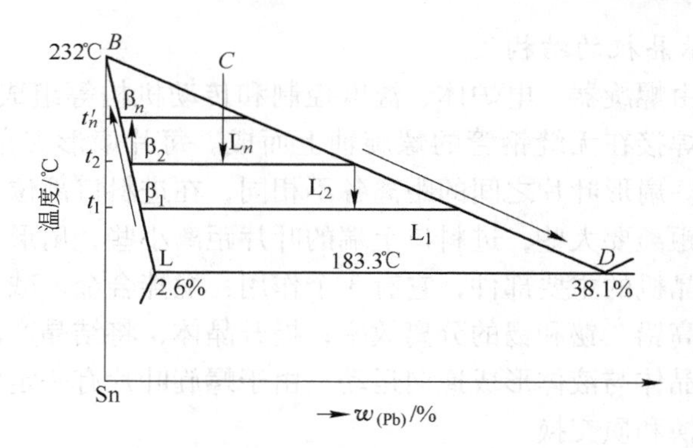

图4－7　晶体和液体成分随温度变化示意图

须加铅到粗锡中，再用连续结晶、熔析法处理。分析其原因：比较Sn－Pb（见图4－6）、Sn－Bi（见图4－8）、Bi－Pb（见图4－9）系状态图可知，都存在有限固液体，但前两个中间没有化合物，Bi－Pb系则有包晶化合物$BiPb_3$存在，因此，锡、铅、铋原子间相互结合的能力应该是Bi－Pb大于Sn－Bi和Sn－Pb，在含铋粗锡中配入适量比例的铅，铋被铅带入焊锡。

结晶、熔析法除了达到除铅、铋外，由于铟、银与锡均能形成低熔点共晶体，故还可将粗锡中的铟、银富集到焊锡中。

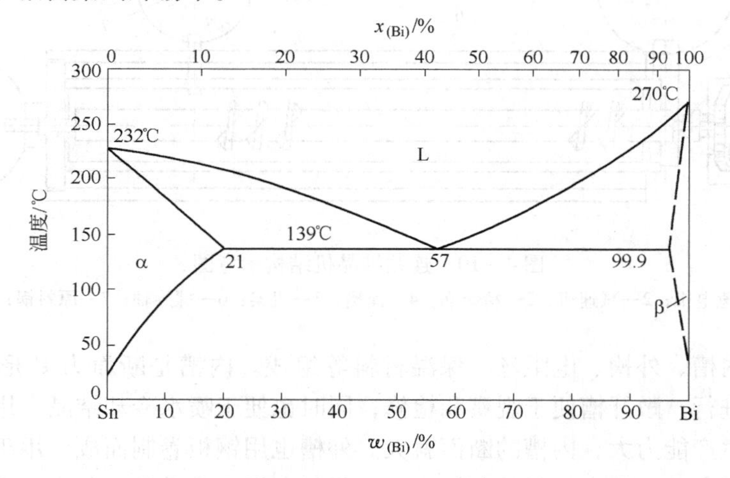

图4－8　Sn－Bi二元系相图

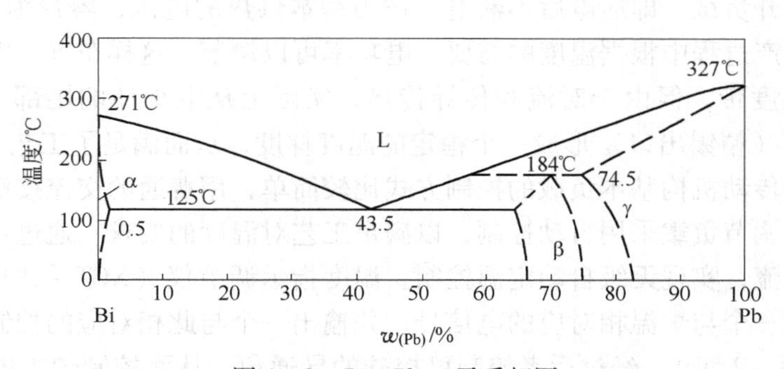

图4－9　Bi－Pb二元系相图

4.1.5.2　连续结晶机的结构

连续结晶机主要由螺旋器、电炉体、温度控制和传动机构等组成（见图4－10）。螺旋器由扇形叶片交错焊接在无缝钢管的螺旋轴上而成。每片扇形夹角120°，三片绕轴一周，焊接在螺旋轴上。扇形叶片之间的距离各不相同，在进料口部位，冷却结晶产出的量大，扇形叶片之间的距离要大些，进料口上端的叶片距离小些，扇形叶片还与轴向成一定的交角。螺旋器是结晶机的主要部件，它有3个作用：搅拌合金，减少扩散层厚度，加速热交换和质交换，提高铅、铋和锡的分离效率；提升晶体，将结晶产出的晶体不断地向温度高的方向提升，使晶体与液体形成逆向运动；由于螺旋叶片有一定的后倾角，可把晶体压入液体，进行热交换和质交换。

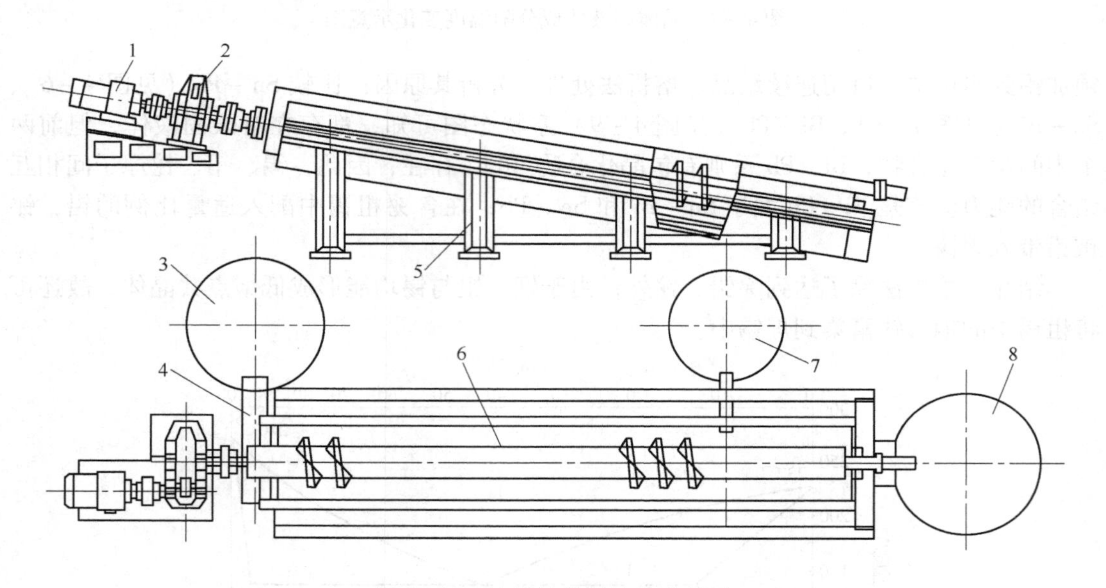

图4－10　连续结晶机结构示意图

1—电磁调速电机；2—减速机；3—精锡锅；4—溜槽；5—机架；6—螺旋轴；7—原料锅；8—焊锡锅

电炉体由内槽、外槽、电阻丝、保温材料等组成。内槽是断面为U形的敞开槽，整个精炼在内槽进行。敞开槽便于观察和检修，同时也便于喷水冷却结晶，用12mm厚的钢板卷制而成，生产能力大，内槽的断面就大。外槽也用钢板卷制而成，用于承受保温和耐火材料，电阻丝安放在耐火材料的刻槽内。电阻丝布置十分重要，分为固定常开负载和调节负载。固定常开负载，即通电后不断电，作为基本供热的电源，容量为25～35kW。调节负载，即在生产过程中根据温度的需要，电功率可以调节。这样布置，宏观上将电炉体分为多个不同温度带，但由于对流和传导传热，实际上从电炉体的尾部（焊锡排放口）到电炉体的端部（精锡出口）形成一个稳定的温度梯度，从而满足了工艺要求。

控温装置和传动机构基本负载的控制方式比较简单，用普通的交流接触器实现接通和断开电源即可。调节负载采用自动控制，以满足工艺对温度的要求。通过可控硅自动调节被控电阻丝的电流，实现无级自动定温控制。温度指示调节仪（XCT－191型）从装于炉内的热电偶得到一个与炉温相对应的电信号，并输出一个与此相对应的控制信号至可控硅电压调节器（ZK－1型），经过后者控制可控硅的导通角，从而控制炉内电阻丝电流的大小，达到自动定温控制的目的。

生产工艺要求连续结晶机的螺旋轴平滑调速，通过调节电机的转速以满足要求。采用电磁调速异步电动机作为连续结晶机的拖动电机。电磁调速电机减速后，经三级齿轮行星减速器与圆锥齿合后，实现螺旋的传动。

4.1.5.3 连续结晶机除铅、铋的实践

连续结晶机开机操作简单。将电炉体各段所需温度定位后，供电系统合闸，起动螺旋器运转，2h 后打开粗锡锅的进料阀门开始进料；料量达到 3 ~4t，即被精炼的锡料淹过进料口螺旋轴后，在进料口到焊锡排料口之间开始均匀喷水，使内槽中的液体粗锡开始冷却结晶，以便迅速在槽内建立起所要求的温度梯度和浓度梯度，作业正常运转。常把进料口到焊锡放出口之间称为结晶段。这并不是说这一段只进行结晶，事实上在内槽中的任何断面上，任何一瞬间都在同时进行结晶和熔析过程。喷水量的大小以不产生结块为宜，避免损坏螺旋叶片。当结晶段焊锡较多时，开启焊锡开关放出焊锡。为保证锡质量，要多次少放，直到槽头产出合格的精锡，内槽形成稳定的浓度梯度，并相应产出精锡和焊锡，转为正常操作。

停机时先停止进料和停止喷水，到槽内的精锡端和焊锡端的产品不合格后，升温使内槽锡料熔化，由焊锡口放出。然后用高温液锡将黏结在内槽边壁与槽底、螺旋叶片和螺旋轴上的氧化渣和锡料清理干净，使之全部熔化，由焊锡口放出。因停电而引起停机，需停止进料，若停电时间短，锡料不会结块，降低螺旋器转速，仍可放焊锡和产出精锡。若停电时间长，要将槽内锡料由焊锡口放出。

在生产中曾进行过温度、螺旋器转速及结晶机坡度对精锡与焊锡的质量和产量的影响试验，现分述如下。

A 电炉体的温度控制

温度是影响结晶机精锡、焊锡质量的主要因素。如前所述，电炉体分为多个温度段，当被精炼的粗锡进入结晶段后，受到喷水冷却，使粗锡液由 230℃ 迅速降为 190℃ 以下，产出含铅低的晶体和含铅高的液体。由于密度的差异，液体沉于内槽底，由焊锡口放出。晶体被螺旋器推至高温区熔析。可见排放焊锡是产精锡的先决条件，同时，产精锡也有利于进一步产焊锡，产焊锡和产精锡要相互配合。喷水冷却是很重要的，生产实践指出，喷水量过小，结晶段温度高，当熔体温度超过 190℃ 时，焊锡含锡在 67% 以上；喷水量过大，体系的过冷度大，大块晶体移动受到阻碍，影响结晶进行，产出的精锡含铅、铋高，不合格。实践中控制喷水量为进料量的 2% 左右。

结晶段产出晶体，由螺旋器输送至熔析段（即进料口到精锡排出口），连续熔析、结晶除铅、铋。晶体含铅随温度的变化可用前述的固相方程式 4 -3 和液相方程式 4 -4 近似计算得出平衡值，生产实践中也进行了测定，晶体、液体含铅量与温度的关系列于表 4 -9 中。

从表 4 -9 看出，晶体含铅量与液体含铅量随温度升高而降低，同时两者含量之比有定量关系。若槽头在 231℃ 以上，则晶体含铅量可低于 0.04%，含铋量低于 0.015%，符合锡产品质量要求。由于连续结晶机温度控制稳定，因此产出精锡含铅、铋低且稳定。

连续结晶机除铅、铋是一个连续过程，结晶、熔析在内槽中任何一个横断面上是一个微变的连续的过程。很显然，结晶速度是影响生产率的重要因素。晶核形成及晶体成长速

表 4-9　晶体、液体含铅量与温度的关系

名　称		温度/℃						
		186	217	222	224	226	228	231
计算值	液体含铅量/%	35.94	11.72	7.81	6.25	4.68	3.13	0.78
	晶体含铅量/%	2.44	0.79	0.53	0.42	0.32	0.21	0.053
实测值	液体含铅量/%	25.68	11.10	8.03	7.64	5.89	4.18	1.12
	晶体含铅量/%	17.39	1.67	1.67	0.63	0.48	0.27	0.57

度与过冷度有关。晶核形成速度及晶体长大速度大于晶体成长速度，结晶的晶粒较细；过冷度小，晶核形成速度小于晶体长大速度，结晶的晶粒较粗大。粗大的晶粒有利于螺旋器推向高温区，液体回流到低温区，有利于液－固分离；晶粒太大与高温区的液体难于建立平衡，即粗晶融入液体后又析出纯度更高的晶体，但当它被推到更高的温度时会重新建立平衡。细的晶粒难于液－固分离，将有一部分细晶粒被液体带入低温区，并在低温区继续长大后被螺旋器推到高温区，重新建立平衡；细晶粒一旦被推到高温区，它容易重新析出更纯的晶体。因此，在结晶机槽内任一断面，过冷度没有必要控制，关键是严格控制温度梯度，使温度由183℃逐渐递增至232℃，在整个结晶机槽内结晶和熔析的过冷度与过热度将自行调节。由于不同成分的锡、铅、铋合金熔点不同，进料温度和焊锡出口温度也不同，结晶机的温度梯度将有一些变化。

B　螺旋器的转速

在温度、进料量不变的情况下，螺旋器转速是调整产品质量和产量的重要因素。由于螺旋叶片与螺旋轴呈一定的交角，能将液体中生成的晶体推向内槽的高温端，达到晶、液分离。螺旋叶片又有一定的后倾角，又可将晶体压入液体，使槽内各部分晶体与液体受热均匀，加速两相的热交换和质交换，因此，螺旋器把连续结晶和连续熔析过程统一在一个设备中，并及时交换两个过程的半成品。显然在内槽长度不变时，螺旋器转速决定了物料在炉内停留的时间。转速快，停留时间短，精锡产量高，但质量低。不同转速时内槽中各点晶体的含锡成分列于表 4-10。从表中数据看出，由于转速不同，同一个点取出的晶体含锡成分不同。

表 4-10　不同转速时内槽中各点晶体的含锡成分

转速/r·min^{-1}	内槽中取样点距焊锡放出口的距离/m					
	0.5	1.5	2	3	4	5
	不同转速各取样点晶体的含锡量/%					
1	68.84	89.16	96.52	98.86	99.24	99.34
0.66	71.31	91.25	97.43	98.57	99.45	99.89
0.5	80.42	92.95	97.54	99.02	99.70	99.91

C　回流的影响

从分配系数的计算可看出，在同一温度下，固、液两相达到平衡时，液体含铅量比晶体含铅量高得多。移去含铅高的液体，并使含锡高的晶体与新来的液体再接触进行传质交换，因此，液体回流成为必须。回流的大小会影响精锡、焊锡的质量，也影响产量。控制

回流的主要方法取决于设备结构。结晶机要有一定的坡度（内槽与水平面成一定的交角），螺旋器的叶片和内槽要有一定的间隙。回流大，对晶体、液体分离有利，但由于有大量液体回流，会使晶体与空气接触发生氧化，产渣率增大，锡的直收率降低；同时大量的高温液体回流，使得结晶段温度升高，得不到合格的焊锡。回流过小，晶体与液体分离效果差，晶体易被液体中的铅污染，不能产出合格的精锡。坡度和间隙对产品质量和产量的影响列于表 4 – 11 中。

表 4 – 11　坡度和间隙对产品质量、产量的影响

坡度/（°）	间隙/mm	精锡/%			焊锡/%		
		产量/t · 班$^{-1}$	Sn	Pb	产量/t · 班$^{-1}$	Sn	Pb
6	35	2.8	99.50	0.031	2.8	67.57	32.0
6	35	2.7	99.52	0.029	2.7	67.83	31.8
5	15	4.4	99.48	0.06	5.4	66.75	32.56
5	15	4.4	99.46	0.064	5.4	66.84	32.92
5	10	4.2	99.46	0.068	5.5	66.31	33.42
5	10	4.5	99.56	0.056	5.8	66.25	33.34

连续结晶机除铅、铋的技术经济指标与过去长期在生产中使用的结晶放液锅除铅、铋的指标比较列于表 4 – 12 中。

表 4 – 12　连续结晶机和结晶放液锅技术经济指标比较

名　　称	结晶放液锅除铅、铋	连续结晶机
锡直收率/%	92	98
产渣率/%	7 ~ 8	2.5 ~ 2.7
除铅效率/%	结晶放液一次，30 ~ 35	99 ~ 99.5
生产率	日处理 80t 粗锡，放大小锅 32 台	30t/（台 · d）
每吨粗锡燃料消耗	100 ~ 120kg	38.1kW · h
金属损失/%	0.4 ~ 0.5	0.15 ~ 0.2

4.1.6　加铝除砷、锑

4.1.6.1　加铝除砷、锑的基本原理

粗锡经过凝析除砷、铁后，虽然大部分砷已除去，但锡中含砷仍有 0.15% 左右。使用凝析法处理粗锡时，含锑量没有明显的变化，仍达不到精锡标准，有待进一步除去。目前国内外炼锡厂仍普遍采用加铝除砷、锑。

加铝除砷、锑原理是利用铝和砷、锑生成高熔点化合物，其密度小于锡，能从锡液中结晶析出。As – Al 二元系状态见图 4 – 11，Al – Sb 二元系状态见图 4 – 12。从图可以看出，铝和砷生成 AlAs，其熔点为 1740℃，铝和锑生成 AlSb，其熔点约为 1081℃。这两种化合物的成分按化学式计量（质量比），As∶Al≈1∶0.36，Sb∶Al = 1∶0.22，在生产实践中，加铝除砷，1kg 砷加 0.36kg 铝，可以达到预期的结果，而除去 1kg 锑需加 1kg 铝。生产上遇

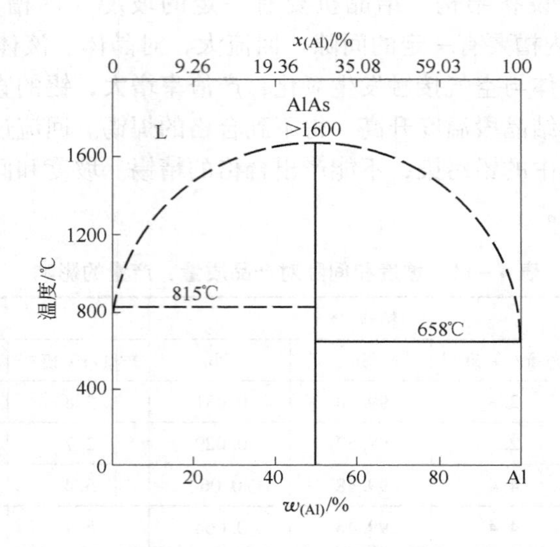

图 4-11　As-Al 二元系相图

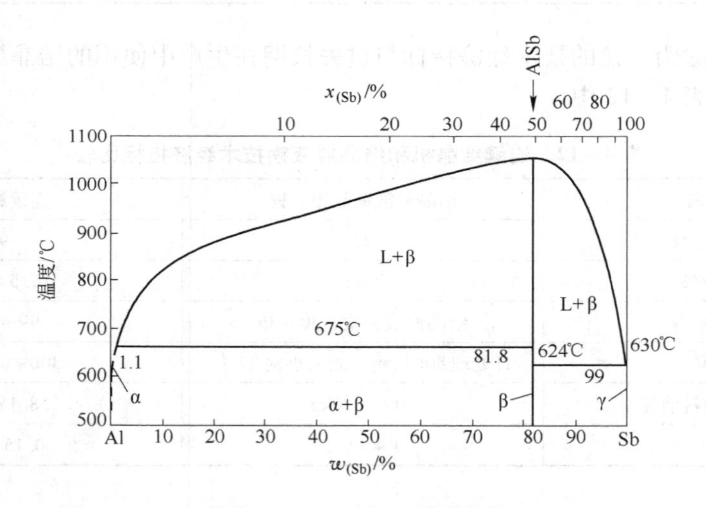

图 4-12　Al-Sb 二元系相图

到砷、锑要同时除去时，为了计算上的方便，可计算为：(As + Sb)：Al = (1 ~ 1.5)：1。

加铝除砷、锑在火法精炼流程中可以在结晶、熔析除铅、铋之前或在其后进行，但对除砷、锑的效果相同。对生产实践来讲各有利弊，前者的优点是砷、锑脱除达到标准后，在连续结晶机除铅铋时，内槽中的晶体硬度和黏度较小，可减轻螺旋器的负荷，晶体和液体的分离条件得到改善，有利于除铅、铋。同时在加铝除砷、锑后，如果操作不仔细，残留下来的铝也会在结晶机内槽中继续氧化造渣而除去。缺点是，要求除锑的程度低于标准含量，否则结晶提纯时，锑会在结晶体中富集，可能使含锑合格的锡在结晶处理后反而不合格。加铝除砷、锑放在结晶、熔析除铅、铋之后的优点是加铝除锑只需达到精锡标准即可。

4.1.6.2 加铝除砷、锑的实践

加铝除锑和加铝除砷的操作技术条件有所不同，加铝除锑的技术条件对除砷有同样的效果，但加铝除砷的技术条件对除锑没有明显作用，现分述如下。

A 加铝除锑

将需要除锑的锡升温到 380～400℃。根据 Sb∶Al＝1∶1 计算用铝量。铝先加工成铝粒或厚 1～2mm，宽 10～20mm，长小于 50mm 的薄片，搅拌锡液产生旋涡，铝片投入旋涡，投入量应不影响旋涡的正常存在，铝片很快融入锡液便和锑化合成 AlSb。铝加完后，继续搅拌 20～30min 待作业完成，然后按精炼锅外围水套降温规程进行降温，若生产 99.95 锡（Sn 99.95%），需降温到 235～260℃，使高熔点的 AlSb 冷凝析出。接着开始加 NH_4Cl，使铝渣疏松多孔，降低铝渣含锡，且继续搅拌，当渣子变成黑色粉渣时，便开始捞渣。

根据 Sn－Al 二元系状态见图 4－13 可知，Sn－Al 合金有一个低熔共晶点，共晶温度为 228.3℃，共晶成分含 Al 0.5%。因此，除锑后熔于锡中的剩余铝需要除去，有两种方法：第一种为空气氧化法，将锡升温到 300℃以上，强烈搅拌锡液，增加空气与锡液中的铝接触，使铝氧化造渣，同时加入锯木屑以促进捞渣，观察锡液表面的颜色，由灰白逐渐变红，最后恢复到锡的本色和光泽为止；第二种方法是加 NH_4Cl 除去剩余的铝，其反应为：

$$4Al + 12NH_4Cl + 3O_2 = 4AlCl_3 + 6H_2O + 12NH_3 \qquad (4-5)$$

温度控制在 300～310℃，搅拌，加入 NH_4Cl，每吨锡加 1.8～2.5kg，此时渣子很稀，不便捞渣。每吨锡再加入 0.5～0.8kg 煤粉或 0.15～0.2kgNa_2CO_3，使渣变稠后捞去。可多次除剩余铝，直到含铝量降到 0.002% 以下为止。

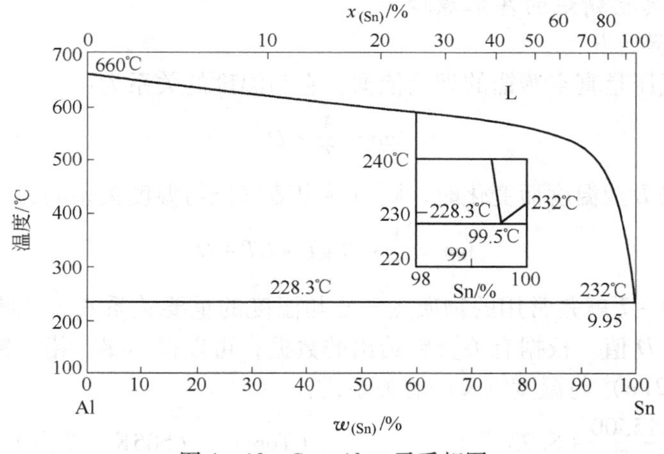

图 4－13 Sn－Al 二元系相图

B 加铝除砷

加铝除砷的操作温度、加铝量和造渣与加铝除锑有所不同。将锡液温度升到 280～320℃后，根据 As∶Al＝3∶1 计算用铝量，加铝操作和除锑相同，铝加完后继续搅拌15～20min。接着加锯木屑搅渣和除剩余铝，两者同时进行，至铝渣搅散成粉末状，剩余铝也除去了。经过这样的处理，质量可达到 Sn99.90 的标准。

C 加铝除砷、锑

生产精锡时都必须加铝除去砷、锑。但可采用上述方法分段处理，也可将砷、锑同时

除去，这完全取决于加铝数量。对容量 30 ~ 34t 的精炼锅，一次加入的铝量如果超过 60kg，在造渣阶段因渣量多将无法处理浮渣，因此只好分段加铝除砷和加铝除锑，而对于加铝量少于 60kg 者则可同时进行除砷、锑的作业。

加铝量的计算根据砷和锑的含量不同有所区别，对于（As + Sb）质量分数小于 0.2% 的锡液，取（As + Sb）: Al = 1∶1；对于（As + Sb）质量分数大于 0.2% 的锡液，取（As + Sb）: Al = 1.5∶1。

加铝法除砷、锑的缺点是，产出的砷铝渣的毒性大，在处理时容易产生 AsH_3 有害气体。因此，许多研究者在探寻新的反应剂，如锰（锰合金）与铬等，但是加这些新反应剂虽能除砷，而锡的直收率太低，所以至今尚未在工业上应用。

4.1.7　锡的真空精炼

前面已经论述了常压下采用火法精炼途径除去粗锡中的各种杂质。常压下的火法精炼有许多优点，但也存在一些问题，例如金属易于氧化产生大量的浮渣，这些渣子成分复杂，必须分别加以处理，增加了作业过程，降低了锡的直收率，而且在常压下操作，金属挥发进入烟尘造成飞扬损失，污染了作业环境，特别是有些杂质元素的氧化物具有毒性，对操作者造成危害。真空冶金是在密闭的容器中进行，因此能克服一般火法精炼这一缺点。真空精炼最初用于粗铅精炼脱锌，澳大利亚皮里港炼铅厂用于在沉降薄膜反应器中脱铅，及用佩马办亚法从粗铅脱银所产生的锌壳中回收锌均取得了好的效果。

我国着重研究了焊锡的真空蒸馏脱铅、铋，于 1977 年研究成功，20 世纪 80 年代在各个炼锡厂推广使用，并取得了很好的指标，推动了我国锡精炼技术的发展。

4.1.7.1　锡真空精炼的基本原理

A　纯金属的蒸气压

纯金属的蒸气压是真空蒸馏的理论依据，它与温度的关系为：

$$\lg p = \frac{A}{T} + D \tag{4-6}$$

如果蒸发潜热 L 随温度而变化时，则可导出蒸气压与温度关系的另一公式：

$$\lg p = \frac{A}{T} + B\lg T + CT + D \tag{4-7}$$

式 4-6、式 4-7 就是常用的物质蒸气压与温度的重要关系式。一些手册中给出各种物质的 A，B，C，D 值。根据有关资料给出的数据，可以得出锡、铅、铋、砷、锑的蒸气压（1Torr = 133.32Pa）与温度（K）的关系式：

$$\lg p^{\ominus}_{Sn} = -\frac{15500}{T} + 8.23 \quad (\text{Torr}) \quad (505\text{K} \sim 沸点) \tag{4-8}$$

$$\lg p^{\ominus}_{Pb} = -\frac{10130}{T} - 0.985\lg T + 11.16 \quad (\text{Torr}) \quad (熔点 \sim 沸点) \tag{4-9}$$

$$\lg p^{\ominus}_{Bi} = -\frac{10400}{T} - 12.61\lg T + 12.35 \quad (\text{Torr}) \quad (熔点 \sim 沸点) \tag{4-10}$$

$$\lg p^{\ominus}_{As_2} = -\frac{10700}{T} - 3.021\lg T + 18.1 \quad (\text{Torr}) \quad (熔点 \sim 沸点) \tag{4-11}$$

$$\lg p^{\ominus}_{Sb_2} = \frac{6500}{T} + 6.67 \quad (\text{Torr}) \quad (熔点 \sim 沸点) \tag{4-12}$$

$$\lg p^{\ominus}_{As(s)} = -\frac{6160}{T} + 9.82 \qquad (Torr) \qquad (600 \sim 900K) \qquad (4-13)$$

锡、铅、铋、砷、锑纯物质的蒸气压与温度的关系见表4－13。锡、铅是以原子形态挥发，铋在高温下也主要以原子形态挥发。高温下粗锡中（视为稀溶液）锑和砷主要以原子形态挥发。

表4－13　锡、铅、铋、砷、锑的蒸气压随温度变化

元素	蒸气压/Pa							熔点/K
	1.33×10^{-4}	1.33×10^{-3}	1.33×10^{-2}	1.33×10^{-1}	1.33	13.3	133	
	温度/K							
Sn	1096	1179	1275	1387	1521	1685	1890	505
Pb	708	762	827	903	995	1110	1250	600.3
ΣBi	569	600	638	688	760	887	1040	544.3
Bi_2	660	709	768	837	922	1027	1161	—
Bi	624	671	726	790	868	963	1083	—
ΣSb	617	656	700	749	806	873	1004	903.5
Sb_4	617	656	700	749	806	873	1024	—
Sb_2	717	763	816	877	958	1063	1198	—
Sb	870	933	1008	1097	1204	1334	1498	—
As_4	420	445	474	507	546	590	644	1090
As_2	513	649	686	722	758	793	827	—
As	881	937	1012	1110	1246	1410	1696	—

从表4－13中可看出，锡、铅、铋、砷、锑的蒸气压相差很大。表明铅、铋、砷、锑可以与锡分离。但是锡的真空精炼是在复杂的合金中进行的。要进一步研究合金组元间的相互作用对蒸气压的影响，才能得出更切合实际的结论。

B　合金组元 i 的蒸气压 p_i

合金组元 i 的蒸气压 p_i 和纯金属 i 的蒸气压 $p_i^{\ominus}$ 是不一样的，合金中组元 i 的蒸气压为：

$$p_i = a_i p_i^{\ominus} = \gamma_i x_i p_i^{\ominus}$$

式中，a_i 为合金组元 i 的活度；γ_i 为活度系数；x_i 为摩尔分数；$p_i^{\ominus}$ 为纯物质 i 的饱和蒸气压。

合金中各组元的活度系数有三种情况：

$\gamma_i^{\ominus}=1$ 的情况，即所谓理想溶液。上式可写成：$p_i = x_i p_i^{\ominus}$

在二元或多元合金中完全符合这种情况的很少，接近理想溶液的合金也不多。

$\gamma_i^{\ominus}>1$ 的情况，对理想溶液产生正偏差。正偏差 $\gamma_i>1$ 而有：$p_i > x_i p_i^{\ominus}$

正偏差体系中组元的实际蒸气压 p_i 大于 $x_i p_i^{\ominus}$，对于组元 i 蒸馏有利。

$\gamma_i<1$ 的情况为负偏差。这类合金组元分子之间有较强的相互作用力，生成各种稳定的化合物。则：$p_i < x_i p_i^{\ominus}$。

实际的合金多为负偏差。这样就影响合金组元的蒸气压。

C　分离系数 β

前面叙述了纯物质的蒸气压及合金中各组元的蒸气压，并用以说明各元素的挥发性能。但是由于合金组元的分子量不同，即使是合金组元的实际蒸气压相同时，气体中各组元的质量也会有差别，因此，气体中的某组元 i 的含量，用蒸气密度 ρ_i 表示：

$$\rho_i = M_i p_i / (RT) \tag{4-14}$$

式中，ρ_i 为单位体积内合金组元 i 气体的质量，与其蒸气相对分子质量 M_i、实际蒸气压 p_i、气体的温度 T 有关，R 为气体常数，因 $p_i = \gamma_i x_i p_i^{\ominus}$

于是有：

$$\rho_i = \gamma_i x_i M_i p_i^{\ominus} / (RT)$$

对于 A－B 二元合金，其气体中组元 A 和组元 B 的蒸气密度之比，即为：

$$\rho_A / \rho_B = (\gamma_A x_A M_A p^{\ominus} A) / (\gamma_B x_B M_B p_B^{\ominus})$$

合金中组元 A 和 B 的含量分别为 $a\%$ 和 $b\%$。换算为摩尔分数 x_A 和 x_B：

$$x_A = aM_B / (aM_B + bM_A)$$

$$x_B = bM_A / (aM_B + bM_A)$$

二者的比值为：

$$x_A / x_B = (aM_B) / (bM_A)$$

当气相和液相中分子结构相同时，代入前面式子，得：

$$\rho_A / \rho_B = (a/b) \times (\gamma_A / \gamma_B) \times (p_A^{\ominus} / p_B^{\ominus})$$

令

$$\beta = (\gamma_A / \gamma_B) \times (p_A^{\ominus} / p_B^{\ominus})$$

则

$$\rho_A / \rho_B = \beta \times (a/b)$$

此式表明二元合金的两个组元 A 和 B 在气相中的含量比与两个组元在液相中的含量比成正比。其比例常数 β 值为任意一个二元系能否用蒸馏法把他们分开的判断依据。β 值有 3 种情况：

$\beta > 1$ 则上式成为：$\rho_A / \rho_B > a/b$

说明组元 A 在气相中的含量大于其在液相中的含量，蒸馏时 A 在气相中富集，组元 B 在液相中的浓度提高，可以用真空蒸馏把 A 挥发到气相中。

$\beta < 1$ 则上式成为：$\rho_A / \rho_B < a/b$

此时，组元 A 较多地集中在液相，组元 B 富集于气相，这类合金也可用真空蒸馏分离。

$\beta = 1$ 则得到：$\rho_A / \rho_B = a/b$

气相和液相的成分相等，不能用真空蒸馏法分开 A 和 B。

可见对任意一种二元合金 A－B，都可用它们的 β 值来判断能否用真空蒸馏法来分离，“β” 称为分离系数。由 β 的定义式可见，分离系数 β 的大小决定于 A－B 二元系中组元 A 和 B 的本性以及它们在熔体中的浓度和温度。当 $\beta \gg 1$ 或 $\beta \ll 1$ 时，则组元 A 和 B 的分离效果好而彻底。当 $\gamma_A / \gamma_B \to 1$ 或 γ_A 与 γ_B 相差不大时，β 值主要决定于纯物质 A 和 B 挥发能力差别的大小；反之当 $p_A^{\ominus}$ 和 $p_B^{\ominus}$ 差别不大时，β 值的大小主要取决于 γ_A 和 γ_B 差别的大小。

Sn－i 二元系富锡端（极稀液）各种杂质的活度系数 γ_i 和 β 值列于表 4－14 中。表中数据说明，$\beta_i \gg 1$ 的元素有铅、铋、锑、铟、砷和银，在真空炉蒸馏的过程中它们富集于气相中，$\beta_i \ll 1$ 的元素有铁、铜、金三种元素，富集到液相中。实际生产中的结果与上述理论推导是相符合的。

表 4－14 在1000℃下 Sn－i 系富锡端的 γ_i 和 β_i

组元 i	Pb	Sb	Bi	In	Ag	Fe	Cu	Au	As
$p^{\ominus}/p^{\ominus}_{Sn}$	3.3×10^4	1.42×10^5	1.4×10^4	2.3×10^2	6.2×10	2.23×10^{-2}	9.3×10^{-2}	4.85×10^{-2}	8.53×10^{-1}
γ_i	2.195	0.411	1.356	1.241	0.187	6.65	0.317	0.0052	1.47×10^{-5}
β_i	7.23×10^4	3.84×10^4	1.898×10^4	3.85×10^2	1.16×10	1.48×10^{-2}	2.95×10^{-2}	2.522×10^{-4}	1.259×10^{-3}

D 锡真空精炼过程的蒸发速度

用真空精炼从粗锡合金中蒸发分离杂质组元的机理大致可分为五步：蒸发组元在合金主熔体中的扩散；蒸发组元在靠熔体一侧边界层中的扩散；蒸发组元在合金熔体自由表面蒸发 $[i]=i_{(g)}$；$i_{(g)}$ 在靠气相一侧的边界中的扩散；$i_{(g)}$ 在气相中的扩散。

因杂质组元 i 的蒸发在熔体边界层内会引起温度降，通常由于液态锡合金的导热性良好以及由于温差而引起的自然对流而减小，因此，熔体内的传热和扩散不是整个蒸发过程的限制环节。由于冷凝温度低，冷凝过程也可被排除在限制性环节之外。组元 $i_{(g)}$ 在气相中由于扩散系数 $D_{气}$ 较大，加之真空中残余气体和未冷凝蒸气都很少，显然气相中的扩散阻碍是小的。剩下可能的限制性环节为：液－气转变蒸发环节和 i 组元在熔体一侧边界层内的扩散环节。

影响扩散速度的因素有浓度差、温度、熔体流动状态、熔池深度、自由表面积的大小等：

（1）浓度差的影响：合金中组元浓度与扩散界面上浓度差值大，扩散的推动力大，扩散速度增大。在蒸发过程中，随着蒸发的进行，合金中组元浓度越来越小，其差值也越小，扩散将变得越加困难，总蒸发过程速度越来越小。

（2）温度的影响：温度对扩散速度的影响是通过对扩散系数实现的，即扩散系数随温度升高而增大。一般来讲温度对合金液体中组元的扩散影响并不大。

（3）合金熔体的流动状态即搅拌情况的影响：合金搅拌激烈，流速加快则可大大降低有效边界层的厚度，增大浓度梯度，从而提高传质速度常数，有利于提高过程总速度。

（4）自由表面的影响：对一定重量或体积的合金而言，比表面积增大，将加快扩散传质过程。因此，采用多级塔盘和浅熔池蒸发设备，有利于挥发元素的挥发。

（5）真空中合金组元在合金熔体表面自由蒸发及气相中的迁移：当合金熔体中组元的扩散速度很大时，扩散不是限制环节，则自由表面的蒸发和气相中的迁移可能是限制性环节。

某些与粗锡有关的元素的纯物质蒸发速度与温度的关系见表 4－15。

合金熔体中蒸发组元的浓度改变速度与自由表面上的浓度成正比，即自由表面浓度越高，自由蒸发速度越快。自由蒸发速度主要受温度和合金熔体比表面积的影响。通常温度升高 200℃，自由蒸发速度常数约增大 1 个数量级，说明温度对自由蒸发速度的影响很大。蒸发盘数量增加，熔体流动和清洁的液面都能增大熔体的比表面积，从而增大自由蒸发速度常数。

表 4-15　某些与粗锡有关的元素的纯物质蒸发速度与温度的关系

元　素	相对原子质量	蒸发速度/kg·(cm²·s)⁻¹			
		$W_{[i]}=10^{-4}$	$W_{[i]}=10^{-3}$	$W_{[i]}=10^{-2}$	$W_{[i]}=10^{-1}$
		温度/K			
Sn	118.7	1270	1410	1600	1830
Pb	207.2	855	950	1050	1180
Bi	209.0	835	915	1020	1140
Ag	107.9	1170	1300	1410	1580
Fe	55.85	1580	1710	1870	2060
Cu	63.54	1400	1530	1690	1880
Au	197.0	1550	1700	1890	2100

从蒸发表面自由蒸发出来的蒸气向空间扩散时，势必受到真空条件下残余气体的影响，残余气体较多时，金属蒸气分子与残余气体分子相碰撞，一部分蒸气分子将会回凝到合金熔体，从而降低了净蒸发速度。

提高真空度减少残余气体压力、降低冷凝表面温度减少未冷凝的蒸气压，有利于提高蒸发速度。真空度提高，蒸发速度明显增加，当真空度提高到一定程度时，再继续提高真空度，其蒸发速度不再升高，此转折点的压强称为临界压强。

由于临界压强的存在，就为选择恰当的真空度进行真空蒸发提供了依据。

卡默尔等人得到的 Sn-Pb 合金蒸发铅的临界压强与温度的关系式为：

$$\lg p_{临} = -4396.6/T + 2.08 \quad (真空度\ 133\text{Pa}) \tag{4-15}$$

按式 4-15 计算的临界压强与生产实际中控制的真空度是一致的。

粗锡真空精炼时锡中杂质含量随时间的变化以及与温度的关系见图 4-14。

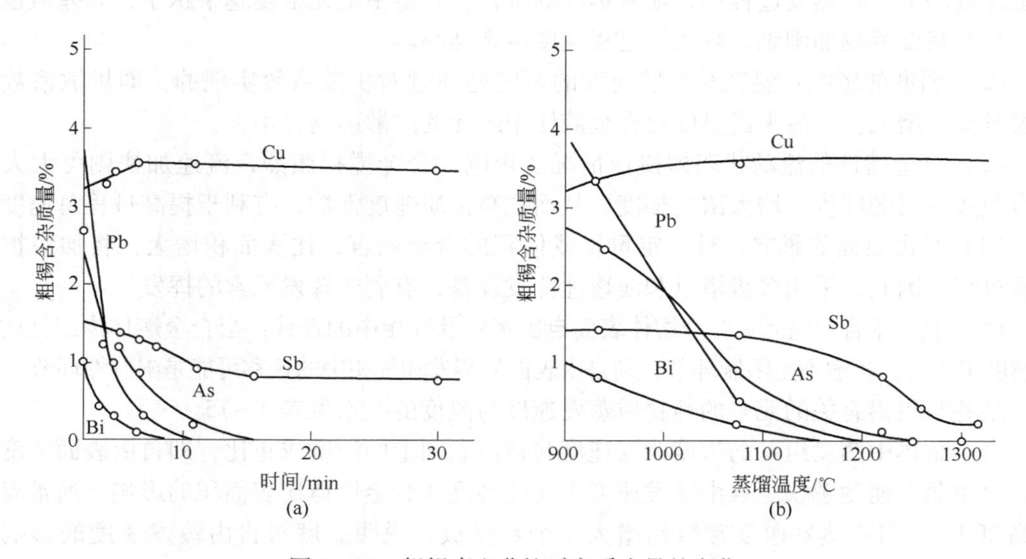

图 4-14　粗锡真空蒸馏时杂质含量的变化

(a) 杂质含量与蒸馏时间的关系，1200℃，1.33Pa；(b) 杂质含量与蒸馏温度的关系，15min，1.33Pa

4.1.7.2　锡真空精炼的实践

现今各国炼锡厂使用的真空炉，从结构上分主要有两种：一种是俄罗斯新西伯利亚炼锡厂的立式多级塔盘式真空炉；另一种是英国苏格兰真空工程公司研制的卧式真空炉，即伯格索－赖德拉克工程炉子。从加热方式上看，有石墨电阻加热型、感应加热型真空炉。昆明理工大学与云南锡业公司等单位研制的真空炉属于第一种类型。

A　真空炉的结构

我国研制的内热式多级连续蒸馏真空炉的设备系统示意图见图4－15。真空炉整个系统由炉体、蒸馏系统、电器加热、真空系统等组成。

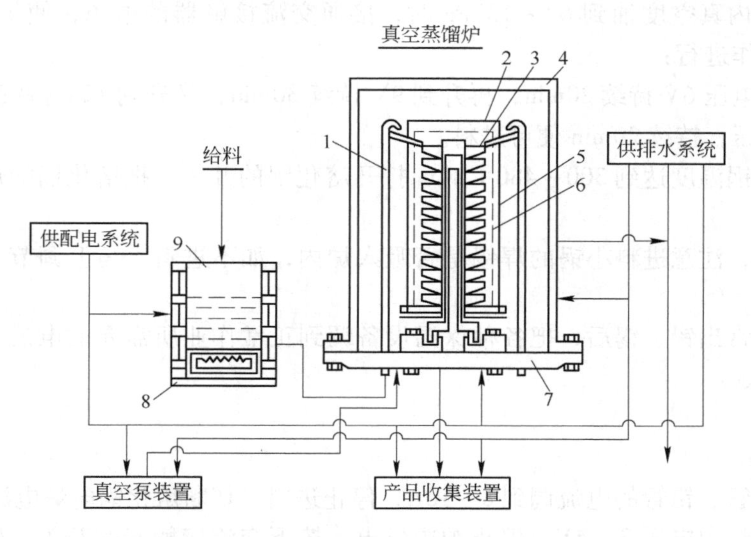

图4－15　蒸馏真空炉设备系统示意图

1—进料管；2—电柱；3—蒸馏盘；4—水冷炉壳；5—外冷凝器；
6—内冷凝器；7—水冷炉底板；8—熔料加热板；9—熔化锅

炉体包括炉壳、炉底、导电金属电极等。炉壳用普通钢板或不锈钢板制作成夹套，通水冷却。导电金属电极穿过炉底并固定在炉底上。

蒸馏系统由发热电柱、石墨蒸馏盘、石墨冷却器、石墨集液盘及进料、排铅、排锡管和上述管子的熔融金属液封锅组成。发热电柱为三相星形连接，位于炉体中心，设计时电柱断面电流密度按 $D_k = 1.25\text{A/mm}^2$，表面功率 $W = 40\text{W/cm}^2$ 计算，能满足焊锡蒸馏脱铅、铋温度，也能保持电柱使用寿命。蒸馏盘为多级，每盘重叠。为了有利于杂质元素的蒸馏，蒸馏盘内的合金深度最好不要超过20mm。冷凝器置于蒸馏盘外，为了使蒸馏的金属分子的平均自由程能大于蒸发面与冷凝面的距离，故冷凝器与蒸馏盘的距离很近。铅、铋、砷、锑等由蒸馏盘内蒸馏到冷凝器冷凝成液体沿器壁流到下面的集液盘中。冷凝器为多层，各层开有相应的孔，以便蒸气分子到达外层冷凝，提高冷凝效果。

电器加热。外部电源接入空气开关，输入电炉变压器，通过铜排、电缆软线、水冷导电金属电极，输到炉内的发热电柱。

真空系统。炉壳与炉底之间用耐热橡胶圈密封，炉底有排气管与真空泵连接，生产中选用旋片泵。

B　真空炉的生产操作

a　开炉

开炉操作：

（1）把处理的粗金属（或焊锡）放进大熔化锅中通电加热熔化，同时把锡锅、铅锅、进料小锅的物料加满通电升温，把可控硅调至8～10A。

（2）锡管、铅管接通电源，把可控硅调至7～8A，打开电极、炉壳、炉底板的冷却水开关。

（3）待三口小锅的物料熔化，升到一定的温度后，打开真空泵冷却水，开泵抽气。

（4）当炉内真空度抽到67～133Pa时，接通交流接触器的电源，使炉内供电升温。升温按如下操作进行：

先调炉内电压6V持续20min，再升到9V持续30min，又升到12V持续30min，最后升至所需的电压，持续20min便可进料。

（5）熔化锅温度达到300～480℃时，打开熔化锅的开关，把熔化锅的焊锡加到进料小锅中。

（6）此时，注意进料小锅的焊锡是否吸入炉内，如不进料，马上调节进料小锅下部的升降器。

（7）当正常出铅、锡后，把各种保温设备调到正常作业所需要的电流，并做好各种进料数据的记录。

b　停炉

停炉操作：

（1）把锡管、铅管的电流调到8～10A，停止进料，切断熔化锅电炉电源。

（2）降低炉内电压3～4V，停止炉内供电，按下交流接触器的开关，同时停止调压器冷却风机。

（3）炉内停电90min后，把锡锅、铅锅的物料放出一部分，停泵，松开橡皮塞，慢慢放气。

（4）把各种保温设备的可控硅电压调整器调回至“零”，开关拨向“断”一边，然后切断电源。

（5）关掉所有冷却水，拔掉炉壳进出水管，吊出炉壳，再把炉内零部件拆掉，倒出蒸发盘的锡。拆电柱时，要认真清理螺帽上的杂物，用石墨方块放在电柱的三条槽中，稳住电极底座，慢慢回松螺帽，拿出电柱，把炉底板上的杂物清扫干净。

c　安装真空炉内外零部件

安装真空炉内外零部件步骤：

（1）把导电底座放在电极上拧紧，使三块同心同角，插上电柱，在插沟中灌满锡、铜合金液，使电柱垂直于中心。

（2）在三相电极中间放上打好的绝缘硅块，放上石墨集铅盘，使之与底座不接触短路，用水平尺校平，装好集铅盘与铅嘴的漏斗。

（3）第一节蒸发盘的嘴要对准锡漏斗，逐节把蒸发盘装到12～16节，使它们与电柱同心，带上电柱帽。

（4）装上内罩、中罩、外罩，使其四周与蒸发盘的外距相等，在进料管口处装上进料嘴，进料嘴的落料要落在最上一节蒸发盘中。

(5) 用毛刷把炉底板上的槽扫干净，均匀地摆上密封胶圈，罩上炉壳，装上进料管，接好冷却水进出皮管。

(6) 在锡锅、铅锅、进料小锅的底下装上电炉盘，接上电源，检查锡管、铅管、进料小锅的保温是否完好，接通电源。

(7) 整个过程做好记录。在炉子正常运行中，每隔1h作一次记录，把炉内电流、电压、功率、真空度、进料量、产量记下来，并取样分析。

C 故障处理

故障处理如下：

(1) 炉内发生异常现象（如：炉内发生三相短路，电极烧坏），应先停电，停料，真空泵仍然开动，让炉内慢慢冷却，同时三管（进料管、锡管、铅管）保温断电，让炉内冷却2~3h，再进行处理。起吊炉壳时，先放气后起吊。

(2) 自然事故（漏气、漏水，超负荷运转突然断电），则停料、停电、停泵同时进行。

(3) 短时间突然停电，当电路通电时，先将调压器调到零位，再启动总变压器把温度升到正常值。

D 锡真空精炼的主要技术经济指标

a 铅、铋挥发率

真空蒸馏工艺过程中，铅、铋挥发率是影响产量、质量和数量的重要参数。它与挥发温度、挥发时间、炉内真空度、蒸发盘级数、冷凝器层数等有重要关系。真空度对铅的挥发率的影响见表4-16。

表4-16 真空度对铅的挥发率的影响

真空度/Pa	粗锡成分/%		粗铅成分/%		铅挥发率/%
	Sn	Pb	Pb	Sn	
7.99	97.34	2.14	99.5	0.293	92
7.99	96.84	1.96	99.53	0.237	93.5
33.33	93.11	6.11	99.07	0.199	87.26
65.37	92.38	5.76	98.89	0.153	84.83

生产实践中，铅挥发率一般为90%~94%，铋挥发率为90%~93%。

b 金属直收率

锡、铅直收率按下式计算：

$$锡直收率 = \frac{粗锡中锡的金属量}{锡铅粗合金中锡的金属量} \times 100\% \tag{4-16}$$

$$铅直收率 = \frac{粗铅中铅的金属量}{锡铅粗合金中铅的金属量} \times 100\% \tag{4-17}$$

真空蒸馏生产实践中，处理锡铅粗合金或低锡合金的真空炉（内热式），锡直收率一般为97%~99%，铅直收率为76%~85%。

4.1.7.3　锡真空精炼的特点

真空技术用于锡的精炼，在过去的30年中得到了迅速的发展，现在国内外各个炼锡厂几乎都应用该项技术，主要是锡的真空精炼有一系列的特点。

A　金属回收率高

真空精炼主要用于除去粗锡中的铅、铋、砷、锑、铟等杂质元素。除去上述元素，在目前的精炼技术中有4种方法：一是加试剂法，即加入试剂除去其中的杂质，如加氯化亚锡除铅，加钙镁合金除铋，加铝除砷、锑；二是电解法，粗锡电解能除去上述杂质；三是熔析结晶法，采用连续结晶机除去铅、铋和铟，但不能除砷、锑；四是真空精炼法。上述4种方法各个冶炼厂根据自身的粗锡成分和设备条件选择采用，但锡的回收率是不同的。4种方法锡的回收率列于表4－17中。

表4－17　四种除杂质方法锡的回收率比较　（%）

名　称	加试剂法	电解法	结晶法	真空法
锡的直接回收率	92～95	76～80	90～97	97
锡的冶炼回收率	97～98	98～99	98～99	99.8

可见，真空精炼锡的直接回收率和锡的冶炼回收率均比其他方法高。而且真空法在脱除铋的同时，还可以脱除部分砷、锑和铟。

B　作业条件好

由于真空炉作业是在密闭容器内进料，而且是自动控制，产出的渣、气都很少，有利于环境的保护。在工业生产中，曾多次对车间内操作岗位进行测定，其有害物质铅、砷含量列于表4－18中。可见，操作岗位的有害物质远远低于国家规定的标准。

表4－18　工业生产环境卫生监测结果　（mg/m^3）

名　称	烟　尘		烟　气	
	As	Pb	As	Pb
国家标准	—	0.05	0.3	0.03
原料锅旁	0.013	0.00049	0.012	0.0025
排锡口旁	0.004	0.00713	0.012	0.0004
排铅口旁	0.015	0.00432	0.006	0.0113
车间中心	0.023	0.00052	0.009	0.003

C　原料适应范围宽

电解精炼，对原料的铅、铋有限制范围，含铅量最好小于2%，含铋量小于0.5%，否则引起阳极钝化。加试剂法对原料铅、铋含量则要求更低。结晶法虽然对原料中的铅、铋含量没有限制，但含砷、锑高也不利于操作。真空法不仅可以用于粗锡精炼，我国冶炼厂主要用于处理焊锡，甚至用于处理含Sn10%～20%，含Pb78%～89%的锡、铅合金也取得了较好的结果。

4.1.8　其他火法精炼技术简介

火法精炼是现行锡精炼的主要方法，上述的各种火法精炼技术在国内外炼锡厂普遍采用。近年来火法精炼出现了一些新的研究成果，另外，还有一些方法虽然我国炼锡厂未采用，在其他炼锡厂还在应用，现简述于后。

4.1.8.1 氯化法除铅

国外有的工厂用 $SnCl_2$ 除铅。它是基于锡、铅对氯的亲和力的差别，而进行下列反应：

$$[Pb] + (SnCl_2) \longrightarrow [Sn] + (PbCl_2) \qquad (4-18)$$

为了降低锡液中铅的含量，必须使 $SnCl_2$ 大量过量，精炼时应分多次进行，开始获得的熔盐含有大量氯化铅，但过程快结束时熔盐中铅含量减少。后几个阶段所得熔盐可返回精炼初期的几个阶段使用，这样可降低 $SnCl_2$ 的耗量。

氯化法对于含铅很低的粗锡精炼较有效。除铅在精炼锅中进行一般采用含结晶水的 $SnCl_2 \cdot 2H_2O$，脱水就在锅中完成，作业温度为 240 ~ 255℃，有时低于 $SnCl_2$ 的熔点(246.8℃)。作业温度过高，氯化挥发加剧而劳动条件差。

$SnCl_2$ 分批加入，每批 60 ~ 120kg，每一次加入后，锅中锡用搅拌器搅拌 30 ~ 40min，然后除去浮渣。在加完全部 $SnCl_2 \cdot 2H_2O$ 后，锡液加热到 250 ~ 260℃，仔细清理锡液表面，清除锅壁上的残留熔盐。清除完毕后，往锅中加入 5 ~ 6kg 碳酸钠或炭，可易于脱除残余的氯化物。

4.1.8.2 碱金属除铋

国外某些冶炼厂采用加碱金属除铋的方法，此法一般同时加两种碱金属，一种方法是加钙、镁；另一种方法是加镁、钠。

加钙、镁除铋的实质是，铋和这些金属生成化合物的熔点较高，密度较小，不溶于锡中而浮到锡液面上，从而变成浮渣与锡分离。

同时加入钙和镁，生成三元合金，如 $CaMg_2Bi_2$ 等，在锡中的溶解度更小，能达到更高的除铋效果，因此，比单独只加一种试剂好。

锡在锅中加热至 380℃时加入细碎的金属镁搅拌，冷却至 270 ~ 280℃，加入锡钙合金(5% Ca)，并激烈搅拌，在 260℃取出铋浮渣。钙和镁的消耗量根据锡中的含铋而定。

铋浮渣成分是：Sn92% ~ 97%，Bi1.5% ~ 2%。为了获得富铋渣，减少试剂添加量，后期含铋低的浮渣可以返回到下批的初期使用。含铋泡沫渣必须立即处理，因为含铋渣中所含的砷化物与空气中的水分作用而生成砷化氢。处理的方法是将渣装到已加热的锅中，待渣中的锡熔化出来后，将残渣加热到红热状态并在空气中氧化（在 800℃下氧化 3.5h)，使砷化物氧化，以消除生成砷化氢的危险。

加钙、镁可将锡中的铋降至 0.05% 以下。锡中残留的钙和镁加氯化铵除去，作业温度 280 ~ 320℃。

4.1.8.3 加锰合金和加铬除砷

加铝除砷、锑的特点是产出的铝渣毒性大，给处理带来困难。为了克服这一缺点，选择另一种与砷作用的反应剂锰。在向熔融的锡中加入锰合金时，锰与砷生成一系列高熔点化合物，其中 Mn_2As 及 MnAs 最稳定，他们转移到锡熔体表面，形成金属浮渣，将砷脱除。

可采用锰与锌、锰与硅或锰与锡的合金作为锰合金。常用含锰 5% ~ 10% 的锰锌合金作为锰合金加入。

用锰合金除砷，宜在 280 ~ 360℃下进行，在此温度范围内锰的氧化损失最小。在加锰合金时，为了减少氧化损失，可在熔体表面覆盖一层炭质物料，如煤屑、锯木屑等。熔融锡的表面用木质物料覆盖，能使锰的氧化损失大大降低。用锰合金处理熔融的锡时不会产生挥发性蒸气和烟尘。

为了提高金属浮渣的含砷量及降低锰的消耗，首先按照 Mn∶As 为 0.5∶1 ~0.9∶1 的比例向熔融的锡中加入锰合金，以分离砷高的浮渣，其含砷量为 1% ~15% （取决于锡中的含砷量），锰含量为 3% ~10% 。然后再向熔融的锡中加入锰合金，直到 Mn：As 的比例达到 1.3∶1 ~2∶1，此时从熔融的锡中分离出的浮渣含砷 1% ~3% ，锰 2% ~10% 。

为改善从熔融的锡中分离浮渣的条件，可向锡液内吹入气体。在处理时，细粒分散的固体颗粒被气泡浮起，上升到金属表面呈浮渣形态。采用的气体可以是氩气或者氮气。

有资料介绍加铬除砷，砷在与铬相作用时形成 CrAs、Cr_2As，并与精炼渣一起除去。采用含 Cr6% 的中间合金作为试剂，在熔融物为 350℃时进行离心分离。这一方法在脱砷率提高的同时，锡入渣率也是很高的。

4.1.8.4　加铝镁合金除焊锡中的锑和铜

粗铅中脱锑通常用哈里斯法，加热到 500 ~700℃时，往铅液中鼓入空气或水蒸气，将锑氧化脱除。焊锡中含有大量易被氧化的锡，用此方法，锡也会被氧化而造成损失。粗铅中除铜是利用铜在铅的熔点附近几乎不溶这一性质而进行的，即将粗铅从 700℃慢慢冷却，铜随溶解度的减小析出上浮而除去。但在含有大量锡的焊锡中，由于铜和锡有较大的亲和力，这种方法显然是不适用的。

为了除去焊锡中的锑和铜，日本的小池义治等人做了大量加镁除锑和加铝除铜的试验研究。在 Mg－Sb 合金状态图中，有一个高熔点（1245℃）的稳定的金属间化合物 Mg_3Sb_2，其密度比锡和铅都小得多，成为浮渣而除去。试验指出，生成的化合物结晶形状随冷却速度而有很大差异，冷却速度快，生成细微结晶，在 700℃左右保温生成针状结晶，由于不能全部上浮而使锑难以脱除，要缓慢冷却至 600℃以下，结晶就容易生长成为浮渣。残留的锑量随温度降低而减少，添加适量的镁，可使锑降至焊锡产品含锑标准。

加铝除铜是根据铜在铝相和 Sn－Pb 合金相中的分配比例不同而进行的。根据小池义治等人的实际分析测定，当铝加到 0.4% 时残铜急剧减少，铝加到 1.5% 以上时铜可降至 0.01% 以下，铝加到 5% 则铜可降为 0.0034% ，表明用铝脱铜是有效的。当加铝为 2% ~5% 时，Sn－Pb 合金中的 Cu 绝大部分转移到铝相中而被除去。

4.2　锡的电解精炼

4.2.1　概述

电解精炼一次作业能除去粗锡或粗焊锡中大部分杂质，并产出纯度很高的精锡或精焊锡，特别适于处理含铋和贵金属高的粗锡。与火法精炼相比，锡的直接回收率高，有价杂质元素的富集比高，易于回收处理。但电解精炼的投资费用大，在电解过程中有大量金属被积压，故其发展受到限制，国内外炼锡厂采用电解精炼法的不多。

锡电解精炼采用的电解液种类繁多，概括起来可分为酸性电解液与碱性电解液。由于酸性电解液性质比较稳定，生产费用比用碱性电解液低许多，电解过程的电耗也低，容易控制阴极产品的纯度，所以，各炼锡厂均乐于采用酸性电解液。

在酸性电解液中，被工厂广泛采用的有硫酸－硫酸亚锡电解液和硅氟酸电解液。锡的电解精炼可分为粗锡电解精炼与粗焊锡电解精炼，前者产出精锡，后者产出精焊锡。两者的差别主要是使用的电解液不同，前者可使粗原料中的铅进入阳极泥而不污染精锡，后者使铅与锡一道在阴极析出，得到较纯的阴极锡铅合金——精焊锡。

4.2.2 粗锡电解精炼

粗锡电解精炼可以采用酸性电解液和碱性电解液。前者使用较多，其电解液又有硫酸溶液和硫酸－硅氟酸溶液两种；后者使用较少，仅用于处理高铁粗锡（主要来自再生锡），其电解液也有氢氧化钠溶液和碱性硫化钠溶液之分。下面以硫酸电解液为例叙述粗锡电解精炼，其生产工艺流程如图4－16所示。

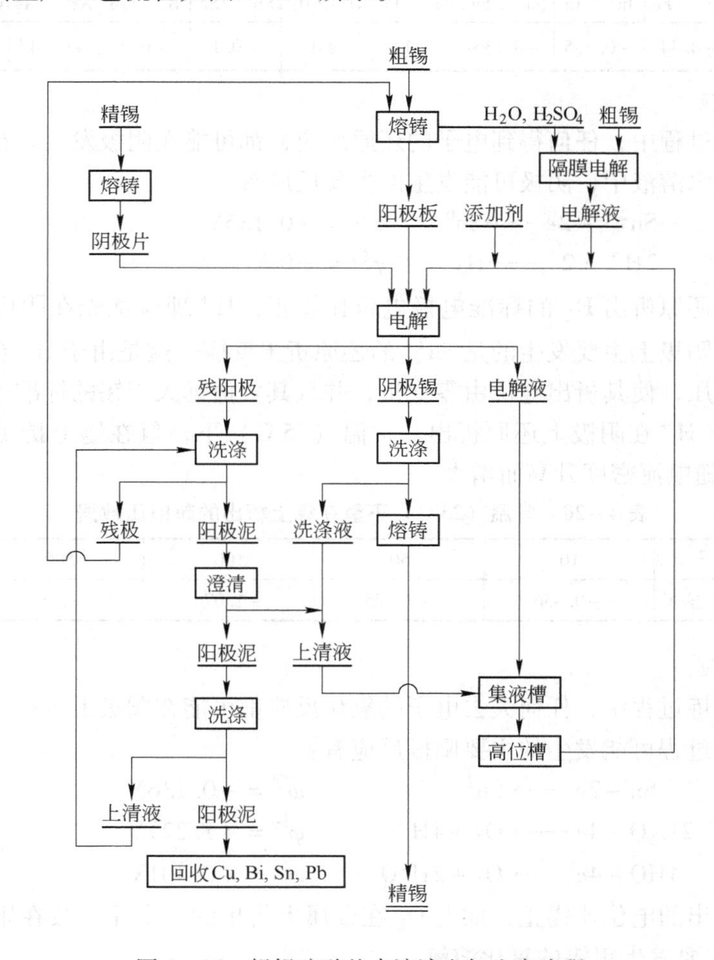

图4－16 粗锡硫酸盐水溶液电解生产流程

4.2.2.1 粗锡电解精炼的基本原理

以硫酸电解液进行粗锡电解精炼的电化体系为：

粗锡阳极|H_2SO_4,$SnSO_4$,H_2O|精锡阴极。

电解液的组成（g/L）：$SnSO_4$ 90～120，Sn 10～28。在电场作用下，便会发生电离反应：

$$H_2SO_4 \longrightarrow 2H^+ + SO_4^{2-} \quad (4-19)$$

$$SnSO_4 \longrightarrow Sn^{2+} + SO_4^{2-} \quad (4-20)$$

$$H_2O \longrightarrow H^+ + OH^- \quad (4-21)$$

当通以直流电之后，将在阴阳极上发生电化析出与电化溶解反应。粗锡中除金属锡外，还含有少量杂质元素铟、铅、铋、铁、砷、锑等，它们在电极上究竟会发生什么变化，可根据各元素的标准电极电位来判断。对锡电解精炼有关的元素的标准电极电位（$\varphi^{\ominus}$）见表4－19。

表4－19　锡电解精炼有关元素标准电极电位（$\varphi^{\ominus}$）

元素	Zn^{2+}/Zn	Fe^{2+}/Fe	In^{3+}/In	Sn^{2+}/Sn	Pb^{2+}/Pb	$2H^+/H_2$	Sb^{3+}/Sb	Bi^{3+}/Bi	As^{3+}/As	Cu^{2+}/Cu	Ag^+/Ag
$\varphi^{\ominus}$/V	－0.763	－0.44	－0.335	－0.136	－0.126	±0	＋0.1	＋0.2	＋0.247	＋0.337	＋0.799

A　阴极反应

锡电解精炼过程中，任何得到电子的还原反应，都可能在阴极发生。在硫酸与硫酸亚锡为主的电解质水溶液中，阴极可能发生的主要反应有：

$$Sn^{2+} + 2e \longrightarrow Sn^0 \qquad \varphi^{\ominus} = -0.136V \quad (4-22)$$

$$2H^+ + 2e \longrightarrow H_2 \qquad \varphi^{\ominus} = \pm 0\ V \quad (4-23)$$

由于氢离子还原析出 H_2 的标准电极电位比锡正，H^+ 理应优先在阴极还原析出。但生产实践表明，阴极上主要发生的是 Sn^{2+} 的还原析出反应。这是由于 H^+ 在阴极锡上析出时有很大的超电压，使其析出电位由零变负，并且其负值远大于锡的标准电极电位，从而使 Sn^{2+} 能优先于 H^+ 在阴极上还原析出。常温（25℃）下，氢在锡上析出的超电压数据见表4－20，并随电流密度升高而增大。

表4－20　常温（25℃）下氢在锡上析出的超电压数据

电流密度/$A \cdot m^{-2}$	10	50	100	500	1000
氢在锡上析出的超电压/V	－0.856	－1.025	－1.076	－1.85	－1.223

B　阳极反应

粗锡电解精炼过程中，任何失去电子的氧化反应都可能在阳极上进行。在电解质硫酸水溶液中锡电解过程可能发生的主要阳极反应有：

$$Sn - 2e \longrightarrow Sn^{2+} \qquad \varphi^{\ominus} = -0.136V \quad (4-24)$$

$$2H_2O - 4e \longrightarrow O_2 + 4H^+ \qquad \varphi^{\ominus} = +1.229V \quad (4-25)$$

$$4HO - 4e \longrightarrow O_2 + 2H_2O \qquad \varphi^{\ominus} = +0.401V \quad (4-26)$$

氧在阳极析出的电位比锡正，加上 O_2 在金属上析出的超电压，故在阳极上不会发生 O_2 的析出，而主要发生粗锡的氧化溶解。

C　粗锡中的主要杂质在电解过程中的行为

Pb，Sb，As，Bi，Cu，Ag 等的电位序在锡之后，电解时在阳极不易氧化进入溶液而以不溶的合金或化合物形态残留于阳极，或者虽有电化溶解但随即生成难溶性的盐附着于阳极而成为阳极泥。这些杂质的存在是造成阳极钝化的原因，因此，必须控制它们在阳极中的含量。这些杂质的影响如下。

（1）铅：标准电位与锡接近，能电溶生成 Pb^{2+}，与 SO_4^{2-} 作用生成难溶的 $PbSO_4$，部分铅氧化为棕色的氧化铅。当阳极含铅量超过 1% ~1.5% 时，阳极上生成难溶的铅的硫酸盐、碱式盐或氧化物薄膜，覆盖于阳极表面，使阳极电位升高，升到一定程度时，即发生下列反应：

$$2HO^- - 2e \longrightarrow H_2O + 1/2O_2 \quad (4-27)$$

$$SnSO_4 + 1/2O_2 + H_2SO_4 \longrightarrow Sn(SO_4)_2 + H_2O \quad (4-28)$$

$$Sn(SO_4)_2 + 3H_2O \longrightarrow SnO_2 \cdot H_2O \downarrow + 2H_2SO_4 \quad (4-29)$$

式 4-29 生成的碱性盐沉淀包围阳极表面，使阳极趋于全面钝化，迫使锡的溶解停止，而阳极反应则按式 4-27 继续进行，析出氧气。

当阳极粗锡含铅较高时，如果槽电压升至 0.4 ~0.5V 以上仍不及时处理，则槽电压会迅速升至 1V 以上，于是有大量氧气析出，电解液产生沸腾现象，阳极全部变黑，阴极产品严重污染。所以，即使阳极含铅为 1% ~1.5%，也必须采取有效措施和加入适当的添加剂以抑制铅的危害。

（2）锑、砷：可能发生电化溶解。溶液中砷、锑以不同价态的化合物存在时会生成 As_2O_3，Sb_2O_3，As_2O_5 及 Sb_2O_5 类型的沉淀物，粒度极细，呈悬浮状态。电解液中存在 NaCl 可抑制这类氧化物的生成，降低其危害作用。此外，砷易与锡酸共沉淀而落入阳极泥。实践表明，砷对阴极的污染主要由于机械夹杂；阳极含锑高于 3% 时，阳极泥出现硬化现象。

（3）铋：可能电溶而生成硫酸铋，呈黏稠的胶体覆盖于阳极表面，阻碍锡的溶解，引起阳极钝化。此外，电解液中的 Bi^{3+} 与 As^{3+} 会生成砷酸盐类，其溶解度很小，倾向于形成过饱和溶液，电解液酸度越高则过饱和倾向越大。生产中发现，酸度高时阴极锡含铋略升高；电解液中加入重铬酸钾时，阴极锡含铋略有下降，这可能是由于下列反应

$$Cr_2O_7^{2-} + 2Bi^{3+} + 2H_2O \longrightarrow 4H^+ + (BiO)_2Cr_2O_7 \downarrow \quad (4-30)$$

生成铬铋络合物沉淀而减少了铋对阴极的污染。电解液中铋的积累不明显，大多数铋进入阳极泥。须注意的是，当槽电压控制不当阳极含铋又较高时，铋在阴极电化析出的可能性增加，往往导致阴极含铋偏高。对于阴极而言，铋是一个关键性的杂质元素。

（4）铜、银：可认为银一部分进入阳极泥；铜也主要进入阳极泥，电解液中含铜极微。阳极含铜超过 0.29% 时，阳极钝化周期大大缩短，这可能是由于 Sn 与 Cu 在 232℃形成难溶的 Cu - Sn 合金。熔融状态的 Cu - Sn 在不同的含量与温度下能生成 $Cu_{31}Sn_8$，Cu_3Sn 和 Cu_6Sn_5，这些金属间化合物均对钝化影响极大。

电化序处于锡之前的杂质 In，Fe，Zn 在阳极上比锡先氧化，在阴极上比锡后还原而保留在电解液中。值得注意的是铁的行为，Fe^{2+} 进入电解液后，在阳极氧化为 Fe^{3+}，Fe^{3+} 在阴极又还原为 Fe^{2+}。这种氧化 - 还原反应循环进行的结果使电流效率降低，当阳极含铁高时极为有害。但是阳极含铁量在 0.01% ~0.20% 时，在含有重铬酸钾的电解液中可控制含铁不超过 1g/L 而对电流效率影响不大。实践证明，阳极中的铁有 90% 进入阳极泥，加之，生产系统中的电解液有一定数量的损失，须定期补充酸和水，实际上使电解液得到缓慢的更新，故阳极含铁少时，电解液中铁的积累很缓慢。

粗锡电解精炼时，主要杂质在电解产物中的分布见表 4-21。

表 4－21　粗锡电解精炼时主要杂质分布（质量分数/%）

电解产物	Pb	Bi	Cu	Fe	As	Sb
阴极锡	0.6	0.7	0.8	5.0	4.7	9.0
阳极泥	97.0	97.0	95.0	81.0	93.0	83.0
电解液	1.0	0.05	0.5	10.0	0.3	6.0
其　他	1.4	2.25	3.7	4.0	2.0	2.0
合　计	100.0	100.0	100.0	100.0	100.0	100.0

4.2.2.2　粗锡电解精炼的生产实践

A　电解槽与阴、阳极

工业生产上用的电解槽为矩形，槽体为钢筋混凝土结构，内衬塑料防腐层。某些工厂使用的电解槽尺寸见表 4－22。

表 4－22　某些工厂使用的电解槽尺寸

工　厂	1	2	3
电解槽内部尺寸/mm × mm × mm	2850 × 1220 × 1370	4200 × 960 × 1270	1750 × 750 × 970

粗锡阳极中的杂质对电解过程影响很大，对阳极的化学成分（%）要求如下：$Sn > 98\%$，$Pb < 1\%$，$Bi < 0.5\%$，$Cu < 0.1\%$，$Fe < 0.1\%$，$(As + Sb) < 1\%$。

浇铸成形的阳极表面要求平直，厚薄均匀，无飞边毛刺，无孔洞，每片重量接近，以减少残极率，这就要求严格控制浇铸温度为 247 ~ 287℃。

阴极亦称始极片，用同级精锡制作，外形要求同阳极。

电解车间的电解槽分组列布，以长边相邻。电解车间的电路连接为复联法，即电解槽之间电路连接为串联，槽内电极为并联。

B　电解液的组成及制备

我国炼锡厂常用的硫酸亚锡－甲酚磺酸－硫酸电解液的成分见表 4－23。

表 4－23　我国炼锡厂常用硫酸亚锡－甲酚磺酸－硫酸电解液的成分

成　分	Sn^{2+}	Sn^{4+}	H_2SO_4	Cr^{6+}	甲酚磺酸	乳　胶	β 萘酚
含量/$g \cdot L^{-1}$	20 ~ 30	<4	60 ~ 70	2.5 ~ 3	18 ~ 22	0.5 ~ 1	0.04 ~ 0.06

除了主成分 Sn^{2+} 和 H_2SO_4 外，其他组分也是必需的添加剂。在粗锡电解精炼作业中，除了要求阳极钝化周期较长、阴极锡能顺利析出并且杂质含量符合标准外，还要求电解液中 Sn^{2+} 稳定，析出的阴极锡平整致密。为此，须在电解液中加入相应的添加剂。

硫酸溶液中的 Sn^{2+} 有氧化为 Sn^{4+} 的趋势。为了抑制这种趋势，工业生产中行之有效的这类添加剂是甲酚磺酸（$CH_3 \cdot C_6H_3OH \cdot SO_3H$）、苯酚磺酸（$C_6H_4OH \cdot SO_3H$）。磺酸又是表面活性剂，对阴极起平整作用。

为了保证阴极平整而加入的添加剂还有 β－萘酚＋乳胶，甲酚＋芦荟素＋动物胶，甲苯基酸＋动物胶的各种组合。

$SnSO_4 + H_2SO_4$ 电解液中各种添加剂的作用如下：

（1）苯酚磺酸，甲酚磺酸：稳定 Sn^{2+} 离子，同时对阴极起平整作用。

（2）乳胶和动物胶、甲酚、芦荟素、甲苯基酸：均为表面活性剂，可使阴极平整致密。乳胶是用牛胶: 甲酚: 水 =1:(0.7 ~0.75):18(质量比),通蒸汽加温至60℃经搅拌制成。

(3)β-萘酚:表面活性剂,能增强阴极沉积物的附着力,又能使结晶致密,表面平滑,还能使阳极泥变得疏松,延长钝化周期。

(4)NaCl,HCl:能增加电解液的电导率,有利于降低槽电压。Cl^-是优良的去极剂,有利于克服阳极钝化。

(5)$K_2Cr_2O_7$:与附着于阳极上的致密$PbSO_4$作用,逐渐转化为$PbCr_2O_7$,因而使阳极泥变得疏松,在有NaCl存在时这种转化作用加速,还可减少铋对阴极的污染。

电解液中几种组成的配制方法分述如下。

a 硫酸亚锡溶液的配制

我国炼锡厂多采用隔膜电解法制备硫酸亚锡溶液。以较纯的粗锡作阳极,用精锡作阴极,在硫酸水溶液中,通入直流电后,锡发生电化溶解而进入溶液中,借助于阴极隔膜套的阻挡,使锡离子停留在溶液中,H_2从阴极析出,反应如下:

$$Sn + H_2SO_4 \longrightarrow SnSO_4 + H_2\uparrow \tag{4-31}$$

先配成90~100g/L的H_2SO_4水溶液,再将其倾入电解槽中,用较纯的粗锡作阳极,用素烧陶瓷作隔膜套,将阴极片置于套中,套口露出液面,保持隔离良好。电解槽容积和生产用槽一样。

硫酸亚锡溶液制备的技术操作控制条件见表4-24。

表4-24 硫酸亚锡溶液制备的技术操作控制条件

名 称	槽电压/V	阳极电流密度/$A \cdot m^{-2}$	电解液循环量/$L \cdot min^{-1}$
指 标	8~10	300~400	40

此法的优点是生产率高,$SnSO_4$溶液纯度高,过程简单,制作原始电解液和补充电解液都很方便;缺点是槽电压高,电耗大,过程放出大量氢气。

过去用锡粉与硫酸在耐酸瓶中加热制取硫酸亚锡溶液,但溶解速度慢,溶解效率低。也有采用锡粉置换硫酸铜溶液的方法,置换渣含锡高,分离困难,现在已不应用。

b 甲酚磺酸的制备

由甲苯酚作用于纯浓硫酸(密度1.84g/cm³)而制成。反应式如下:

$$C_6H_4CH_3OH + H_2SO_4 = C_6H_3CH_3OHSO_3 \cdot H + H_2O \tag{4-32}$$

硫酸按上式计算理论量,并过量40%,在衬有铅皮的桶(40L)中进行磺化,用电炉外加热。先将硫酸22L倒入铅皮桶中加热至57~67℃,在不断搅拌下缓慢加入甲苯酚18L,维持磺化反应温度87~97℃,继续搅拌2h,取出趁热倒入耐酸缸中,冷却后便成为棕黑色的甲酚磺酸。

c 乳胶的制备

由牛胶和甲苯酚作用制成。配料比(质量比),牛胶: 甲苯酚: 水 =1:(0.7~0.75):18。将牛胶放入700mm×800mm的乳化桶内通入蒸汽加热至47~57℃,待牛胶完全溶解后,在不断搅拌下缓慢均匀地加入甲苯酚,便得乳白色的乳胶。配制量不宜超过5d的用量,以免变质。

d 电解液的配制和补充

把制好的硫酸亚锡、硫酸溶液注入集液池，再加入添加剂，甲酚磺酸要在不断搅拌下缓慢地加入。$K_2Cr_2O_7$ 先用50℃热水溶解，在不断搅拌下呈细股注入，切勿过快，以免局部氧化。NaCl用水溶解后加入搅匀。如电解液含 Sn^{2+}，SO_4^{2-} 浓度过高，可加水稀释至所需成分的溶液。β－萘酚和乳胶可在电解液加温时加入。配好的电解液静置1～2d，用蒸汽间接加热至35～37℃，注入电解槽应用。

C　电解技术条件及生产作业中应注意的事项

在硫酸水溶液中进行粗锡电解精炼主要控制的技术条件见表4－25。

表4－25　在硫酸水溶液中进行粗锡电解精炼主要控制的技术条件

名　称	电流密度/A·m^{-2}	槽电压/V	电解液温度/℃	电解阴极周期/d	电解阳极周期/d
指　标	100～110	0.2～0.4	35～37	4	8

a　阳极钝化

在硫酸盐溶液中电解粗锡，阳极钝化是最常见的故障。阳极板上的铅生成 $PbSO_4$ 和一些其他不溶物紧密地黏附在阳极表面，形成一层薄膜，随着电解的进行，这层薄膜逐渐加厚，隔离了电解液与阳极新鲜表面的接触，造成阳极溶解困难。随着钝化的加剧，槽电压升到0.4V以上，产生如下反应：

$$2OH^- - 2e \longrightarrow H_2O + 1/2O_2 \quad (4-27)$$

$$2SO_4{}^{2-} + 2H_2O + 4e \longrightarrow 2H_2SO_4 + O_2 \uparrow \quad (4-33)$$

在阳极放出氧气，使阳极溶解趋于停止；在阴极放出氢气：

$$2H^+ + 2e \longrightarrow H_2 \uparrow \quad (4-23)$$

而且使一些电位接近锡的元素，如Pb，Sb，Bi等也在阴极沉积，影响阴极锡质量。

处理阳极钝化的方法有：

（1）缩短阳极使用周期；

（2）定期取出阳极，清除表面阳极泥。如果槽电压超过0.5V即取出清除；

（3）加溶剂破坏阳极泥结构，在电解液中加入NaCl，$K_2Cr_2O_7$ 破坏阳极泥形成的薄膜层，有利于阳极电化溶解。

b　电能无功消耗和提高电流效率

电能消耗与输电线路布线、接触电阻、分解电压等有关，因此，要降低电能消耗和提高电流效率，必须加强槽面管理，认真除去导电棒上的污垢和铜绿，降低接触电阻，加强电解液的循环，减少浓差极化和分层现象。加入的有机物要经过实验，加入量过多，增大溶液电阻，适量加入才能改善阴极结构。

阴极结晶致密，沉积物不溶，不剥落，具有提高电流效率的直接作用。阴极结晶不致密，当出现针状结晶时，可发生阴、阳极直接接触短路，这是电流效率提不高的主要原因。生产上，至少每2h检查一次槽电压，发现某处槽电压急剧下降，找出其短路的阴极片，将长针状的结晶打掉或压平。如系阳极板变形，取出平整后再用。

c　原料成分的变化

含高铅、高铋的粗锡（含Pb 2%～4%，Bi 0.5%～1.0%），不能按上述技术条件处理。在标准电位次序上，铅、铋同锡接近，因此，硫酸电解粗锡，使铅、铋和锡分离存在困难。要克服以上困难，只有控制较低的槽电压（0.16～0.25V），使铅、铋不易从阳极溶解下来，保留在阳极泥中。要维持0.16～0.25V的槽电压，首先要解决阳极钝化对槽电压的影响，具体做法是：

（1）降低电流密度至90～95A/m²；

（2）控制槽电压在0.3V以下，达到0.35V应马上取出阳极板刮去阳极泥。否则，在1h内槽电压可升到0.5V以上，大量的杂质从阳极溶解下来，并在阴极沉积使之变黑。这样的阴极含铋高达0.0375%，比Sn99.99含铋标准0.003%高10多倍。电解这种高铅、铋粗锡，最佳槽电压值为0.16～0.25V。

D　粗锡电解精炼的主要技术经济指标

粗锡电解精炼的主要技术经济指标见表4－26。

表4－26　粗锡电解精炼的主要技术经济指标

名　称	电流效率/%	阳极泥率/%	残极率/%	冶炼回收率/%	直流电耗/kW·h
指　标	70～80	2.5～3.5	35～40	99.5	140～180

产出的阴极锡（电锡）成分见表4－27。

表4－27　阴极锡（电锡）化学成分　　（质量分数/%）

编　号	Sn	Pb	Bi	Fe	Cu	As	Sb
1	99.984	0.0063	0.0023	0.0025	0.0011	0.0008	0.0008
2	99.95	0.0075	0.0093	0.0019	0.001	0.006	0.004
3	99.98	0.01	0.001	0.005	0.002	0.0005	0.0008

4.2.3　焊锡电解精炼

焊锡电解精炼的目的是将含铋、砷、锑、铁等杂质含量高的粗焊锡经电化过程精炼，产出含杂质少、锡和铅含量高达99%以上的精焊锡。与粗锡电解精炼产出含铅也低的精锡不同，在电化过程中不仅不除铅，还要使铅与锡共同在阴极析出。故焊锡的电解精炼不能采用粗锡电解精炼所用的硫酸水溶液，否则铅会以$PbSO_4$形态沉入阳极泥而不在阴极析出。所以焊锡的电解精炼是使用硅氟酸（H_2SiF_6）电解质水溶液，这样便可以使铅、锡同时电溶于电解液中，并同时在阴极上析出，产出铅、锡含量均高，杂质含量少的精焊锡。

焊锡电解精炼的电化体系为：

粗焊锡阳极 | $SnSiF_6$，Pb，H_2SiF_6，H_2O | 精焊锡

阳极发生的主要反应是铅、锡同时电化溶解，因为其电位相近，反应式为：

$$Pb - 2e \longrightarrow Pb^{2+} \quad (4-34)$$

$$Sn - 2e \longrightarrow Sn^{2+} \quad (4-24)$$

阴极发生的反应则为：

$$Pb^{2+} + 2e \longrightarrow Pb^0 \quad (4-35)$$

$$Sn^{2+} + 2e \longrightarrow Sn^0 \quad (4-22)$$

粗焊锡中铋、铜、银、砷、锑、铁等杂质的行为均与粗锡电解精炼相近似。除铁外，它们大都会进入阳极泥中。粗焊锡硅氟酸电解精炼工艺，在我国许多炼锡厂已得到成功应用，取代了盐酸电解精炼工艺。其生产工艺流程如图4－17所示。

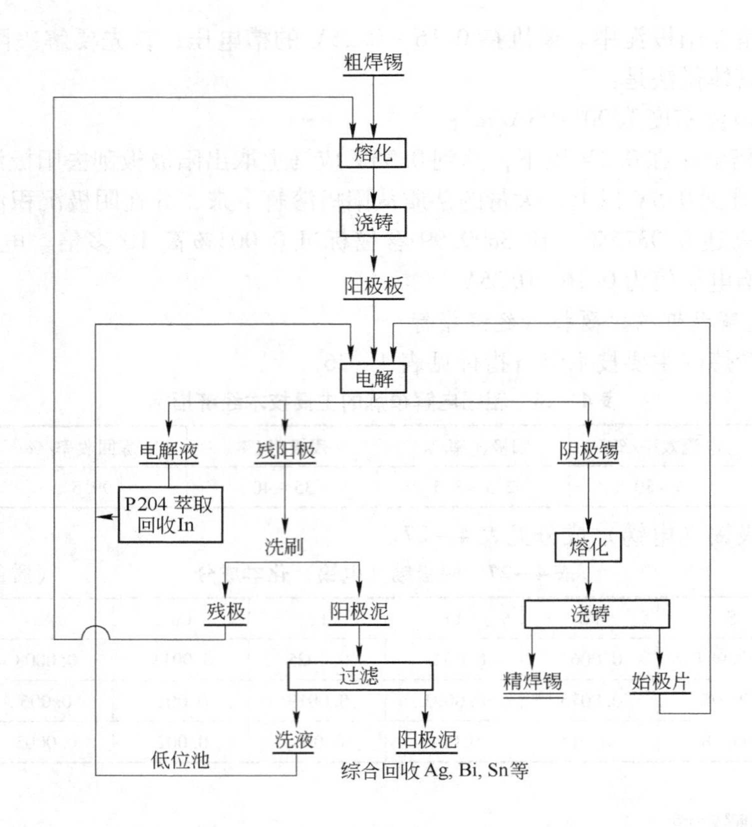

图 4－17　焊锡硅氟酸电解生产流程

4.2.3.1　阳极和阴极

硅氟酸电解工艺对原料适应的范围广，对粗焊锡成分无特殊要求。炼锡厂处理锡铅精矿、锡铅共生矿、其他高铅锡物料等产出的锡铅合金，其中常见杂质砷、锑、铋、铜、铁、银等均能很好地除去。含锡、铅不等的粗合金，经电解后，均可得到优质焊料合金。一般对含 Sn10% ~30% 的低锡高铅粗合金，经电解后得到的低锡优质合金产品，用来配制低锡焊锡或合金；对含 Sn40% ~65% 的粗焊锡，电解后得到的高锡优质合金，用来配制高锡牌号焊锡；对含 Sn80% 以上的粗焊锡，电解后，再经连续结晶机分离锡、铅，产出精锡和精焊锡，也可以经真空蒸馏分离锡和铅，视各厂设备情况而定，灵活应用。硅氟酸电解液处理的粗焊锡阳极成分见表 4－28。

表 4－28　粗焊锡阳极化学成分

样序	主要金属含量（质量分数）/%		杂质含量（质量分数，小于）/%						
	Sn	Pb	Cu	As	Sb	Bi	Fe	In	Ag
1	62 ~67	29 ~36	0.01	0.14	0.09	0.98	0.003	0.01	0.078
2	63 ~67	32 ~37	0.1 ~0.2	0.07 ~0.17	0.02 ~0.58	0.5 ~1.5	0.001 ~0.12	0.01 ~0.03	0.02 ~0.2

4.2.3.2　电解液的组成与制备

电解液由 $SnSiF_6-PbSiF_6-H_2SiF_6-H_2O$ 溶液组成。

由于硅氟酸电解的粗焊锡成分波动范围大，含锡、铅高低不同，电解液中 Sn^{2+}，Pb^{2+} 离子浓度会受阳极成分的影响，调节电解液中 Sn^{2+} 和 Pb^{2+} 浓度可以控制阴极锡、铅的含量比例。因此，电解液中 Sn^{2+}，Pb^{2+} 的浓度不作特殊规定，随处理的阳极成分而变，一般的电解液成分见表 4－29。

表 4－29 一般的硅氟酸电解的粗焊锡电解液成分

名　称	Sn^{2+}	Sn^{4+}	Pb^{2+}	总 H_2SiF_6	游离 H_2SiF_6
成分/g·L^{-1}	20～30	4～5	10～20	60～100	20～30

生产中电解液的制备有两种方法，一种是用硅氟酸溶解氧化亚锡和氧化铅制取。此法简单易行，只需加温搅拌。所得电解液成分较纯，但成本略高。另一种是用硅氟酸浸出锡氧化渣制取。浸出液用水稀释至 H_2SiF_6 约为 60～100g/L，（Sn^{2+} ＋Pb^{2+}）30～50g/L，即可作为原始电解液。随着电解过程的进行，锡、铅离子浓度不断调整，一昼夜便可形成正常电解液成分。此法简单，成本低，利用中间返回品，有利于综合回收。

4.2.3.3 电解技术条件控制

由于处理的阳极成分不同，其技术条件控制略有不同。这里只作一般简介。

A 电流密度

电流密度过高（$D_k > 140A/m^2$），阴极结晶变得稀疏、针状丝状结构增长快，易造成短路，恶化工艺。电解高锡（60% 以上）、高铅（30% 以上）的焊锡时，电流密度取 80～100A/m^2；电解低锡（60% 以下）、低铅（30% 以下）电流密度取 100～120A/m^2，可获得较好的和稳定的阴极产品。

B 电解温度

硅氟酸电解虽为常温作业，但温度过低，阴极结晶不均匀。实践表明，电解液温度控制在 27～37℃ 比较好。考虑地区和季节性影响，可考虑适当外加热和冷却措施。

4.2.3.4 电解液循环量

由于电解液中 Sn^{2+}，Pb^{2+} 浓度受阳极成分影响，随着电解过程的进行，其成分逐渐接近阳极含锡、铅量的比例，因此主要靠电解液循环进行调整。电解液循环采用下进上出方式，循环速度 10～20L/（min·槽）。

4.2.3.5 电解周期

阴极周期与电流密度有关。阳极周期与阳极厚度和主金属品位高低有关，一般 4～5d。同时出槽或装槽在不影响阴极质量和经济指标的前提下，可适当采用较长的电解周期。

电解过程中，有少量阳极泥沉积于槽底。积累过多，易造成短路，影响电流效率和阴极质量，须及时清理。通常与出槽同时进行。

4.2.3.6 合理适量的添加剂

为了获得平整、致密的并有一定强度的阴极结晶，须加入牛胶＋β－萘酚（也称为乙－萘酚）添加剂，1t 产品加入量：牛胶 0.4～0.5kg，β－萘酚 0.04～0.05kg。

电解阴极产物的成分见表 4－30。

电解主要技术经济指标见表 4－31。

表 4-30　电解阴极产物的成分　（质量分数/%）

Sn	Pb	As	Sb	Cu	Bi	Fe	Ag
60~68	余量	<0.001	<0.001	<0.002	<0.003	<0.001	<0.008

表 4-31　电解主要技术经济指标

名　称	指　标
槽电压/V	0.12~0.5
电流效率/%	80~90
产品的电耗/kW·h·t⁻¹	300~350
锡直接回收率/%	95.0~96.5
铅直接回收率/%	96~98
锡冶炼回收率/%	96.5~97.8
铅冶炼回收率/%	96.5~98.5
锡金属平衡率/%	99~99.5
铅金属平衡率/%	98.8~99.6

4.3　高纯锡的生产

4.3.1　概述

随着科学技术的发展，对金属的纯度提出了更高的要求，这是由于主体金属中的微量元素对主体金属的性能有很大的影响。为了满足尖端工业所需高纯金属的要求，常常采用各种精炼方法除去或降低杂质含量，使主体金属达到更高的纯度。

目前，我国锡锭标准有3个等级，Sn99.99%，Sn99.95%和Sn99.90%，没有高纯锡的标准。

主体金属锡含量达到五九（99.999%）就称为高纯锡，常记为5N或9^5；达到六九（99.9999%）就称为超纯金属锡，记为6N或9^6；达到七九（99.99999%）就称为超高纯金属锡，记为7N或9^7。

由于高纯金属锡允许的杂质总量是很少的，5N为0.001%，6N为0.0001%，7N为0.00001%。而且，按杂质对主金属的影响，需要控制的杂质数目达20种以上，每一种杂质的含量更是很微，计量时引入百万分之一作为计量单位。对于超高纯金属的杂质含量单位有时还引入更小的十亿分之一或万亿分之一作单位。

高纯度金属锡的杂质含量目前尚无统一标准，但各生产单位和使用单位均有自己的企业标准或试用生产标准。

高纯度金属提炼过程中，按照杂质分离的不同方法，目前采用的有：电解精炼、真空蒸馏、区域熔炼、定向结晶、拉单晶提纯、卤化物蒸馏、氢气还原、萃取、吸附、离子交换、歧化反应等方法。

由于高纯度金属提纯需除去几十种杂质，往往单一的方法达不到目的，总是用几种方法联合使用，因而工艺流程长且复杂。生产中使用的试剂多且要求纯度高，必要时试剂和水都要两次精制。防止空气（气体）的污染，必要时要设置超净工作台和超净工作室。

由于使用试剂多，产生一些有害气体及有害液体，必须相应设置三废处理系统。

高纯锡的生产方法很多，接下来介绍电解精炼法及电溶－化学处理－电积法和其他的提纯方法。

4.3.2 电解法生产高纯锡

电解法是目前生产高纯锡的主要方法。一般用 99.99% Sn 作阳极，用高纯锡片作阴极，采用多种电解液，均能获得合格的产品。在此主要介绍硫酸亚锡－苯酚磺酸电解液的工艺流程，同时对电解液的化学净化－电积法也作简要介绍。

4.3.2.1 硫酸亚锡－苯酚磺酸电解法

硫酸亚锡－苯酚磺酸电解生产五九锡已有多年的历史，多家生产单位都用此种方法。

A 电解液的制备

为了配制合格的电解液，对所用的水、金属锡和各种化学试剂都有要求。水一般经离子交换处理后的无离子水，要求达到电阻率 8MΩ 以上，或者要用蒸馏水，各种化学试剂为分析纯等级。配制电解液有电溶造液法、化学造液法。

电溶造液：把 99.99% Sn 浇铸成阳极，用高纯锡片置于陶瓷隔膜中作阴极，组成电解槽。用分析纯硫酸和蒸馏水配制含 $H_2SO_4$150～180g/L 的电解溶液，在直流电作用下，阴极只析放氢气，阳极溶解于电解质溶液中。当溶液含 Sn^{2+} 达 50～60g/L 时，即可停止造液。澄清或过滤后的电溶液或作 Sn^{2+} 的补充溶液。

化学造液：将锡熔化后滴入蒸馏水中制成锡花，用分析纯的浓硫酸在加热的搪瓷反应锅中于 90℃以上加入锡花制成 $SnSO_4$ 溶液，冷却滤去残渣，用稀硫酸溶液调成 Sn^{2+} 50～60g/L，$H_2SO_4$90～100g/L 作调配电解液用。

苯酚磺酸的制备：苯酚磺酸主要是稳定 Sn^{2+}，防止转为 Sn^{4+}，另外，它是一种表面活性剂，对阴极析出物起平整作用。苯酚磺酸的制备是将纯苯酚与过量的浓硫酸在 85～90℃时，使其发生下列反应：

$$C_6H_5OH + H_2SO_4 = C_6H_4OHSO_3 + H_2O \quad (4-36)$$

为了保证苯酚充分反应，按其重量比，浓硫酸要过量 10%。苯酚磺酸制备时，要严格控制温度在 85～90℃，并保温 4h。此反应为放热反应，因此应边搅拌边缓慢地把硫酸加入到苯酚中。为保证温度不高于 90℃，反应容器需采用冷却。

电解液的配制：将配制好的硫酸亚锡溶液、苯酚磺酸按需要加入电解槽中，并加入一定量的明胶、β－萘酚、甲醛等添加剂，然后加蒸馏水稀释。

电解液中各成分的含量为（g/L）：$H_2SO_4$90～100，Sn^{2+}40～50，磺酸 15～20，明胶 0.5～1，β－萘酚 0.05～0.1，甲醛 0.25。

B 电解作业

电解槽用塑料板制作，其尺寸为 690mm×210mm×330mm，每槽装入阳极 4～5 片，装入阴极 5～6 片。阴极尺寸为：240mm×180mm×0.5mm，阳极尺寸为：240mm×170mm×15mm。阴、阳极铸好后，放入 5% 盐酸溶液中浸泡 15～20min，然后用离子交换水洗干净，即可装入电解槽中使用。

电解的技术条件为：阴极电流密度 55～80A/m²，槽总电流 20～30A，槽电压 0.25～0.35V，同极距 70mm，电解周期 6～7d。

电解液需要进行循环。在电解过程中应经常检查槽电压，如发现槽电压过高或过低，要及时处理。在生产中，各单位工艺配置、生产方法和技术条件都有差异，有的在电解液中还加入 $K_2Cr_2O_7$ 以防止阳极钝化；有的阳极还套装布袋，防止阳极泥脱落污染阴极；有的采用 $SnSO_4-H_2SO_4-Na_2SO_4$ 电解液也能生产出合格的五九锡。

电解得到的阴极锡，用5%的盐酸浸泡，以减少黏附的 $PbSO_4$，并用蒸馏水洗净，装入搪瓷盆中，覆盖分析纯的 NH_4Cl 后，放入电炉中加热熔化，待 NH_4Cl 全部挥发完，再用竹片扒渣，倒入不锈钢模中铸锭，得到五九锡产品。

4.3.2.2　化学净化－电积法

化学净化首先要制备化学纯的 $SnCl_2 \cdot 2H_2O$ 结晶或相当于化学纯的 $SnCl_2$ 溶液，通过化学处理得到分析纯的 $Sn(OH)_2$ 或 $SnSO_4$，再配制电解液进行电积生产五九锡。

化学净化是根据锡和杂质氢氧化物沉淀的pH值不同而沉淀脱除各种杂质。将所得到的 $SnCl_2$ 酸性溶液用 Na_2CO_3 溶解中和至pH值为1.5～2.0，Al^{3+}、Sb^{3+} 产生沉淀，过滤除去；当pH值为3～3.5时，只产生 $Sn(OH)_2$ 沉淀，Bi^{3+}、Cu^{2+}、Pb^{2+}、Zn^{2+}、Fe^{2+}、As^{3+} 等仍保留在母液中。$Sn(OH)_2$ 沉淀过滤后用分析纯 H_2SO_4 溶解，控制pH值为3.5～4.0除去 Co^{2+}，得到的 $Sn(OH)_2$ 用蒸馏水洗涤，加分析纯 H_2SO_4 溶解配制成含 Sn^{2+} 120～150g/L，H_2SO_4 30～50g/L的电解液。另加入1g/L β－奈酚和3g/L明胶。用涤纶布204袋装经过处理的纯石墨板作阳极，即可电积。

4.3.3　生产高纯锡的其他方法

除了电解法生产高纯锡外，还有真空蒸馏法、区域提纯法及萃取－结晶提纯法等。

4.3.3.1　真空蒸馏法

无论是电溶造液电解法或化学净化造液电积法生产五九锡，都可能含铅比较高，有时高达 $(2～5)\times10^{-4}\%$。为了获得含Pb $0.5\times10^{-4}\%$ 的五九锡，通常还须通过真空蒸馏精炼，以降低铅和部分锑、铋等。真空蒸馏精炼五九锡的设备是一种钟罩式真空炉。把要精炼的锡放入坩埚内，把钟罩盖紧，然后将钟罩内的空气抽去，当真空度达到0.66Pa时，即可送电，用石墨加热器使锡熔化并起电磁搅拌作用。用钼片作保温层，保持温度在1000～1200℃之间，真空度在0.66Pa以上，保持铅等杂质的蒸馏时间在70min左右，坩埚中五九锡的铅即可达到 $0.5\times10^{-4}\%$ 以下。至此，一次作业完成。打开气阀，揭开炉盖，取出坩埚，将熔融的高纯锡铸成小锭。所得五九锡的杂质含量在下列范围内：Co、Al、Tl、As、Zn、Ni、Fe、Ca、Pb、Cd、In、Bi、Ti、Ga、Au、Sb等16种元素为低于 $0.5\times10^{-4}\%$；Ag、Cu、Mg、Mn等4种元素低于 $0.2\times10^{-4}\%$。从坩埚中挥发出来的铅等冷凝在钟罩壁上，成为含Pb约2%～3%的Pb－Sn合金，挥发的Sb、Bi等也富集在Pb－Sn合金中。

4.3.3.2　区域熔炼法

区域熔炼法是将料锭一小部分熔化作为一个熔区，然后使熔区慢慢地从一端移向另一端，在这个过程中，熔区与凝固相之间仍然存在分凝效应。对于分配系数 $K<1$ 的杂质，在熔区中的含量将高于凝固相中的含量，此类杂质在熔区中富集，并随熔区的移动向末端集聚。对于 $K>1$ 的杂质，将聚集在料锭的头部。此种方法可重复地进行，每重复一次均可保留上一次的提纯效果，每次过程都在上一次基础上进行。这就是区域熔炼能最大限度地除去杂质的关键。

在高纯金属的生产过程中采用的区域熔炼法有水平区熔和悬浮区熔两类。加热方式有感应加热、电阻炉加热和电子束加热。系统的气氛有真空区熔和保护性气氛区熔。

区域熔炼作业需要在特制的设备中进行。

区域熔炼作业是一种流程长、费时、费电、产率低、锡的直接回收率也低的高成本作业。

5 炼锡炉渣及低锡物料的处理

5.1 概述

随着锡矿的不断开采，锡矿石品位逐渐下降，难选矿石逐渐增多。为了提高锡的选矿回收率，必须降低选矿富集比，降低精矿品位产出贫锡精矿或少产高品位锡精矿，产出部分锡中矿。贫锡精矿和锡中矿大多是锡铁、锡硫结合致密、难以用物理方法使之分离而将锡富集到合适还原熔炼要求的品位，或因粒度太细，分选效率低，用现行传统的冶炼流程难以处理的矿物，必须研究适当的火法富集方法，得到适合于还原熔炼的产品。

在烟化炉处理富渣成功之前，是将富渣加石灰送进鼓风炉再熔炼，产出铁锡合金和含锡1%～3%的贫渣，铁锡合金返回和精矿一起熔炼，贫渣丢弃。

硫化挥发法处理锡中矿是在富锡炉渣硫化挥发的基础上发展起来的。硫化挥发法早在20世纪30年代就已经提出来了，各国在生产和试验中先后采用过鼓风炉、反射炉、沸腾焙烧炉、回转窑和悬浮焙烧炉等设备，都因挥发率不高等原因而未获推广。1954年，苏联波多尔斯克冶炼厂首先采用烟化炉硫化挥发处理锡贫渣成功。1963年云南锡业公司采用烟化炉硫化挥发处理贫锡炉渣成功后，用烟化炉直接处理富锡炉渣，取代了传统的鼓风炉加石灰再熔炼法。1964年和1972年，该公司烟化炉处理富中矿获得成功，锡的挥发率在98%以上，烟尘含锡品位达50%以上，弃渣含锡少于0.1%，粉煤消耗约22%等较好的技术经济指标。2007年，该公司研发成功了烟化炉富氧硫化挥发工艺，使生产效率大幅提高，节能效果进一步显现。

锡中矿硫化挥发的成功，突破了传统的选矿和冶金技术的局限性，解决了矿山选矿和冶炼中精矿品位与回收率的矛盾，使锡的选冶回收率大幅度提高，是锡选矿和冶金史上的一次重大变革。

从理论到实践证明，硫化挥发法是目前世界上处理锡炉渣、锡中矿、贫锡精矿和低品位含锡物料最有效手段。它是利用锡的硫化物的挥发性能与炉料中其他组元挥发性能的差别而达到分离和富集之目的。硫化挥发法工艺流程简单，物料的适应性强，锡的挥发效率高，机械化、自动化程度高，处理能力大，生产成本低，并将锡精矿所带入的铁找到了一条较为彻底的开路，避免了铁在冶炼过程中的恶性循环。现在，烟化炉硫化挥发已被世界各国炼锡厂广泛采用。

锡中矿氯化挥发工艺是20世纪80年代由我国工程技术人员开发成功的，是一种主要用于处理低品位难选锡中矿的氯化冶金工艺，由于是在云南锡业公司实现工业化，故被称为“云锡氯化法”。

5.2 锡炉渣及锡中矿的硫化挥发

5.2.1 硫化挥发的基本原理

5.2.1.1 硫化挥发的热力学基础

锡中矿硫化挥发是在锡炉渣硫化挥发的基础上发展起来的，从理论和实践已经证明硫化挥发法是目前世界上处理锡中矿、低锡精矿和锡炉渣最有效、最先进的技术。它利用锡化合物的挥发性能与炉渣中其他组元挥发性能的差别而达到分离和富集的目的。

含锡物料中锡可能存在的形态为：锡的氧化物（SnO_2、SnO）、锡的硫化物（SnS）和金属锡（Sn）。

锡的沸点很高（2270℃），在烟化炉作业温度（1150～1250℃）条件下，其饱和蒸气压很小，约为0.29～1.05Pa。二氧化锡的沸点也很高。因此，在挥发过程中锡和二氧化锡的挥发很小。氧化亚锡和硫化亚锡的沸点较低，在烟化炉作业温度条件下其饱和蒸气压较大，它们在锡的挥发过程中起到重要作用。

A 氧化亚锡的挥发性能

在相同条件下，物质饱和蒸气压大小是衡量物质挥发能力高低的尺度。纯氧化锡的沸点为1430℃，其饱和蒸气压（Pa）用下式计算：

$$\lg p^{\ominus}_{SnO} = -13161/T + 12.9 \quad (5-1)$$

其饱和蒸气压计算值见表5-1。

表5-1 氧化亚锡的饱和蒸气压

温度/K	1280	1350	1400	1500	1600
$p^{\ominus}_{SnO}$/Pa	415	1416	3157	13366	47247

氧化亚锡（SnO）是一个不稳定的化合物，根据研究，在温度383℃时$SnO_{(s)}$稳定，在383～1100℃时范围内$SnO_{(s)}$不稳定，而$SnO_{(g)}$是稳定的，在高于1100℃时，$SnO_{(l)}$和$SnO_{(g)}$稳定存在。氧化亚锡的挥发能力的大小除与温度有关外，还与熔体中的氧化亚锡的活度、气相氧分压有关。

气相氧分压的控制按一氧化碳燃烧反应进行调节：

$$CO + 1/2O_2 = CO_2 \quad (5-2)$$

$$\Delta G^{\ominus} = -280960 + 85.23T \quad (J)$$

$$\lg(\%CO_2/\%CO) = 1064.5/T - 0.017$$

式5-2是氧化亚锡最佳挥发时应控制的CO_2/CO（体积分数）比值条件。其对应的温度、p_{O_2}、CO_2/CO（体积分数）、CO_2（体积分数）和CO（体积分数）见表5-2。

表5-2 氧化亚锡最佳挥发的温度与气相组成关系

温度 T/K	$\lg p_{O_2}$	CO_2/CO（体积分数）/%	CO_2（体积分数）/%	CO（体积分数）/%
1373	-5.96	5.74	84.54	15.46
1473	-4.61	5.08	83.55	16.45
1573	-3.84	4.57	82.05	17.95
1673	-2.40	4.16	80.62	19.38

实际含锡物料中氧化亚锡的挥发，随着锡品位的不断降低，氧化亚锡的挥发愈来愈困难，加之与渣中的 SiO_2 结合成 $SnO \cdot SiO_2$，氧化亚锡的挥发更困难。

B　硫化亚锡的挥发性能

硫化亚锡（SnS）的沸点较低，约为1209℃，其饱和蒸气压（Pa）与温度（K）的关系为：

$$\lg p_{(SnS)} = -10099/T + 11.822 \quad (5-3)$$

实际测定的硫化亚锡的饱和蒸气压见表5－3。

表5－3　实际测定的硫化亚锡的饱和蒸气压与温度关系

温度 T/K	1273	1373	1503
$p_{(SnS)}$/Pa	7733	30530	101323

实测沸点比按式5－3计算的要高一些，主要由于气态中除了SnS单分子存在外，还有部分聚合分子 $(SnS)_2$ 存在，是导致沸点差异的原因。Sn－S系中有两个稳定的化合物SnS和 SnS_2。一个不稳定的包晶化合物 Sn_2S_3。锡的硫化物与其他多价氧化物和硫化物一样，高温时高价硫化物不稳定，将逐级分解为稳定的低价硫化亚锡。

渣中硫化亚锡的挥发能力与温度有关，还与渣中硫化亚锡的活度有关。渣中硫化亚锡的蒸气压计算为：

$$p_{(SnS)} = p^{\ominus}_{(SnS)\alpha(SnS)} \quad (5-4)$$

根据熔体中的反应：

$$(Sn)或[Sn] + 1/2S_2 \xlongequal{} (SnS) \quad (5-5)$$

$$\Delta G^{\ominus}_{\alpha} = -139846 + 64.8T \quad (J)$$

反应的标准自由焓 $\Delta G^{\ominus}_{\alpha}$ 和硫化亚锡的标准分解压 $p^{\ominus}_{S_2(SnS)}$ 见表5－4。

由表5－4可知，渣中硫化亚锡的标准分解压随温度升高而增大，渣中硫化亚锡的标准分解压是温度和组成的函数：

$$p_{S_2(SnS)} = p^{\ominus}_{S_2(SnS)} \cdot \alpha(SnS)/\alpha[Sn] \quad (5-6)$$

表5－4　渣中硫化亚锡的标准生成自由焓和标准分解压

温度 T/K	1000	1100	1200	1300	1400	1500
$\Delta G^{\ominus}_{\alpha}$/J	－78986	－69810	－62045	－55446	－48848	－43924
$p^{\ominus}_{S_2(SnS)}$/Pa	5.7×10^{-4}	2.4×10^{-2}	0.4	3.6	23.2	116.3

恒温时，实际控制气相硫分压 p_{S_2}：

$p_{S_2} > p_{S_2(SnS)}$，（SnS）生成；

$p_{S_2} = p_{S_2(SnS)}$，反应平衡；

$p_{S_2} < p_{S_2(SnS)}$，（SnS）分解。

因此，渣中硫化亚锡挥发过程，必须保持气相硫分压 p_{S_2} 大于渣中硫化亚锡的分解压 $p_{S_2(SnS)}$（平衡压力），硫化亚锡才能稳定存在而挥发，否则，硫化亚锡将分解为 $Sn_{(l)}$ 和 S_2，影响锡的硫化挥发。由式5－6可知，随着渣含锡的不断降低或金属相中含锡很低，即 $\alpha_{(Sn)}$ 或 $\alpha_{[Sn]}$ 降低，渣中硫化亚锡的分解压 $p_{S_2(SnS)}$ 将增大，也即由于溶液的存在，要使渣中的锡（无论什么形态）完全挥发是不可能的，部分锡损失于渣中是不可避免的。

综上所述，渣中硫化亚锡的挥发与氧化亚锡的挥发有相似之处，它们都随温度的升高而升高，其分解压和饱和蒸汽都增大，有利于锡的挥发；不同之处是硫化亚锡的挥发要求控制气相硫势（$RT\ln p_{S_2}$）大于渣中硫化亚锡的硫势（$RT\ln p_{S_2(SnS)}$），而渣中氧化亚锡的挥发，要求控制氧势（$RT\ln p_{O_2}$）等于纯二氧化锡的氧势（$RT\ln p^{\ominus}_{O_2(SnO_2)}$）；在相同条件下，渣中硫化亚锡的挥发能力比氧化亚锡的挥发能力大得多。

C 锡的硫化反应

a 硫化剂

目前，烟化炉处理锡中矿和富锡炉渣等含锡物料最常用的硫化剂是黄铁矿（FeS_2），黄铁矿受热时发生热离解反应：

$$FeS_{2(s)} = FeS_{(s)} + 1/2S_2 \qquad (5-7)$$

$$\Delta G^{\ominus} = 182004 - 187.65T \quad (903 \sim 1033K) \quad (J)$$

$$FeS_{(s)} = Fe_{(s)} + 1/2S_2 \qquad (5-8)$$

$$\Delta G^{\ominus} = 125078 - 37.54T \quad (598 \sim 1468K) \quad (J)$$

它们的标准分解压见表5-5。

表5-5 FeS_2 和 FeS 的标准分解压

温度 T/K	903	970	1000	1033	1100	1200	1300	1400	1500
$p^{\ominus}_{S_2,FeS_2}$/Pa	$10^{3.48}$	$10^{5.00}$	$10^{6.00}$	$10^{6.20}$	—	—	—	—	—
$p^{\ominus}_{S_2,FeS}$/Pa	$10^{-6.96}$	$10^{-5.96}$	$10^{-5.17}$	$10^{-4.69}$	$10^{-3.60}$	$10^{-2.44}$	$10^{-1.39}$	$10^{-0.59}$	$10^{-0.22}$

凡是分解压比硫化亚锡大的硫化物均能使锡硫化，这种硫化物叫做锡的硫化剂。表5-5中所示，在相同温度条件下 FeS_2 的标准分解压比表5-4中所示的硫化亚锡的标准分解压大得多，故 FeS_2 是锡的较强的硫化剂；FeS 的标准分解压较小是锡的较弱的硫化剂，尽管 FeS 的标准分解压比硫化亚锡的标准分解压小，但处于熔体中的硫化亚锡的分解压更小，故 FeS 可以硫化熔体中的锡。

在还原气氛条件下，主要的硫化反应为气相硫的硫化反应，特别是气相硫的硫化金属形态锡的反应。因此，烟化作业过程中在保证烟化过程正常进行的条件下，应尽可能控制较强的还原气氛，有利于增大反应进行的趋势和反应速度。

b 含锡物料的硫化挥发反应

含锡物料中锡可能以 SnO_2，SnO，Sn 的形态存在，在高温下吹入空气和粉煤，在弱还原气氛条件下加入黄铁矿，含锡物料硫化过程的主要反应有：

$$C + O_2 = CO_2 \qquad (5-9)$$

$$C_{(s)} + 1/2O_2 = CO \qquad (5-10)$$

$$C + CO_2 = 2CO \qquad (5-11)$$

$$FeS_{2(s)} = (FeS) + 1/2S_2 \qquad (5-12)$$

$$(FeS) + 3/2O_2 = (FeO) + SO_2 \qquad (5-13)$$

$$1/2S_2 + O_2 = SO_2 \qquad (5-14)$$

$$[Sn] + 1/2S = SnS_{(g)} \qquad (5-15)$$

$$2(SnO) + 3/2S_2 = 2SnS_{(g)} + SO_2 \qquad (5-16)$$

$$(SnO_2) + S_2 = SnS_{(g)} + SO_2 \qquad (5-17)$$

$$[Sn] + (FeS) + 1/2O_2 = (FeO) + SnS_{(g)} \quad (5-18)$$

$$(SnO) + (FeS) = (FeO) + SnS_{(g)} \quad (5-19)$$

$$3(SnO_2) + 4(FeS) = 4(FeO) + 3SnS_{(g)} + SO_2 \quad (5-20)$$

$$[Sn] + SO_2 + 2CO = SnS_{(g)} + 2CO_2 \quad (5-21)$$

$$(SnO) + SO_2 + 3CO = SnS_{(g)} + 3CO_2 \quad (5-22)$$

$$(SnO_2) + SO_2 + 4CO = SnS_{(g)} + 4CO_2 \quad (5-23)$$

$$SnS_{(g)} + 2O_2 = SnO_{2(s)} + SO_2 \quad (5-24)$$

上述反应在标准状态下和在一般冶炼温度条件下均能自动进行。其中式（5－9）~式（5－11）与式（5－2）为碳的燃烧反应，为保证反应进行提供热源，式（5－2）是控制整个体系气相氧势或气相氧分压的重要反应，其气相氧分压 p_{O_2} 或 CO_2/CO（体积分数），或 p_{CO_2}/p_{CO} 按式（4－25）计算：

$$\lg[p_{CO_2}/p_{CO}] = \lg[CO_2/CO(\text{体积分数})] = 14675/T - 4.452 + 1/2\lg p_{O_2} \quad (5-25)$$

式（5－12）~式（5－14）为黄铁矿分解反应和分解后的氧化反应，式（5－14）是控制整个体系气相硫或气相硫分压的重要反应。气相硫分压按式（5－26）计算：

$$\lg p_{S_2} = -38213/T - 2\lg p_{O_2} + 2\lg p_{SO_2} + 13.6 \quad (5-26)$$

由式（5－26）可以得到，在恒温、恒 p_{SO_2} 的条件下，欲使气相 p_{S_2} 增大，必须降低 p_{O_2}，即适当控制还原气氛，才有利于硫化挥发。

式（5－15）~式（5－24）为含锡物料中锡及其氧化物参与的可能的硫化挥发反应。

式（5－18）~式（5－20）与其他反应相比，在相同的条件下反应进行的趋势最小，即用（FeS）硫化含锡料中的锡及其氧化物的反应趋势最小，反应式（5－15）~式（5－17）和式（5－21）~式（5－23），即气相硫（包括 S_2，SO_2）在相同的条件下硫化反应的趋势最大，反应将优先进行；锡在渣中呈独立的金属相存在时（指当金属珠子夹杂于渣中），其硫化反应的趋势最大而首先进行；锡在渣中呈金属溶解状态时，其硫化趋势较小；气相硫的硫化反应，随着气相中还原气氛的增加，硫化反应的趋势迅速增大。反应式（5－19）和式（5－20）基本上不受气氛的影响，而反应式（5－18）与其他反应相反，还原气氛增加时，（FeS）硫化金属锡的趋势下降。

综上所述，在还原气氛条件下，主要的硫化反应为气相硫的硫化反应，特别是气相硫硫化金属形态锡的反应。因此，烟化作业过程中在保证烟化过程正常进行的条件下，应尽可能控制较强的还原气氛，有利于增大反应进行的趋势和反应速度。

c　硫化挥发反应过程气氛的控制

根据式（5－5）可得到，只要控制气相硫分压 $p'_{S_2} > p_{S_2(SnS)}$ 或 $p'_{S_2} > p_{S_2(SnS)(g)}$，反应就能自动进行。实际生产过程中的反应器是一个敞开体系，在一定温度范围内，供煤和空气量一定的条件下，燃烧产出的 CO_2/CO（体积分数）比值在一定范围内，对应的气相氧分压 p_{O_2} 也在一定范围，在无黄铁矿存在的条件下，也就没有 p_{S_2} 和 p_{SO_2}，含锡物料中的锡或氧化物只能进行氧化还原反应而已，无硫化挥发反应。一旦反应器内有黄铁矿存在，就必然有一定的 p'_{S_2} 或 p'_{SO_2} 存在，硫化反应就一定发生而产出 $SnS_{(g)}$ 或（SnS）。由于反应器是一个开放的非平衡体系，产出的硫化亚锡蒸汽不断被炉气稀释而逸去，使产生的 a_{SnS} 或 $p_{SnS_{(g)}}$ 分压下降，与之平衡的 $p_{S_{2(SnS)}}$ 或 $p_{S_{2(SnS)(g)}}$ 也下降，并始终小于 p'_{S_2}，从而促使反应不断进行，直到黄铁矿消耗完为止。在此，硫化挥发反应过程中气氛的控制，不仅涉及产出的硫化亚锡的a_{SnS}或$p_{SnS(g)}$大小的挥发能力问题，而且涉及渣中（FeO）的还原与氧化，影响渣的基本性质。CO_2/CO(体积分数）比值应控制在渣中（FeO）稳定存在的范围，尽量使$a_{[Fe]}$和$a_{[Fe_3O_4]}$最小是恰当的，否则还原气氛强将使渣中的氧化亚铁还原为铁：

$$(FeO) + CO = [Fe] + CO_2 \qquad (5-27)$$

铁进入金属相形成 Fe - Sn 合金，降低了锡的活度，降低了锡硫化挥发反应的能力，使渣的性质恶化。氧化气氛太强（或还原气氛太弱），不仅使p_{S_2}下降，降低硫化挥发反应能力，而且使渣中的氧化亚铁氧化成磁性氧化铁（Fe_3O_4）：

$$3(FeO) + 1/2O_2 = (Fe_3O_4) \qquad (5-28)$$

同样使渣的性质恶化。两者都使硫化挥发过程在动力学上造成巨大阻力，甚至使硫化挥发作业难于实施，导致渣放不出来而死炉。含锡物料硫化挥发反应属于多相反应，在所研究的反应中，除了反应式（5-2）和式（5-14）属于气相中的均相反应其反应速率很快外，其他反应均属多相反应，包括了气-固、气-液、液-固、固-固等多相反应。硫化挥发过程的反应如此之多，反应物和产物可能有多种相态存在，因而整个硫化挥发过程是十分复杂的反应体系。为了强化硫化挥发生产过程，提高生产率，就必须研究反应物是如何变成产物的，即它们所经历的时空——反应机理，以及影响含锡物料硫化挥发的速度因素。

D 含锡物料中伴生金属的挥发

锡中矿和富锡炉渣中常含有铁、铜、铅、锌、锑、铋、铟、镉、锗等伴生金属。在烟化炉硫化挥发过程中，除铁、铜以外，其他金属都有不同程度的挥发，并在烟尘中富集。

Pb，PbO，PbS 在高温条件下易挥发，其纯物质的饱和蒸气压见表 5-6。在烟化炉硫化挥发作业条件下，Pb，PbO，PbS 都具有相当大的挥发能力，在还原硫化气氛中，铅主要以 PbS 的形态挥发；在还原吹炼不加硫化剂时，铅主要以金属 Pb 形态挥发；在锡烟化炉中铅的挥发率可达 95% 以上。

表 5-6 Pb，PbO，PbS 的饱和蒸气压与温度的关系

物质名称	纯物质饱和蒸气压 p_i/Pa				开始挥发温度/K
	133.32	1333.2	13332	101323	
	温度/K				
Pb	1249	1437	1694	2013	1173
PbO	1219	1360	1540	1745	1023 ~ 1073
PbS	1125	1248	1381	1554	973

Zn，ZnO，ZnS 的饱和蒸气压见表 5-7。

在 1200℃左右，金属锌的饱和蒸气压最大，其挥发能力最强；ZnO 极难挥发；ZnS 本身就是锡的硫化剂，在此不考虑其蒸气压的大小。含锡物料中的锌大多以 ZnO 形态存在，只有还原成金属锌才易于挥发。在烟化炉操作条件下，还原气氛较弱，且 ZnO 的活度a_{ZnO}较小，很难将锌完全还原以金属形态挥发，其挥发率约为 60% ~65%。

As，Sb，Bi，Cd 及其氧化物和硫化物的饱和蒸气压见表 5-8。

表 5－7　Zn，ZnO，ZnS 的饱和蒸气压与温度的关系

物质名称	温度/K				开始挥发温度/K
	1173	1273	1373	1473	
	纯物质饱和蒸气压 p_i/Pa				
Zn	99443	229310	509948	988968	773 ~ 873
ZnO	8.0	50.7	1329.2	409.3	1373
ZnS	—	—	—	—	1573

表 5－8　As，Sb，Bi，Cd 及其氧化物和硫化物的饱和蒸气压与温度的关系

物质名称	饱和蒸气压 $p_i^{\ominus}$/Pa							沸点/K
	133	1303	6650	13300	26600	39900	53200	
	温度/K							
As_4	627	698	750	787	819	835	839	888
As_4O_6	484	533	573	—	—	—	—	730
As_2S_3	593	660		820	—	—	—	838
Sb	1020	1210	1392	1487	1597	—	—	1908
Sb_2O_3	847	939	—	1230	1358	—	—	1698
Sb_2S_3	907	1040	—	1220	—	—	—	1353 ~ 1363
Bi	1230	1430	—	1653	—	—	—	1953
Bi_2O_3	—	—	—	—	—	—	—	2160
Bi_2S_3	1088	1261	1432	—	—	—	—	—
Cd	667	759	—	885	—	—	—	1038
CdO	1289	1420	—	1587	—	—	—	1770
CdS	1399	1631	—	—	—	—	—	—

在锡硫化挥发条件下，As，Sb，Bi，Cd 及其氧化物和硫化物都具有一定的挥发能力，其中镉以金属 Cd 和 CdS 形态挥发，镉的挥发率大于95%；铋主要以 Bi_2S_3 形态挥发，挥发率约为95%；砷的挥发率较低，其挥发率约为65% ~82%，这和砷酸盐及砷化物有关。Ge，In 及其氧化物和硫化物的饱和蒸气压见表 5－9。Ge，GeO，In，In_2O 是较难挥发的物质，而 GeS 和 In_2S 较容易挥发。在烟化炉作业条件下，锗、铟主要以硫化物形态挥发，锗、铟的挥发率分别为80% ~90%和86% ~88%。

表 5－9　Ge，In 及其氧化物和硫化物的饱和蒸气压　　(Pa)

物质						
Ge	T/K	1273	1373	1474	1523	3143
	$p_i^{\ominus}$	5.07×10^{-4}	5.56×10^{-3}	0.04	0.11	101323
GeO	T/K	1522	1712	—	—	—
	$p_i^{\ominus}$	1.3×10^{-3}	0.0130	—	—	—
GeS	T/K	773	873	—	—	1033
	$p_i^{\ominus}$	126.7	2186	—	—	101323

续表 5-9

In	T/K	1273	1373	1473	1523	2338
	$p_i^\ominus$	4.3	19.5	88.9	167.1	101323
In_2O	T/K	896	996	—	—	—
	$p_i^\ominus$	0.3	6.9	—	—	—
In_2S	T/K	1073	1173	1373	1473	—
	$p_i^\ominus$	0.78	12.7	1048	5266	—

5.2.1.2 硫化挥发的动力学

A 固态含锡物料硫化挥发的动力学机理

含锡物料在固态下硫化挥发主要为气－固反应类型，如回转窑、短窑、鼓风炉的硫化挥发，其反应机理为：

（1）硫化剂分子 S_2 由气相中向气－固界面扩散（外扩散）及 S_2 分子通过固体孔隙和裂缝深入到含锡物料内部的扩散（内扩散），在硫化剂 S_2 向内扩散的同时，固相反应物中的金属锡（包括 Sn^{2+}，Sn^{4+}）向外扩散。

（2）S_2 分子在气－固界面上发生物理吸附和化学吸附。

（3）被吸附的 S_2 分子在相界面上与 Sn（包括 Sn^{2+}，Sn^{4+}）发生化学反应，并生成吸附态的 $SnS_{(g)}$（包括 $SnS_{(g)}$气核形成等）；

（4）$SnS_{(g)}$产物在气－固界面上脱附；

（5）产物分子 $SnS_{(g)}$通过多孔产物层（脉石或固态渣）的内扩散和气－固边界层（气膜）的外扩散离开反应界面向气相本体扩散。

B 液态含锡物料硫化挥发的动力学机理

在烟化炉中高温条件下含锡物料呈液态，硫化挥发的反应主要为气－液反应类型，其反应机理为：

（1）气相反应物分子 S_2 由气相中向气－液界面扩散，渣相中的反应物（Sn，Sn^{2+}，Sn^{4+}，S^{2-}）由渣相向液－气界面扩散；扩散阻力往往集中在渣相内部一侧的液膜边界层内。

（2）反应物分子（S_2，Sn 等）在气－液界面上发生化学吸附。

（3）被吸附的分子或原子或离子在气－液界面上发生界面化学反应（包括 $SnS_{(g)}$气核形成等）。

（4）产物分子 $SnS_{(g)}$在气－液界面上脱附。

（5）产物分子 $SnS_{(g)}$离开界面通过边界层（气膜）向气相本体扩散。

含锡物料硫化挥发多相反应是由上述一系列首尾相接的各个环节（或步骤）所组成的。硫化挥发过程的总速率为上述各环节中最慢的环节所控制，只要限制性环节的速度提高了，过程的总速率就可以提高。要强化硫化挥发过程，就要强化最慢环节的速度。通常上述机理中第（1）环节或第（5）环节是最慢的，那么硫化挥发过程的总速率为扩散传质所控制，要提高过程的总速率就必须提高扩散传质的速率。如果第（2）、（3）、（4）环节中任何一环节最慢的话，硫化挥发过程为界面化学反应所控制，要提高过程的总速率就必须提高界面化学反应速率。如果两者都慢，则硫化挥发过程为混合控制，要提高过程的总速率就必须同时提高界面化学反应速率和扩散传质速率。

C　影响反应速度的因素

影响烟化炉硫化挥发的主要因素有温度、物料状态及性质、硫化剂、气氛、气流速度、燃料燃烧等。

a　温度的影响

由于烟化炉硫化挥发过程为扩散控制，提高温度的目的主要不是为了提高化学反应速率，而是为了改善扩散传质条件。提高温度不仅使流体（气体或熔渣）的物理性质改善，如黏度降低流动性好，增大扩散系数，而且在气流的冲击下熔渣的流动加速，使有效边界层的厚度减薄，从而大大增大传质系数。此外，温度的升高为气泡群的产生创造了良好的条件，从而增大了气－液相界面的面积和扩散面积即比表面积，为强化烟化炉硫化挥发过程创造了条件。因此，提高温度对强化烟化炉硫化挥发过程具有决定性的意义。若吹炼时间不变，处理同样物料量升高温度能显著提高锡的挥发速率，从而提高锡的挥发率和回收率。若达到相同的挥发率，温度升高便可以缩短吹炼时间。烟化炉内温度的高低与物料的组成和性质有关，较为适宜的温度为1150～1250℃。

b　物料的组成及性质的影响

物料的组成及性质对锡的硫化挥发有重要影响。参与反应的相关物质Sn，SnO，SnO_2和硫化剂等并非纯物质，它们的反应能力及挥发速度均与炉料的组成和性质密切相关。硫化挥发在回转窑内的固态炉料中进行时，要求炉料熔点高；硫化挥发在烟化炉的液态炉料中进行时，要求炉料熔点低、黏度小、传热传质性能好，以利于强化硫化挥发过程。实践证明，硫化挥发作业在液态渣中进行时，只要炉渣黏度较小，在适当的作业温度下，锡硫化挥发都较完全。

工业实践中发现炉渣硅酸度为1～1.2时，其熔点较低、黏度较小、流动性好，作业运行顺畅，挥发速率较高，弃渣含锡较低。此外，这种渣型中FeO的活度较大，有利于提高SnO的活度，既增大其硫化挥发能力，又增大其硫化挥发速率。推荐渣型的成分为：SiO_2 26%～28%，FeO 50%～55%，CaO 6%～8%，Al_2O_3 <10%。若渣中SiO_2和Al_2O_3含量较高，炉渣熔点升高，黏度增大，在正常作业温度下渣的物理性质恶化，影响传热传质，硫化挥发速率低，弃渣含锡高，使作业难以进行。最终渣型的选择还得根据物料成分、处理设备及各项技术经济指标来确定。

反应物浓度或活度的提高，有利于提高挥发过程的速率，处理含锡较高的物料时，其效益比处理含量低的物料好。

c　加入硫化剂的影响

含锡物料硫化挥发所使用的硫化剂有：硫黄、石膏、硫化锌、硫化铝、硫化钙和黄铁矿等。因为黄铁矿最为经济，最易于获得，故通常用其作硫化剂，以下讨论硫化剂的影响时主要讨论黄铁矿的影响。

硫的理论加入量可计算为：

$$1/2S_2 + Sn = SnS \qquad (5-29)$$

锡硫化生成SnS挥发，理论上所需的硫量约为锡量的0.27。为提高硫化挥发速率，控制较高的气相硫势是非常必要的。要提高气相硫势，除了前述需要控制适宜的还原气氛外，必须加入适当过量的硫化剂（黄铁矿）。黄铁矿大多通过烟化炉料口从渣面上加入，也有少数厂家是由风口喷入。

由于硫化剂通过炉子上部加入，其未落入渣池内，就有部分硫化剂受热分解并被炉内抽风带走；融入渣池的硫化剂除与锡反应外，还与部分杂质金属（铜、铅等）反应而消耗掉一部分；硫化剂的加入时机不正确，如渣中的 SnO_2 尚未被还原为 SnO 或 Sn，加入的硫化剂对硫化挥发作用不明显。这些原因都使硫化剂的实际消耗量增多。

半工业试验烟化炉处理贫锡精矿，在硫化挥发过程中配入量（黄铁矿中的硫量）按 S/Sn 质量比为 0.51 加入，约为理论需要量的 1.85 ~3.7 倍。黄铁矿以两种方式加入：第一种是黄铁矿在吹炼的 120min 内均匀加入；第二种是黄铁矿集中在吹炼开始的 10min 内加入。第一种加硫方式吹炼 120min，挥发率95%左右；第二种加硫方式仅吹炼60min，其挥发率达到与第一种加硫方式的同样效果。第二种加入方式有利于迅速提高反应器内的硫势，从而在动力学上强化了硫化挥发过程。试验表明，无论采用何种加硫方式，随着 S/Sn 质量比的增加，渣中残锡率下降，即挥发率增加；随吹炼时间延长，锡挥发率增加。根据生产实践经验，目前，S/Sn 比通常控制在 0.4 ~0.6 之间。黄铁矿的加入方式和加入量对硫化挥发的影响也是显而易见的。

在硫化挥发过程中，若硫化剂加入量过多，超过了炉渣对 FeS 的溶解度，就会有独立的锡锍相析出，锡锍能溶解 FeS 沉入炉底，影响 FeS 的挥发，而且造成锡锍对炉底水套的腐蚀，必须加以避免。在 $FeS-FeO-SiO_2$ 体系中 FeS 的溶解度很大，当有 CaO，Al_2O_3 加入，且 SiO_2 含量较高时，其溶解度下降。随着渣中 FeO 含量的增加和 SiO_2 含量的减少，FeS 的溶解度将增大。实践中无论是用回转窑、转炉、鼓风炉、烟化炉还是用旋涡炉处理含锡物料产出锡锍时，锡的挥发速率和挥发率都低，吹炼很长时间渣含锡仍降不下来。在烟化炉中一旦锡锍相析出，可以延长吹炼时间、适当提高气相氧势可以消除锡锍。在氧势提高后首先氧化［FeO］，［SnS］不被氧化而随之挥发。

d 炉内气氛的影响

为了提高硫化挥发反应的速率，炉内气氛在保证炭燃烧反应进行时，可以维持过程所需温度，在渣中 FeO 不被还原或少还原的条件下，尽量提高还原气氛，以维持高硫势，使硫化挥发过程得以强化。

在含锡物料硫化挥发过程中，炉子的温度控制和气氛调节全靠控制风煤比来实现。

风煤比与碳质燃料燃烧发热量和气氛的关系为：

供氧量，氧/碳（摩尔质量比）	16/12	32/12
燃烧产物	CO	CO_2
25℃发热值/kJ · mol^{-1}	110.54	393.51

一定量的碳燃烧成 CO 与 CO_2，所需的氧量（或空气量）相差 1 倍，但发热值后者为前者的 3.56 倍。

工业上常用过剩空气系数 α 表示风煤比：

$$\alpha = L_n / L_0$$

式中 L_0——煤中的碳完全燃烧生成 CO_2 所需的空气量；

L_n——实际供入炉内的空气量。

当 $\alpha=1$ 时，$L_n=L_0$，碳完全燃烧成 CO_2，其发热值最大；当 $\alpha=0.5$ 时，$L_n=0.5L_0$，碳完全燃烧生成 CO，其发热值为最小；当 $\alpha=0.5\sim1$ 时，为碳不完全燃烧，其发热值介于上述两者之间。碳不完全燃烧时，其 α 值与 CO_2/CO（体积分数）和发热值的关系见表 5 – 10。可见，碳质燃料燃烧时，一定的过剩空气系数对应着一定的气氛和一定的发热值。

表 5 – 10　α 值与气相组成和发热值的关系

α	1	0.9	0.8	0.7	0.6	0.5
CO_2（体积分数）/%	21	18.24	15.00	11.00	6.14	0
CO（体积分数）/%	0	4.56	10.00	16.47	24.56	34.71
CO_2/CO（体积分数）	—	4.00	1.50	0.67	0.25	0
占完全燃烧的发热值分数/%	100	85.6	71.2	57.0	42.4	28.1

含锡物料在硫化挥发过程中要求较高的温度和适宜的还原气氛，目前，国内外烟化炉的过剩空气系数一般控制在 0.7 ~ 0.9 之间。

除了用调节风煤比或过剩空气系数来提高温度外，尚可采用预热空气和富氧空气，这是保证适宜的还原气氛条件下提高炉温强化烟化炉硫化挥发的有力措施。采用富氧空气吹炼，可以缩短时间，提高吹炼效率，降低燃料消耗。

e　气泡群与熔体相互作用的影响

风煤混合物由风嘴喷入加有黄铁矿的渣池中燃烧所形成的分散的气泡群与熔体的相互作用，正是烟化炉能够强化硫化挥发而与回转窑、鼓风炉、短窑、旋涡炉等设备硫化挥发区别的重要特征。在烟化炉硫化挥发过程中，要求亚音速的浸没射流具有一定的穿透能力，即要求射流在渣池中有一定的轨迹。这既能产生大量快速运动的气泡群，又能使熔池壁的磨蚀减小，否则，迅速上升的气流会加速这种磨蚀。由于射流传质中紊流扩散系数剧增，紊流扩散系数仅决定于流动状态的紊乱程度，流动系统的雷诺数愈大，搅混愈强烈则紊流扩散系数愈大，这与分子扩散系数有本质的区别。紊流扩散系数往往比分子扩散系数大数百倍到数万倍。这就极大地强化了硫化挥发过程的传热、传质。在每个气泡中风和粉煤受泡壁（高温熔渣）加热后立即燃烧，释放出的热量又将气泡中的气体和泡壁加热。由于射流和气泡群的剧烈运动、搅拌，使熔渣激烈翻腾，促使整个熔池内的熔渣成分均匀化，熔渣温度高而均匀，使熔渣中参与反应组元的扩散阻力得到极大改善，从而强化了整个硫化挥发过程。在每个气泡中都进行着硫化挥发反应。当黄铁矿加入时，刚入炉的气泡里，p_{S_2} 或 p_{O_2} 很大，而 $p_{SnS(g)}$ 为零，反应是在气 – 液相界面上进行，产生的 $SnS_{(g)}$ 通过边界层立即扩散（包括分子扩散和紊流扩散）到气泡中，随气泡的上浮和长大，$p_{SnS(g)}$ 增大。当气泡逸出熔渣表面时破裂，$SnS_{(g)}$ 被炉气带走。每个气泡都相当于一个小真空泵，不断将 $SnS_{(g)}$ 抽吸带走。在整个吹炼过程中，熔渣中的气泡群连续不断地促使反应进行到底。因此，气泡群和熔渣的这种相互作用对烟化炉的硫化挥发速率具有重要意义。这种相互作用的大小与气泡的数量及尺寸有关，即与气 – 液相界面大小有关，也与通入熔体的气流强度或气流速度有关。

有关文献表明，表观速率常数 $k_表$ 与过剩空气系数 a、鼓风强度 I 和 p_{SnS} 有如下关系：

$$k_表 = 0.00312 a I p_{SnS} \tag{5-30}$$

由式 5 – 30 可知，在过剩空气系数 a 为一定值的条件下，表观速率常数 $k_表$ 与鼓风强度 I 和 p_{SnS} 成正比。换言之，在恒温条件下 p_{SnS} 为常数，表观速率常数随鼓风强度的增加而成比例增加；当鼓风强度 I 恒定时，表观速率常数 $k_表$ 随温度升高而成比例增加。温度的增加与富氧程度和预热空气温度密切相关。

实践证明，增大鼓风强度，可以使渣含锡较快地下降，提高鼓风强度有利于提高挥发速率，但并不是鼓风强度愈大愈好。鼓风强度与炉子的结构尺寸有密切关系，在炉子结构尺寸一定的条件下，鼓风强度增加即线速度增加，在熔体内部射流长度增加。鼓风强度过大，则炉子中心部位可能集中大量气泡，使风、煤大量排出渣层之外燃烧，燃料利用率低，热损失大。鼓风强度过小，炉子中心部熔体很少运动，液渣翻腾效果不好，不利于硫化挥发。因此，鼓风强度的控制要适宜。

f 过程进行的时间

任何反应过程的完成总需要一定的时间，时间愈短表明表观速率常数 $k_{表}$ 愈大，生产效率愈高。在表观速率常数 $k_{表}$ 恒定的条件下，随着吹炼时间的延长，含锡物料中锡含量愈来愈低，其挥发速率愈来愈小，与之对应的锡的挥发率也是愈来愈小。因此，不能要求弃渣含锡过低，以免吹炼时间延长而回收的锡又不能抵偿吹炼的消耗。在选择弃渣含锡指标时，应考虑总的经济效益，有时虽然弃渣含锡有所增加，但总的经济效益可大大提高，因为吹炼周期缩短了，炉床指数相应提高很多，能耗下降，加工成本降低了。

在烟化作业中，常加入一些冷料。冷料加入后熔化很快，故可以加入相当数量的锡中矿或固体含锡料，以减轻熔化炉的负荷。这样，烟化炉除硫化挥发外，尚增加了熔化冷料的任务，作业周期相应延长，炉床指数随之降低。加冷料势必会影响炉子的处理量，冷料愈多吹炼时间愈长，设备能力愈低。尽管如此，炉料熔化和硫化挥发还是应在同一烟化炉中进行。

综上所述可知，影响含锡物料烟化炉硫化挥发速率的因素是多方面的，除了与温度，物料组成及性质、风煤比控制、硫化剂加入量和加入方式、鼓风强度、气泡群与熔体的相互作用、挥发时间、弃渣含锡等有关外，尚与炉子的结构尺寸、处理量等各种因素有关。

5.2.2 烟化炉处理锡炉渣及低锡物料的生产实践

5.2.2.1 烟化炉生产的原则工艺流程及主要技术条件

烟化炉处理各种含锡物料的原则工艺流程如图 5-1 所示。

两种规格烟化炉生产的主要技术指标见表 5-11。

对粉煤的要求：粒度 $-0.074\text{mm} \geqslant 80\%$，水分 $<1.5\%$。

5.2.2.2 烟化炉的构造及其附属设备

各个炼锡厂的烟化炉虽然由于生产规模不同而大小不等，但其构造基本相同，主要包括水套、三次风口、加料口、放渣口、风口、风管、煤管、千斤顶、加固装置等。其结构装配见图 5-2。

a 炉体结构

烟化炉炉体为全水套结构，包括炉底及炉子出口、烟道都是由水套构成。水套是烟化炉的主体构件，用钢板焊接而成，水套分为炉底水套、炉身水套和烟道水套。水冷水套内部用工字钢焊接，以加强水箱的强度，防止热变形。冷却水在水套内呈蛇形流动，以提高冷却效率，防止局部成死角被液渣烧坏。汽化水套内层是用锅炉钢板冲制而成，没有焊缝。焊缝在水套两侧及外面，故汽化水套强度更高。冷却水可循环使用，出水温度一般控制在小于60℃，汽化冷却式烟化炉采用汽化冷却水箱，汽化冷却的温度为 130~140℃，产出的蒸汽可用于生产和生活。

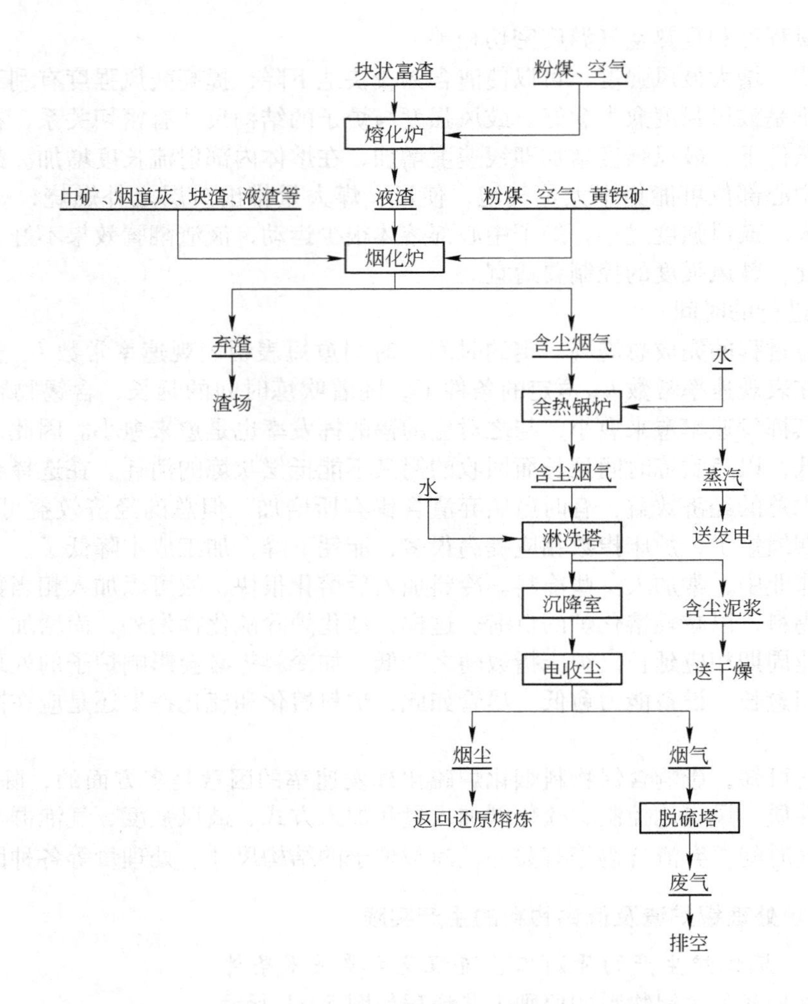

图 5－1　烟化炉处理各种含锡物料的原则工艺流程

表 5－11　两种规格烟化炉生产的主要技术指标

名　　称	2.6m² 烟化炉	4m² 烟化炉
进料量/t · 炉$^{-1}$	6 ~ 7	13 ~ 15
炉床能力/t ·(m² · d)$^{-1}$	21 ~ 27	17 ~ 25
弃渣含锡/%	<0.2	<0.2
炉温/℃	1150 ~ 1250	1250 ~ 1350
冷却出水温度/℃	60	130 ~ 140（汽化温度）
一次风压/kPa	60 ~ 70	60 ~ 70
二次风压/kPa	90 ~ 110	90 ~ 110
风量（标态）/m³ · h^{-1}	4500 ~ 5000	7000 ~ 8000
炉内压力/Pa	－30 ~ －100	－30 ~ －100
冲渣水压/kPa	>200	>200
风煤比	0.7 ~ 0.9	0.7 ~ 0.9

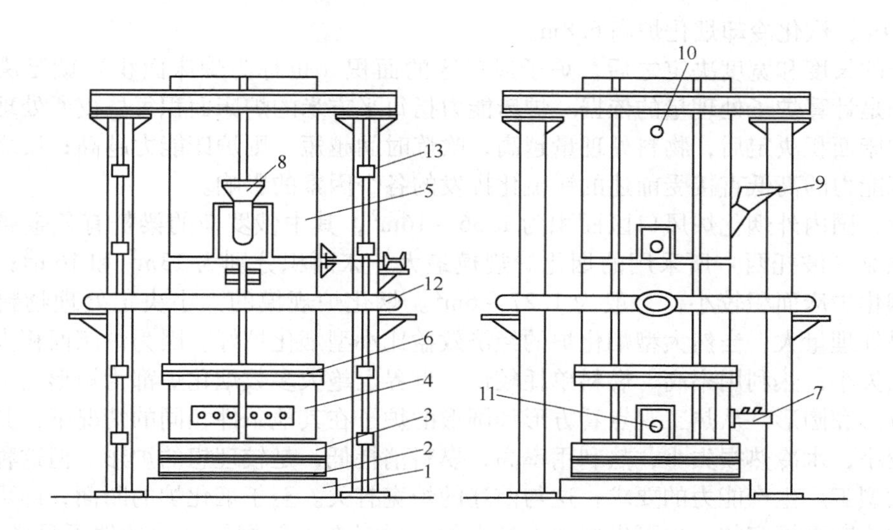

图 5-2　烟化炉结构

1—炉子基础；2—底盘框架（或千斤顶）；3—炉底水箱；4—风口水箱；5—炉体水箱；6—紧身箍；7—风口；8—冷料口；9—热料进口；10—三次风口；11—废渣放出口；12—风管；13—炉体支架

炉底水套平放在千斤顶上，承受着炉体的主要重量。在炉底水套上沿 4 个方向垂直安装炉身水套，其内壁焊有 16mm × 50mm 的挂钉，炉渣受水套冷却凝结的壳层附于水套内壁上被挂钉固定。渣壳厚度由几厘米至 10 余厘米，视炉渣的硅酸度、温度和液渣冲刷程度而定。这种固态壳的热导率约为 0.06W/(cm² · K)，相当于纯 Al_2O_3 的热导率，约为钢板热导率［227℃时为 0.617W/(cm² · K)］的 10%，它可以保护水套内壁钢板不受熔渣的腐蚀，并使熔渣得到保温。此种结构使用时间长，材料消耗少，费用低，比一般耐火材料砌筑的炉子经久耐用。风口部位炉渣翻腾剧烈、冲刷炉墙厉害，一般耐火材料难以经受这种高铁质炉渣的强烈腐蚀而迅速损坏。水套与水套之间用螺钉连接起来，水套之间的接缝用石棉板或石棉绳填充，防止液渣外流。炉体的外围还用槽钢加固炉体，炉体与四周站柱用螺钉连接，整个烟化炉形成坚实的整体。

b　烟化炉的主要尺寸

炉子的宽度以气流能否使中心部位的熔渣翻腾为准。在一定风压和风量下，即射流穿透能力一定的情况下炉子过宽中心部位的熔渣很少运动，于硫化挥发不利；炉子过窄中心部位可能集中很多气泡，使风、煤大量在此排到渣层之外燃烧，燃料利用率低，热损失大，熔渣温度低，熔体内部传热传质差，也对挥发不利。国内外现有烟化炉炉宽为 1 ~ 3m，绝大多数炉宽为 2.4 ~ 2.5m。某厂水套冷却烟化炉炉宽为 2.14m，汽化冷却烟化炉炉宽为 2.526m。

在炉宽尺寸确定后，炉长视处理物料量和液体料柱的静止高度来决定。当处理量一定时，炉子的长度增加，则料柱的高度就低，炉渣翻腾效果好，反之，如炉子的长度减少，则料柱的高度就高，炉渣翻腾效果差，锡的挥发就受影响。国外现有烟化炉的长度为 0.9 ~ 0.97m。某厂目前水冷却烟化炉长为 1.22m，汽化冷却烟化炉长为 1.584m。

国内外现有烟化炉高为 2.3 ~ 11.6m；大多数炉子高为 5m，一般 6 ~ 7m 较为合理，几乎所有的炉子的高度都随床面积增大而升高。其合理高度应保证在炉壁上无结瘤，喷溅物和烟尘量最少，有利于烟气输送挥发物，固体冷料可加到炉内。国内某厂目前水冷却烟化炉高 5.44m，汽化冷却烟化炉高 6.8m。

炉子的长度和宽度决定之后，炉子风口区的面积（也称为炉床面积）就已决定，风口区面积是计算炉子处理量的依据。炉床能力指每平方米的炉床面积每昼夜所处理的物料量。当炉床面积决定后，物料处理量越高，吹炼时间越短，则炉床能力越高；反之，则越低。炉床能力的高低直接受前述的锡硫化挥发的各个因素的影响。

目前，国内外烟化炉风口区面积为 1.36 ~ 16m^2，其中俄罗斯的梁赞有色金属加工厂和玻利维亚（波托西）所采用的烟化炉规模最大，床面积分别为 13m^2 和 16m^2；国内锡冶炼用烟化炉床面积较小，一般为 1.27 ~ 6m^2。烟化炉规模的大小决定处理物料量的大小。如果处理量大，当然大型烟化炉的经济效益比小型烟化炉好。因为炉床面积大，相对水冷热损失小，热利用率高，燃料单耗较低。世界上绝大多数烟化炉都为矩形的炉子，少数呈正方形和圆形。从热工观点看方形和圆形的炉子在其他条件相同的情况下，其水套冷却面积较小，水冷热损失小，热利用率高，燃料消耗低，是较理想的炉形。但这种炉型不能适应大型工厂生产能力的要求，这与前述的炉宽有关。至于烟化炉的断面，即可做成向上收缩的或断面恒定的，也可做成向上扩大的。后者在大量烟气负荷条件下是较合理的，它给所处理的物料以某种形式的空间，从而增加了气雾、烟尘的逸出量。

c　风口

风口安装在沿炉子长方向的最下层水套上，两面对称安装，风口的多少视炉子大小而定。风口有时需用钢钎清理，故端头有球阀结构。喷粉煤的风口结构如图 5－3 所示。风口上接有两个风管，前一个进风和粉煤的混合物，称为一次风管，后一个只进风，称为二次风管。通常一次风占总风量的 1/3 左右，二次风占总风量的 2/3 左右。由于粉煤和风煤对管壁有强烈的磨损，故风口属易损件。为便于更换、修理，风口用螺钉与水套连接，并在缝隙间填充石棉垫子以防漏风、煤。风口的使用寿命直接影响炉子的开动率，为提高风口的使用寿命，有的工厂将严重受损的部分单独做成一段，两端用螺钉连接，以便更换。当管壁部分磨损尚未磨通之前，将此段管子旋转一定角度后装上仍可使用，如此每段可旋转数次，相应的管子寿命长。另一种办法是将一次风磨损的部位管径扩大，使一次风流速减慢以降低冲击力减少磨损，延长其使用寿命。也可改变一、二次风管的角度，如，由 90°改为 45°，同样可延长寿命。如此，便可大大提高炉子运行周期，且维修和更换方便。上述适合以燃煤作为主要燃料的烟化炉。锡烟化炉多数使用粉煤作燃料和还原剂，也有用燃油或燃气作燃料和还原剂的。用燃油作燃料的风口，在空气进气管前面装有喷油嘴，将油喷到文氏缩管可获得最佳雾化。喷油嘴的位置应避开通风眼的钢钎。

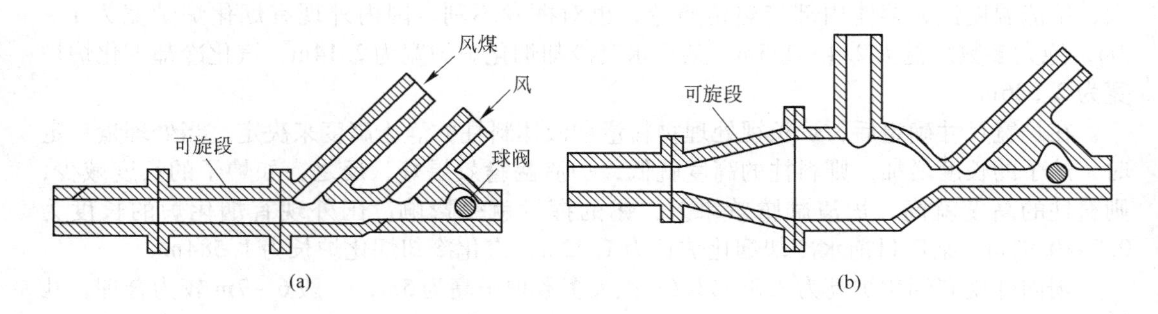

图 5－3　烟化炉粉煤燃料风口剖面示意图

（a）2.6m^2 烟化炉风口；（b）4m^2 烟化炉风口

风口与炉底的距离十分重要，一般为 140～250mm。距离过大则靠近炉底的熔渣不能被风、煤燃烧混合物所搅动和翻腾，特别是处理冷料时冷料沉底不易翻动，容易造成炉结，不但影响炉料熔化，也影响锡的挥发效果。距离太小，虽然液渣翻腾效果好，但炉底水套容易受到高速风煤混合物和燃气的磨损和液渣的剧烈冲刷而损坏。为防止炉底水套烧坏而发生爆炸，有的在炉底水套上面砌筑了一层耐火材料；有的干脆将炉底网板直接支撑在水池中进行冷却，即使钢板烧穿，其液渣会自动流出凝固而阻塞。目前某厂风口距炉底水套距离，水冷却烟化炉为 200mm；汽化冷却烟化炉为 625mm（含砌耐火砖），两者运行良好。

d 熔池深度

熔池深度波动较大，国内外现有的锡烟化炉熔池深度为 0.41～2.11m，一般熔池处于稳定状态下的深度为 0.7～1.4m。合理的熔池深度应能保证吹炼工艺过程正常进行和较好的技术经济指标。熔池深度与风口气流速度有关，熔池深度增大，其相应气流速度增大。这显然又与鼓风量、风口大小及个数等有关。目前某厂锡烟化炉熔池深度为：水冷却烟化炉约为 0.88m，汽化冷却烟化炉约为 1.14m。

e 加料口

加料口分冷料加料口和液料加料口。炉子中部设液料加料口，通过流渣槽将熔化炉或渣包送来的液料直接加入到烟化炉内。液料进完后将液料加料口堵住。冷料加料口可设在液料加料口上部或炉顶部。锡中矿、烟道灰、块渣、黄铁矿及其他含锡固体冷料通过皮带运输机、圆盘给料机或人工从此口加入炉内。

f 放渣口和冲渣槽

放渣口开在矩形短边最下层水套的下部。正常作业过程中渣口用能用循环水冷却的塞托堵住，放渣时将塞托拉出，弃渣从炉内流出并通过流槽进行水淬。目前，国内某公司的烟化炉的放渣口距炉底 200mm，渣口内径为 130mm。

液渣经冲渣槽水碎后完全冲入渣池。渣口出来的流渣槽呈 Y 形，目的是分流液渣，避免水碎渣过程中渣子太集中而冲不动造成堵塞和结渣突然落水引起冲渣爆炸。冲渣水要保证水压大于 0.196MPa。液渣水碎后为捞渣和运输提供了方便。烟化炉主要技术特性实例见表 5－12。

表 5－12 烟化炉主要技术特性实例

名 称	一厂	二厂	三厂
炉床面积/m^2	2.62	2.01	1.84
炉内长/mm	1220	2012	2000
炉内宽/mm	2154	1000	920
炉内高/mm	5140	2312	2350
风口个数/个	8	8	10
风口直径/mm	40	29	25
风口中心至炉底水套距离/mm	185	145	110

续表 5 – 12

名　称	一厂	二厂	三厂
加料口尺寸/mm	椭圆 510/253	ϕ200	ϕ200
注入口形状尺寸/mm	椭圆 300/250	200 × 240	240 × 260
注入口中心至炉底水套距离/mm	2000	3200	1035
放渣口数目/个	1	1	2
放渣口直径/mm	100/200	100 × 100	60 × 60，60 × 150
放渣口中心至炉底水套距离/mm	100	80	230，75

g　熔化炉

目前，我国有部分炼锡厂的烟化炉配有熔化炉。熔化炉的主要作用是将冷料加温熔化，并升温到1200℃以上，为烟化炉提供高温的液料，从而大大提高烟化炉的处理能力。烟化炉在处理熔化炉提供的高温液料的同时，还处理部分冷料，由于液料的温度高，所以冷料的熔化速度也相当快。

熔化炉的另一个作用是生产少量粗锡，因为富渣含有一定量的机械夹杂锡，这部分锡受热超过熔点后就会熔化沉入炉底，然后用一定的方法取出，这样就可以避免这部分锡进入烟化炉，这不但可以提高锡的回收率，而且可以减轻烟化炉的负担，降低烟化炉的煤耗和黄铁矿消耗，提高炉床能力。

熔化炉的构造和烧粉煤熔炼锡的反射炉相似，以粉煤作燃料。熔化炉的技术条件：负压：0 ~ －30Pa；炉温：1350 ~ 1450℃；液料温度：大于 1200℃；吨料煤耗：0.3 ~ 0.4t。

5.2.2.3　烟化炉生产过程的操作

烟化炉在炼锡厂已发展为能处理多种含锡物料的有效设备，如锡中矿、含锡炉渣、烟道灰、硬头、废炉底选洗渣等，其成分波动很大，含锡品位在 2% ~ 15% 之间。处理这些物料时应根据其成分进行适当的搭配，必要时加入适量的熔剂（石灰石或石英砂），使弃渣的硅酸度不能太大，最好在 1 左右，以保证渣的性质适合烟化作业的要求。对烟化炉的操作要点分述如下。

A　点火开炉

开炉前按设备使用维护保养规程等规章制度认真检查烟化炉系统机械和电气设备是否正常，风、煤、水、电、汽开关是否正常。检查无误后，将渣口水套装上堵住放渣口。打开水平烟道门 2 ~ 3 个，以防进煤后突然着火爆炸。先开抽风，将风管上的阀门打开再开鼓风机将风引入炉内，调整一次风量占总风量的 30% 左右，将室式煤斗上的平衡风开关关闭，放室式煤斗中的废气，然后打开一次风管上的粉煤开关，接着缓慢打开风开关。如果管道和风口不漏气，即可放入液料作点火源。

点火程序是先将给煤控制器电源合上，再合上给煤电机，然后起动搅拌机。放入液渣，当液渣入炉内后，炉内出现粉红色亮光时，就可起动给煤电机。开始点火时给煤量要小，并逐渐打开平衡风开关。当煤粉入炉点火后，就可关上水平烟道门，慢慢加大煤量。点火后要注意调节各水套出水量，控制冷却水出水温度。

B 进料、观察炉况

炉子点火后，就可以逐渐往炉内加入冷料，加冷料速率不能太快，一定要与冷料的熔化速率相适应。加冷料太快会导致炉结，冷料堵塞风口以致出现死炉事故。特别是对没有配熔化炉而以处理中矿、贫锡精矿等冷料为主的烟化炉更要注意进料速度。为了提高炉床能力，进料要均匀、连续，以不结炉底为前提控制进料。进料过程中要勤观察炉况，如果炉内温度低、料成棉花团状从炉内往上喷，则应停止进冷料，待 15 ~ 20min 炉内温度升高后再继续进料。加冷料时要常捅风口，探测炉底有无固体料堆积，便于掌握加固体冷料的速度。加入各种固体冷料时要注意渣型。按要求的渣型适当搭配，勿使炉渣熔点和黏度过高。炉渣熔点低黏度小时，其喷溅在炉壁上的熔渣立即回流到熔池，炉子振动小。熔渣黏度大时，熔渣喷溅在炉壁上回流慢，炉内熔渣翻腾缓慢，炉子振动大。这些现象表明渣型不适应，应及时调整。每一炉的进料量要按炉子的设计能力控制好，以保持一定的熔池深度。一般 2.6m^2 的烟化炉进料量控制在 6 ~ 7t/炉，4m^2 的烟化炉控制进料量在 13 ~ 15t/炉，可获得较好的吹炼效果。有的工厂还处理高硫锡中矿（Sn4% ~ 6%、S16% ~ 22%），在进料过程中不与其他冷料一起进，待料进完且料已熔化、炉温已升到 1100℃ 以上后再少量多次加入，否则其中的硫不但毫无利用价值，大量加入还会使硫入锍中引起冲渣时发生爆炸。

C 调整风煤比，控制温度和气氛

烟化炉一般在固定风量情况下操作，通过调节给煤量的大小，实现控制炉温和气氛。在进料过程中，为了尽快熔化炉料、提高炉温，应控制风煤比高一些，煤的给入量少一些，但不宜太少，否则煤虽然能完全燃烧，发热值较高，但总发热量不足，不利于物料的熔化，甚至出现死炉。实际操作中一般风煤比控制不大于 0.9 为宜，此时炉内火焰为亮红色。炉料完全熔化后，可将风煤比值控制小一些，即适当增加给煤量，主要是获得适当的还原气氛，便于硫化挥发。操作中风煤比控制在 0.6 ~ 0.9 之间为宜，不得小于 0.6。因此，在吹炼期间（硫化挥发期），给煤量大小十分重要，给煤量太小或太大分别会导致渣中 FeO 被氧化成四氧化三铁或还原为金属铁，从而导致炉渣黏度升高、炉温下降等现象，严重时液渣从炉中喷出，渣子放不出来，无法继续作业。

D 加黄铁矿，判断终点

当炉料完全熔化后，在吹炼期按一定制度加黄铁矿。各厂加入的方法不同，有的由风管喷入粉状黄铁矿，有的由加料口分批加入。根据前述分析，在吹炼初期多加一些为好，以造成较高的硫势，有利于挥发作业加速进行。每加一批黄铁矿，立即可看到炉内冒浓厚的白烟，之后随时间的延长白烟渐少，又再加一批黄铁矿。每处理一炉含锡物料需加若干批，总的黄铁矿加入量按预定的 S/Sn 比值控制。某厂 S/Sn 比值控制在 0.54。在处理高硫锡中矿时，由于含硫高达 16% ~ 22%，在吹炼前期完全可以代替硫化剂使用，在吹炼后期只需加 1 ~ 2 批黄铁矿即可。

判断终点是指弃渣含锡达到规定的抛弃指标，可根据经验判断吹炼终点是否到来。判断方法一种是凭经验判断，以渣含锡与烟气含锡浓度成比例为依据，通过冷料口、三次风口、水平烟道等处，透过烟气看对面墙，对面墙清晰可见则说明渣含锡低，反之对面墙朦胧、不清晰则渣含锡高。或将钢钎伸入三次风口停留几分钟后取出观察凝结的白色二氧化锡粉末的多少，粉末多则渣含锡高，终点未到，粉末少则渣含锡低，终点快到。采用经验判断时应注意在判断过程中烟化炉给煤量要保持正常吹炼水平，不要过小或过大，也不要在加硫化剂后立即进行判断，否则会出现较大误差。几种方法可单独使用，也可同时使用，确属终点快到了，即可取样进行快速分析，一般 15～20min 便可得到结果。取样后再加一批黄铁矿，化验结果出来后，若渣含锡合格就可开口放渣。如渣含锡高，则再吹炼一段时间，直到炉前渣样合格为止。

E　放渣和停炉

炉前渣样合格后，即可放渣。开口前先检查冲渣水压要不低于 0. 196MPa。打开冲渣水闸阀，然后捅开放渣口。渣口要以冲渣槽不结渣为前提尽量开大，以缩短放渣时间，增加下一炉的有效吹炼时间。如果下一炉无液料补充，那么可在炉内保留一定量的液渣作为下一炉点火、升温之用。塞好放渣口后，待渣槽内液渣流完，便可关闭冲渣水。因各种原因或修理需要正常停炉时，按开口放渣程序将液渣放完，然后按先开后关的顺序，停给煤电机，停搅拌机，关一次风开关，关煤开关。迅速拆去渣口水套，用耙子将残液尽量扒出来，以减轻打炉底工作量。炉内液渣基本扒出来、完全断煤、炉内残液渣固化后，可停鼓风、再停抽风。打开水平烟道门，往炉内和烟道喷水降温。当水套全部冷却后关闭水套冷却水。

5.2.2.4　烟化炉的生产事故及处理

烟化炉在正常吹炼作业时间，可能出现的事故有以下几种：

（1）停电有风：停电有风，即风机房有风送来，烟化炉的供电已停，所有电器设备停止运转，粉煤供不进炉内，不及时处理炉温将急剧下降，直至死炉。一旦出现这种情况，应立即开口放渣，尽可能将炉内液渣放完。放渣过程中采用人工给煤方式给入粉煤，减慢液渣冷却速度。然后关掉平衡风、一次风、煤和各种设备开关。待供电恢复正常后继续开炉。

（2）停风有电：由于空压站和风机房出事故而突然停风，但烟化炉其他设备运转正常。一旦出现此种事故，炉内液渣就会倒灌入风管，将一次风和二次风的皮管烧坏，严重时还会引起回火导致室式煤斗爆炸。处理方法是立即打开渣口放渣，同时停给煤电机、搅拌机、关一次风、煤和各类设备电源开关、关总风开关。最后拆除堵塞的一次、二次风皮管，待清理完风口等结渣并安装好后重新开炉。

（3）停风、停电：这种事故多为变电站出事故，是烟化炉作业过程中最为常见的事故。处理方法是立即开口放渣，尽可能快地将炮杆插入风口，防止液渣堵塞风口，关掉所有机械电器设备开关，拆除已堵塞的一、二次风皮管，打开水平烟道清灰门，待清理完风口等结渣后重新开炉。

以上三种事故如出现在烟化炉进料过程中或刚进完料后，炉料未完全熔化，应尽快拆除渣口水箱，边放渣边用耙子将炉渣耙出来，以减轻打炉底工作量。

（4）冲渣爆炸事故的预防及处理：冲渣爆炸分为物理爆炸和化学爆炸。物理爆炸是由于放渣过程中冲渣槽积渣增大，液渣未被粒化，突然落水引起蒸汽激烈膨胀，像火山喷发式地爆炸。控制方法是开口放渣前检查冲渣水压应不低于 0.196MPa，开口放渣时控制液渣流量。

化学爆炸是由于液渣中存在铜锍粒，随液渣放出遇水发生化学反应产生可燃气体（主要是 H_2、H_2S）引起爆炸。控制办法是，首先要严格控制入炉物料的含铜量，遇到高铜物料入炉前必须稀释，铜量控制在 0.7% 以下；在吹炼过程中不要过量加入黄铁矿和高硫含锡物料，特别是开口放渣前不得加入；吹炼后期，渣含锡接近终点时，适当调节炉内气氛呈氧化性，即将过剩空气系数控制高一些，使 FeS 充分氧化。

（5）收尘室着火或爆炸：收尘室着火或爆炸多为给煤量过大或硫化剂加入过多而引起的。操作过程中严格控制给煤量；禁止给大煤量；不得过多加入硫化剂；经常清理淋洗塔，保证良好的喷雾效果。

（6）水箱断水和水箱通漏：水箱断水主要是由于冷却水进水管道、阀门堵塞和水压波动引起的，如果出水管冒蒸汽或水箱未烧红，可以在处理好进水的条件下，缓慢给水，逐步恢复正常。如果水箱已完全断水，且水箱已烧红，则不得往已烧红的水箱上直接喷水，以防止水箱严重变形或引起爆炸，应立即开口放渣，让水箱缓慢冷却，待处理正常后开炉。

水箱通漏也是烟化炉的常见故障，有的通漏可以直接观察到，而有的通漏则看不到，但有水箱缝冒煤、水箱缝冒蒸汽、炉温升不起来、炉结、渣含锡长时间降不下来等先兆。如果是可观察到的漏水，又不影响炉子的正常吹炼，可在该炉正常吹炼结果后再处理，但要加强吹炼的巡视和监控，发现异常情况及时处理。如果漏水量大，已影响了正常的熔炼，则要立即开口放渣，以免引起死炉。如果是炉底水箱和渣层以下的水箱漏水，要立即开口放渣，否则极易引起炉内爆炸。

5.2.2.5 烟化炉生产的产物和指标

A 烟化炉的产物

烟化炉硫化挥发的主要产物为含锡烟尘、烟道灰、弃渣和烟气。由于各厂具体工艺的区别，其产物也不同。如配有淋洗塔，产物还有淋洗尘；配有表面冷却器，产物还有表冷尘。烟道灰返回烟化炉处理，弃渣丢弃，烟气经脱出二氧化硫后排空，含锡烟尘返回锡粗炼，淋洗尘、表冷尘等则视其含锡品位选择不同的工艺返回处理。

烟化炉的主要产物含锡烟尘品位很高，我国的含锡烟尘品位一般含 Sn45% ~50%。

含锡烟尘是硫化挥发的 $SnS_{(g)}$ 在炉子上部和烟道中被加料口、三次风口、烟道等吸入的空气氧化生成 $SnO_{2(s)}$。$SnO_{2(s)}$ 颗粒的大小对收尘来说是重要的，为了得到大颗粒的 $SnO_{2(s)}$，$SnS_{(g)}$ 的燃烧反应应尽可能在高的温度下缓慢进行。因此，吸入大量的空气是不适宜的，它将使 $SnO_{2(s)}$ 分散且颗粒尺寸变小，不利于收尘。玻利维亚国营冶炼公司文托冶炼厂烟化炉烟尘粒径小于 2μm 者的分布率为 84%；粒径大于 2μm 者的分布率为 16%，其粒径较大，收尘效率在 99.5% 以上。某冶炼厂的烟尘数据表明，粒径小于 2.0μm 者分布率占 97.5% ~98.5%，占烟尘量的 75% ~80%，烟尘太细，目前，收尘效率为 98% ~99.5%。

根据国外某些工厂的情况，炉顶引入空气量按鼓风量的 20% 控制，使烟气温度升至 1300℃ 以上，通过喷水使烟气温度降到 900℃，再通过余热锅炉后烟气温度降至 290℃ 左右再入电收尘，有利于提高收尘效率和锡的回收率。

从国内外生产数据看，弃渣含锡一般在0.077%～0.25%。事实上烟化炉已经成为含锡物料富集的主要手段，炼锡厂的主要弃渣都从这里排放，其渣量是相当大的。目前，一般都堆存在渣场，既占地又影响环境。已知铜渣被大量用作铺路、制造水泥，以及代替喷砂材料等，烟化炉弃渣的利用值得重视和研究。

烟化炉产出的废烟气量很大，烟气的余热利用大有潜力，可以预热空气与发电，这是国内外已经采用的回收余热达到综合节能的主要方法。

B　烟化炉的生产指标

a　床能力

生产中床能力的较大波动，与炉料组成。含锡品位、渣型、弃渣含锡、煤质和操作水平等诸多因素有关。通常情况下，2.6m^2 的烟化炉床能力为28～32t/(m^2·d)；4m^2 的烟化炉为23～26t/(m^2·d)；未配熔化炉处理锡中矿时床能力为：2.6m^2 的炉子为18～22t/(m^2·d)；4m^2 的炉子床能力为16～18t/(m^2·d)。

炉床能力的计算方法是将某一段时间内所处理的物料总的干重除以该炉的炉床面积和这段时间内烟化炉的有效工作时间。

b　燃料消耗和热平衡

国外锡烟化炉燃料可用粉煤、燃油、燃气，我国烟化炉所用燃料均为粉煤。燃料的消耗是烟化炉作业费用中最大一笔支出。用粉煤作燃料时，要求含水低于1.5%，粒度为147μm（-100目），其中74μm（-200目）大于80%。粉煤粒度大小对燃料消耗有很大影响，粒度大不能充分燃烧，部分被带到烟道燃烧，煤耗增大。应该指出的是，近年来，俄罗斯的梁赞有色金属加工厂采用天然气代替粉煤，提高了炉渣的温度，使其处理能力提高了15%，锡和铅的挥发率分别提高4.8%和4.4%。烟化炉的热平衡见表5-13。可见，烟化炉炉气带走热损失占总热损失的45.9%～60.74%，占燃料发热量的65.6%～71.6%，水冷或蒸汽冷却带走的热量占燃料燃烧发热量的22.7%～56.4%；弃渣带走的热与熔渣带入的热大体平衡。因此，冷却水或蒸汽和炉气大有回收和利用余热的潜力。提高烟化炉设备效率的最大潜力就是充分利用二次热源，使烟化炉成为高效节能设备。如何利用二次能源，国内外都做过多方面的努力，一是在烟化炉后烟道安装余热锅炉，以蒸汽形式回收或用以发电；二是将烟化炉的水冷却改为汽化冷却，成为低压锅炉的一部分，同时可以提高烟化炉炉温；三是利用炉气中的余热预热空气进行吹炼，既可提高炉温，缩短吹炼周期，还可大大降低能耗。弃渣带走的热，目前难以利用，今后有可能被利用。

表5-13　烟化炉硫化挥发的热平衡（以100kg渣计）

热收入	按热量计/kJ	按百分数计/%	热支出	按热量计/kJ	按百分数计/%
粉煤燃烧热	847584	88.77	烟尘带走热	16139	1.61
热炉渣带入热	14300	14.30	弃渣带走热	158041	15.80
固体炉料带入热	376	0.04	炉气带走热	607324	60.74
粉煤带入物理热	285	0.03	冷却水带走热	192084	19.21
空气带入物理热	8573	0.86	燃料机械损失	16952	1.70
			其他损失	9278	0.94
合　计	999818	100.00	合　计	999818	100.00

c 锡的挥发率和弃渣含锡

锡的挥发率和弃渣含锡彼此相关。弃渣含锡标准各厂不一样，国内外一般弃渣含锡0.1% ~0.3%，其挥发率一般为90% ~99%。根据生产统计资料，在一定渣含锡条件下，每分钟挥发进入烟尘的锡量及价值是不同的。随着吹炼时间延长，渣含锡愈来愈低，挥发速度愈来愈慢。当每分钟进入烟尘的锡量价值等于每分钟吹炼消耗的价值时，吹炼的终点已到了。再继续提高挥发率或降低渣含锡就将得不偿失。据此，根据烟化炉处理的物料，弃渣含锡作一定的控制，挥发率为97%是合理的指标。虽然弃渣含锡提高了，锡的挥发率有所下降，但烟化作业时间缩短、节约能耗，每吨含锡物料加工费降低了，反而使经济效益提高。根据最近国外资料，在处理含锡量4.3% ~6.6%的物料时，认为弃渣含锡小于0.3%，锡挥发率大于93% ~95.5%是盈利的。烟化炉锡挥发率的计算方法是将原料中已经挥发出来的锡量除以原料所带入的总锡量得到的百分数。

d 煤的单耗

煤的消耗费用是烟化炉成本的主要组成部分，因此，在保证锡的挥发率和炉子处理量的前提下，应尽可能降低煤耗。影响煤耗高低的因素有操作技术水平、粉煤的质量和粒度以及冷料的熔化方式等。操作技术水平高，就能够根据炉况，不同时期控制不同的给煤量，既能加快料的熔化速度，保证一定的还原气氛，促进锡的挥发，又能降低煤耗，降低成本。粉煤的固定碳和挥发分高，灰分少，煤的发热值就高，煤耗就低；反之，煤质差，煤耗就高。粉煤粒度细，就能在炉内充分燃烧，煤耗就低，反之，粒度粗，就不能在炉内充分燃烧，粗粒部分就会跑到烟道燃烧，煤耗就高。冷料（富中矿和块状富渣等）的熔化方式有熔化炉和烟化炉两种方式。生产实践证明，用熔化炉单独熔化富中矿，由于粒度细，表面结成硬壳，传热相当差，中矿的熔化速度很慢；用烟化炉直接熔化冷料，熔化速度远远超过熔化炉。我国某炼锡厂4m^2 烟化炉，1.5h 便可熔化13 ~15t 富中矿，熔化炉料的炉床能力高达45 ~60t/(m^2·d)。这是因为中矿粒度细，传热面积大，加上液料处于不停的翻腾状态，冷料一入炉就被高温液料充分包裹，迅速脱水和升温熔化的缘故。

e 黄铁矿单耗

黄铁矿单耗也称为黄铁矿率，指单位重量的炉料所消耗的黄铁矿量。各炼锡厂不一样，这主要取决于炉渣的含锡量、黄铁矿的含硫高低和加入方式以及操作技术水平等因素。按反应 $S + Sn = SnS$ 计算，1kg 锡需要加硫0.27kg，硫的实际加入量是理论需要量的2 ~3倍。黄铁矿量不能过多和过少，过多不但会造成黄铁矿的浪费，增加成本，增加对环境的污染和渣量，从而增加炉渣带走的锡量，降低锡的回收率，还会引起炉渣水淬时爆炸的可能性；过少会延长吹炼时间，增加煤耗和成本，降低炉床能力。

f 电耗

电耗是指处理一吨炉料所消耗的电量。电耗的高低取决于一个工厂的机械化、自动化水平和管理水平等。除煤以外，电是烟化炉第二大成本支出，主要为空压机的电耗，所以，应加强烟化炉与空压机的管理，减少空压机的空开时间，提高空压机的效率，尽可能降低电耗。国内某些锡冶炼厂烟化炉硫化挥发的技术经济指标见表5－14。

表 5-14　我国锡冶炼厂烟化炉硫化挥发的技术经济指标

指标名称	一厂	二厂	三厂	四厂
熔化反射炉床能力 /t·(m^2·d)$^{-1}$	2.9~3.2	—	—	—
熔化鼓风炉床能力/t·(m^2·d)$^{-1}$	—	20~30	—	30~36
烟化炉床能力/t·(m^2·d)$^{-1}$	21~30	24.68~37.77	10~17	8~13
平均炉装入料量/t·炉$^{-1}$	6~15	2~2.5	2.2~2.8	—
作业周期/h·炉$^{-1}$	1.5~2.5	2.5~3.0	2	1.5~2.5
每天作业炉数/炉	9~12	8~10	12	12~16
锡挥发率/%	94.92~99.39	86.7~96.68	96.91~98.29	97.95
硫化剂率/%	6~12	7.2	21~38.5	17~19.9
熔剂率/%	0~5	3~7	—	—
熔化反射炉燃料率/%	25~40	—	—	—
熔化鼓风炉燃料率/%	—	20.38~36.68	—	25~32
烟化炉燃料率/%	24~30	27.17~32.57	45.91~75.44	28~32
烟化炉燃料率（含熔化炉）/%	49~70	47.55~69.25	45.91~75.44	53~64
粗锡产率/%	0.14~0.31	—	—	—
烟尘率/%	11.68~15.49	—	—	—
烟道尘率/%	2.6~4.95	—	—	—
以原料计的渣率/%	115~129	—	—	—
以炉料计的渣率/%	96.44~105	—	—	—
废渣含锡/%	0.074~0.2	<1	0.1~0.2	—
电耗/kW·h·t^{-1}	196~268	—	—	—
新水耗/m^3·t^{-1}	9.40~19.49	—	—	—
回水耗/m^3·t^{-1}	43.09~82.59	—	—	—

5.2.2.6　烟化炉富氧熔炼

2007 年，云南锡业股份有限公司冶炼分公司成功开发应用了低锡物料烟化炉富氧侧吹烟化挥发技术。通过自主创新，研究开发了低锡物料烟化炉富氧侧吹烟化工艺技术，攻克了低锡物料烟化炉富氧还原熔炼过程中还原气氛控制的关键技术，并应用于工业生产。在单位时间内投入炉内的总气量不变的情况下，使得加入烟化炉的氧量增加，随之投入炉内的燃料量、能量和处理的物料量同步增加，熔炼速度和效率进一步提高，处理单位物料量的烟气量减少，锡冶炼回收率进一步提高。与原空气还原熔炼相比，处理量增加 46%，而尾气系统处理的烟气量基本保持不变。

通过项目的实施，有效地发挥了锡烟化炉硫化挥发的效能，提高了烟化炉的炉床能力，解决了炼锡澳斯麦特炉与烟化炉产能不匹配的矛盾，同时，也提高了烟化炉热利用率、增加了发电量，降低了煤耗，能源和资源得到充分利用。

5.2.3　其他硫化挥发方法简介

工业生产上，硫化挥发除了烟化炉外，还有漩涡炉、回转窑（短窑）、鼓风炉、悬浮炉、比利顿法、卡尔多炉、顶吹炉等设备或方法进行锡的硫化挥发。

5.2.3.1 锡中矿漩涡炉硫化挥发

漩涡炉是一个水冷式或蒸汽冷却式的筒状双层外壳，内砌筑耐火砖的漩涡反应器。在漩涡炉下面是一个水冷的烟气、熔体分离室和一个矿热电炉沉淀池。漩涡炉熔炼是获得高时空效率的设备之一，它可获得很高的热负荷和很快的反应速度。

漩涡炉硫化挥发所需的硫量，由精矿自身含硫提供，或补加黄铁矿。所有原料混合前均需碎矿和磨细到粒度小于2mm。漩涡炉处理的物料含锡20%左右，产出烟尘含锡65%左右，炉渣含锡8%～10%。

混合物料连续给入漩涡炉顶中部，燃油和预热空气呈切线方向高速喷入炉内。由于漩涡炉内主要为弱还原气氛，故锡转化为SnS，并在1400℃左右的高温下挥发，挥发的$SnS_{(g)}$随反应烟气进入与漩涡炉连接的氧化室，此时，$SnS_{(g)}$和CO氧化成SnO_2、SO_2和CO_2。热烟气则在空气预热期内冷却到250℃。预热到450℃左右的空气和燃油供给漩涡炉喷嘴。冷却后的废气随同$SnO_{2(s)}$烟尘进入布袋收尘系统，在此捕集$SnO_{2(s)}$烟尘。

漩涡炉炉渣连续放入电炉。电炉同漩涡炉连接，两种设备合二为一。电炉不仅作为漩涡炉和烟化炉之间的缓冲设备，而且在生成铜锍的情况下作为炉渣和铜锍分离的沉降池。

漩涡炉烟化的优点在于热传递效率高，处理量大；连续作业炉料熔融的同时能使硫化物预选精矿中的硫得到有效燃烧（即自热熔炼），使矿物中的硫得到充分利用，能回收部分有价金属于锍中。其缺点是在强氧化条件下仅一部分锡得到挥发，且需要过量的硫化剂，产出的富渣必须二次烟化；需要电热沉降室；烟化炉二次烟化中补加的硫只能作为硫化剂，不能做燃料；在漩涡炉壁上需要水或蒸汽冷却，热损失较大；烟气中含SO_2较高，直接排放势必造成环境污染，需要回收或治理。

5.2.3.2 回转窑硫化挥发

某工厂用回转窑硫化挥发处理低品位锡精矿和富锡炉渣，用粉煤供热，物料中配入硫化剂。锡在窑内被还原并硫化，于1050～1200℃时挥发。同时，料中铁也被硫化，一部分形成锍并溶解一部分硫化亚锡，故炉料中含铁不宜过高。在处理含铁高的物料时加入SiO_2，使铁造渣。若物料中SiO_2过高时，需配入石灰石造渣。

正常作业时窑后排风抽力不大于66.6Pa，抽力过大容易降低窑内温度，并增大烟尘量。炉气带走的细粒炉料占8%～15%，这种烟尘返回窑内继续处理。作业得到的产品是含锡35%～50%的烟尘，锡的挥发率为85%～95%。含锡较高的炉渣需要进一步回收其中的锡。

5.2.3.3 转炉（短窑）硫化挥发

转炉处理的矿石成分为含锡3%左右的中矿。作业中锡、铋挥发很完全，渣含锡、铋分别为0.12%和0.04%，挥发率分别为96%和98%。

20世纪70年代，玻利维亚的奥鲁罗采用转炉处理锡物料。燃油供热并燃成还原火焰气氛，原料和黄铁矿加入炉内进行硫化挥发，锡呈SnS挥发并在炉气中氧化成$SnO_{2(s)}$烟尘。从原料到烟尘锡富集7倍多。由于加入黄铁矿（S/Sn＝3～5），炉料过早熔化容易生成锍，故熔炼产品为烟尘、炉渣和锍。渣含锡约为1%，锍含锡约为15%。

与回转窑相比，炉料化学成分放宽了，炉料熔化后挥发条件仍然较好，炉料在炉内挥发时间可延长，挥发较完全，但与回转窑一样，炉气与物料仅在料堆表面接触，挥发速率较小。

5.2.3.4　悬浮熔炼挥发法

悬浮炉设备，在炉子顶部有一个燃烧嘴，粉料通过烧嘴连续给入炉内，炉料在向下面炉膛飘落过程中SnS已经生成并挥发，剩余的固体熔化并聚集于炉膛。在炉子的悬浮侧底部通入二次燃烧风，使$SnS_{(g)}$氧化成$SnS_{2(s)}$颗粒，经气体冷却室冷却后入布袋收尘器。

悬浮熔炼处理的物料为贫精矿，粒度为200～300μm，含锡10%～12%。S/Sn＝1，渣成分控制FeO/SiO_2＝0.8～1.2，CaO为15%，烟尘含锡50%～60%，弃渣含锡0.2%～0.4%，锡的回收率为90%～96%。

5.2.3.5　卡尔多炉挥发

卡尔多炉处理的锡物料主要是富锡渣、含锡废料、贫锡精矿和锡中矿等，锡品位为3%～20%。这种炉子最大的优点是适合处理各种粒度的复杂成分原料，升温快，节省燃料。

卡尔多炉作业程序为：每加一批料（约60t）后，在85min内炉料被加热到1400℃，完成还原熔炼作业，停止转动，放出粗锡。将含锡6%～10%的液渣留在炉内，重新调整温度，加入硫化剂（黄铁矿），起动炉子旋转，鼓入氧气与天然气之比为1.5∶1，开始硫化挥发。挥发的$SnS_{(g)}$在熔池上方氧化成$SnS_{2(s)}$颗粒，至炉渣含锡0.5%，终止硫化挥发。

卡尔多炉挥发率为82%～84%。

5.2.3.6　顶吹沉没熔炼炉硫化挥发

顶吹沉没熔炼炉硫化挥发可处理含锡炉渣和锡中矿，加入的硫化剂为黄铁矿。这种设备处理的优点是适应处理各种粒级的物料，升温快，传热和传质过程迅速，反应速度快。

顶吹沉没熔炼炉硫化挥发的程序为：首先连续投入含锡物料熔化，待熔池深度达到1000mm左右时，停止投入含锡物料，分批投入硫化剂（黄铁矿），开始进入烟化。用喷枪通过调整燃料与风的比例，控制弱还原气氛。挥发的$SnS_{(g)}$在熔池上方及余热锅炉通道内氧化成$SnS_{2(s)}$颗粒，在余热锅炉和布袋收尘器内被收集，烟尘含锡在45%～55%之间。烟化至炉渣含锡低于0.3%，终止硫化挥发，放出炉渣，转入下一个周期的烟化。

顶吹沉没熔炼炉硫化挥发锡的挥发率在90%～96%。

5.3　锡中矿回转窑氯化挥发简介

5.3.1　锡中矿氯化挥发的原料特点

采用氯化挥发工艺处理的锡中矿是一种锡品位在1.5%～3%左右的锡选矿产品。为与一般送往硫化挥发的锡品位在3%～5%及以上的锡中矿相区别，把它称为难选锡中矿。难选锡中矿的主要特点是铁品位高，锡品位低，其他有色金属含量也低。此外，其粒度小于74μm（200目）的数量占80%以上，属细粒级物料。

矿物鉴定和X射线衍射分析表明，难选贫锡中矿是以褐铁矿为主体的多金属氧化矿。锡几乎全部以细粒锡石形态致密嵌布于铁矿物中，铁矿石以褐铁矿（针铁矿、水针铁矿）为主，其次是赤铁矿、水赤铁矿。这些铁的氧化物和含水氧化物占含铁矿物的70%～90%，铁矿物中有相当部分呈隐晶质土状褐铁矿和土状赤铁矿，此外也有部分铁存在于锰结核、黏土质矿物中；铅主要以铅铁矾形态存在，约占全部铅量的40% ~60%，其余30%左右赋存于铁锰结核中，还有少量铅矾、白铅矿、方铅矿、砷铅矿等；锌的矿物组成以菱锌矿、水锌矿、硫酸锌、异极矿及硅锌矿等存在，也有少量闪锌矿、铁闪锌矿等其他锌矿物；铜主要为结合氧化铜，约占铜总量的90%以上，还有少量硫化铁和游离氧化铜；砷呈单独矿物存在的极少，有相当部分被吸附在呈隐晶质的褐铁矿中，其他有少量砷铅矿、砷钙铜矿、砷铅铁矾等。

脉石矿物中钙、镁均以方解石、白云石或白云石化石灰石、含镁方解石等碳酸盐形态存在；二氧化硅多数呈游离形态，其次也含有少量高岭土等黏土质矿物。

锡中矿于130 ~420℃温度范围失掉4.5% ~5.0%的结晶水，至900℃碳酸盐分解完毕，灼烧失重为9.65% ~14.70%。

从上述分析可知，难选贫锡中矿是一种以铁为主，化学成分和矿物组成相当复杂，在氯化挥发技术开发成功之前很难用一般的提取冶金方法经济而有效地处理的物料。

5.3.2 氯化挥发工艺的实质及其发展过程

氯化挥发是一种氯化冶金工艺。

氯化冶金主要是依据几乎所有的金属和金属的氧化物、硫化物和其他一些化合物，在一定条件下，均能与化学活性很强的氯反应，生成金属氯化物，进而进行分离。各种金属氯化物大都具有低熔点，高挥发性的性质；同时，氯化物生成的难易和性质的差异又往往十分明显。因此，在提取冶金过程中，常常可以利用这一特点，方便而有效地实现金属的分离、富集、提取和精炼的目的。锡中矿氯化挥发就是利用氯化钙作氯化剂，在1000℃左右高温下，控制一定条件，一次使物料中的锡和几乎所有的伴生有色金属以氯化物形态挥发进入气相，在收尘系统进行回收，而使铁残留在焙烧残渣中，成为炼铁原料，以达到综合利用的目的。因此，氯化冶金工艺的优越性是显而易见的。但是，正因为氯根有很强的化学活性，对工业设备有很强的腐蚀性，极大地限制了氯化冶金工艺的广泛应用。

高温氯化挥发工艺最早是于1951年在芬兰依玛特勒厂实现工业化的。该厂利用竖炉氯化挥发处理黄铁矿烧渣，以回收伴生有价金属和铁——沃克森尼斯卡法。而最为成功的是由日本光和精矿公司户畑冶炼厂于1965年10月投产，利用回转窑高温氯化挥发处理黄铁矿烧渣，年产20000t优质铁球团的工艺——光和法。

利用高温氯化挥发处理低品位锡矿，综合回收锡及伴生有色金属，很早以前就有很多国家的科技工作者做过大量的研究和探索。但在我国“云锡氯化法”开发成功之前，唯一曾见报道实现工业化的锡矿工业氯化挥发过程是于1941年在泰国平约克建成的被称为卡维特过程的装置，其主体是将锡矿石、磁铁矿及石榴石的混合物，配以焦炭和氯化钙，采用外部加热的转窑，在800℃温度条件下焙烧，使锡呈$SnCl_2$形态挥发，挥发的氯化物经水吸收后，通过电积回收锡。年设计能力为生产1200t锡。该厂于1949年因严重腐蚀而停产。

由此可见，氯化挥发工艺尽管是一种高效的提取冶金手段，但由于对工业设备很强的腐蚀以及非常苛刻的操作条件，使之成为一种很难驾驭的工艺。我国工程技术人员在锡中矿氯化挥发工艺开发成功，实现工业化生产之后，继续在强化火法工艺、扩大处理原料范围，完善收尘溶液处理技术，降低能耗和提高综合回收率等方面不断进行探索和研究，使该工艺更趋完善，成为我国锡冶炼系统的重要组成部分。

“云锡氯化法”已从单一处理难选贫锡中矿发展到处理一般锡冶炼系统无法处理的低品位高杂质（尤其是高砷、高铁）的贫锡物料，使之成为低品位高杂质复杂贫锡物料的高效处理手段，大大提高了资源利用率。

锡中矿氯化挥发的基本过程是：贫锡中矿和其他物料经过计量配合后，加入作为氯化剂的氯化钙溶液，经研磨、制粒、干燥后，进入回转窑，在约1000℃左右高温下进行焙烧，使锡中矿中的锡和其他几乎所有的有色金属以氯化物形态挥发，通过收尘系统进行回收，而铁则残留在焙烧渣——焙球中。

由于需要用高温氯化法处理的锡物料逐步减少直至消失，目前，“云锡氯化法”因没有可处理的原料而停用。

6　锡冶炼过程中间产物的处理

6.1　概述

由于锡矿石多是复杂得多金属矿，除锡石外，往往还伴生着其他一些有价金属矿物，所以选矿厂所生产的锡精矿成分比较复杂，如我国某炼锡厂所处理的锡精矿未经炼前处理，其成分见表 6-1。

表 6-1　某炼锡厂未经炼前处理的锡精矿成分　（质量分数/%）

元　素	Sn	Pb	Zn	Cu	As	Sb	S	Bi
成　分	34.32～60.11	0.14～11.76	0.037～0.488	0.034～0.49	0.18～2.82	0.0016～0.545	0.04～3.713	0.007～0.46
元　素	Ag	In	Ga	Fe	MgO	SiO_2	CaO	F
成　分	0.001～0.0068	0.002～0.0085	0.00085～0.002	2.92～25.82	0.025～0.596	0.89～17.15	0.06～1.01	0.004～0.152

虽然有的锡冶炼厂锡精矿进行过炼前处理，但也只能除去其中某些杂质中的一部分，处理后的精矿成分仍较复杂。由于这些杂质元素的影响，在还原熔炼过程中除产出粗锡与炉渣外，还附带产出部分硬头。粗锡中含有一定量的杂质元素，所以，粗锡又分为一级粗锡和次粗锡两类（常称甲粗锡、乙粗锡）。乙粗锡再经熔析精炼或经离心机处理产出离熔甲粗锡与离熔析渣；而各甲粗锡中仍还含有一定量的杂质元素，在火法精炼除杂质过程中，会产出炭渣、硫渣、铝渣等中间产物。某锡冶炼厂还原熔炼物料中的主要杂质元素投入产出平均分布情况见表 6-2。

表 6-2　还原熔炼物料中的主要杂质投入与产出平衡分布　（%）

元　素		Pb	Cu	As	Sb	Bi	S	Fe	Zn
投入熔炼物料		100	100	100	100	100	100	100	100
产出	粗锡	80.40	93.32	58.63	82.31	80.98	16.55	8.38	1.58
	富渣	2.30	2.68	3.95	6.88	3.48	19.80	86.48	23.2
	硬头	0.83	1.60	8.90	0.92	0.93	2.68	2.19	0.20
	烟尘	14.58	1.57	15.39	8.55	13.46	6.54	1.58	45.30
	烟道尘	1.84	0.85	1.65	1.25	1.16	1.05	1.40	2.91
	其他	0.05	—	11.50	0.10	—	53.42	—	27.06
粗锡	甲锡	58.50	68.12	13.80	60.01	58.15	1.45	0.95	0.40
	乙锡	21.90	25.20	44.83	22.30	22.83	15.10	7.43	1.18

由表 6-2 可看出，80% 以上的铜、铅、铋、锑以及约 60% 的砷进入到粗锡中，导致粗锡在火法精炼时要产出各种精炼渣，精炼渣的产出率与粗锡中杂质的含量有很大的关系。仍以某冶炼厂为例，其火法精炼时精锡、焊锡及各种精炼渣的产出率见表 6-3。

表 6－3　某冶炼厂火法精炼产物成分比率　(%)

序号	粗锡产出率	粗焊锡产出率	锅渣率	炭渣率	铝渣率	硫渣率	产出物合计	总渣率
1	55.70	17.10	13.10	8.00	2.10	4.00	100	27.20
2	45.60	24.30	16.20	6.00	2.20	5.70	100	30.10
3	51.40	17.50	17.20	5.60	2.20	6.10	100	31.10
4	48.10	7.20	31.40	6.00	1.70	5.60	100	44.70
5	42.20	19.30	26.30	4.90	1.60	5.70	100	38.50

由表 6－3 可知，精炼过程总渣率约在 30% 以上，据生产统计数据分析可得出：粗锡中每吨铜要产出 5～10t 硫渣，每吨砷要产出 8～12t 炭渣，每吨锑要产出 15～50t 铝渣。

从火法精炼过程物料平衡及纯锡分布情况（见表 6－4）可看出，锡进入精锡中的分布率只占 50%，约有 35% 的锡进入到各种精炼渣中，造成了锡的大量积压，渣中还含有一定量的有价金属。必须对这些中间产品进行处理，以提高冶炼过程中锡的回收率，并综合回收其中的有价金属。

表 6－4　火法精炼物料平衡及纯锡分布

投入					产出				
物料名称	质量 /t	Sn 含量 /%	纯锡量 /t	分布率 /%	物料名称	质量 /t	Sn 含量 /%	纯锡量 /t	分布率 /%
甲粗锡	12988	83.90	10897	57.00	精锡	9578.7	99.95	9573.9	50.0
离心粗锡	9700	84.80	8226	43.00	粗焊锡	4379.3	66.30	2903.5	15.2
—	—	—	—	—	锅渣	5963	77.90	4645	24.3
—	—	—	—	—	炭渣	1116	75.60	844	4.4
—	—	—	—	—	硫渣	1283	64.90	832.3	1.2
—	—	—	—	—	铝渣	368	59.70	219.7	1.2
—	—	—	—	—	损失	—	—	104.2	0.5
粗锡合计	22688	84.30	19123	100	粗锡合计	22688	—	19123	100

6.2　熔炼炉渣、硬头、烟尘的处理及有价金属回收

6.2.1　熔炼炉渣的处理

6.2.1.1　*炉渣处理的方法*

锡精矿还原熔炼无论采用反射炉、电炉、鼓风炉、澳斯麦特炉或其他熔炼设备，所产出的炉渣含锡都较高（通常称为富渣），需要进一步处理，回收其中的锡。炉渣处理的方法主要有两种：还原熔炼法和硫化挥发法。

在炉渣中加入较多的还原剂，使锡还原的同时铁也还原，锡铁硬头作为一段还原熔炼的还原剂回收其中的锡。还原熔炼的设备有反射炉、电炉、短窑和鼓风炉，一般是小型炼锡厂采用。

经过一次还原熔炼的炉渣含锡一般在 0.5%～3% 之间，仍然较高，因此有些工厂进行两次炼渣，富渣在反射炉炼渣后，再在反射炉内加硫化剂进一步硫化挥发；也有富渣经

电炉二次熔炼后，炉渣再和熔析渣混合熔炼；也有经两段熔炼后的炉渣进一步硫化挥发的。

硫化挥发是处理炉渣的主要方法。我国锡冶炼厂是把炉渣和锡中矿搭配处理，也有单独处理的。硫化挥发法的理论基础、采用的设备、操作实践等，已经在第5章锡中矿的硫化挥发中作了详细的介绍，在此不再赘述。

6.2.1.2　钽、铌、钨的回收

含有钽、铌、钨的锡矿石是较多的，特别是砂锡矿。这种锡精矿在冶炼过程中产出炉渣，往往含有相当数量的钽、铌、钨，并以五价氧化物和三价氧化物的形态存在于炉渣中，是回收钽、铌、钨的原料。不同地区的炉渣 Ta_2O_5 含量不同，泰国的最高，平均为12%；马来西亚的约为3%；玻利维亚的炉渣中含量最低。

A 烧结焙烧—氢氟酸分解—萃取分离法

国内某锡矿是含钽、铌、锡、钨浸染型矿床。矿石经粗选、精选后，获得钽铌钨混合精矿和锡精矿。锡精矿经还原熔炼后，钽、铌、钨富集于炉渣中。炉渣钽、铌含量低，含钨较高，锡含量也具有回收价值。因此，在回收钽、铌前，首先回收钨，并脱除物料中的杂质，以提高钽、铌品位。

a　钨的回收

钽铌钨混合精矿、炼锡炉渣、纯碱和木炭按照一定比例配料后，在球磨机中磨矿，至粒度为147μm（-100目）大于95%。磨好后的物料在 ϕ500mm×6000mm 回转窑中烧结焙烧，作业温度为850～950℃，使物料中的钨、锡、硅、砷等元素的氧化物生成可溶于水的钠盐，而钽、铌生成不溶于水的钽、铌酸钠。

烧结好的物料经湿磨后用水煮浸出，使生成的 Na_2WO_4 和 Na_2SiO_2、Na_2HPO_4、Na_2HAsO_4 等被浸出进入溶液。浸出液固比为3∶1，温度为80～90℃。浸出液成分为：WO_3 60～70g/L，As 0.12～0.46g/L，Mo 0.0056～0.002g/L，NaOH 8～24g/L。浸出渣成分为：$(Ta+Nb)_2O_5$ 14.94%，WO_3 1.5%，Fe 9.34%，Sn 4.37%，Mn 7.45%，Si 7.15%。钨的浸出率约为90%。

浸出液含钨较低，其他杂质含量高，采用离子交换工艺处理，生产上采用强碱性阴离子树脂，交换柱尺寸为 ϕ800mm×3000mm，解吸剂为 NH_4Cl 加 NH_4OH。吸附要求控制 Na_2WO_4 为15～20g/L，碱度2～6g/L。通过离子交换，杂质元素磷90%以上、砷80%以上、硅95%以上未被吸附而残留在溶液（交换残液）中，其中含 WO_3 <2g/L。饱和后的树脂用6mol NH_4Cl +2mol NH_4OH 溶液解吸，得到的 $(NH_4)_2WO_4$ 含 WO_3 170～200g/L。通过蒸发结晶获得化学纯的仲钨酸铵［$5(NH_4)_2O\cdot 12WO_3\cdot xH_2O$］或进一步煅烧获得化学纯的 WO_3 产品。从钨酸钠溶液到三氧化钨产品回收率为92%。

b　钽、铌的回收

经焙烧、水浸回收钨后的浸出渣用于回收钽、铌。由于浸出渣中含硅、锡高，需要进一步脱除。按液固比6∶1加入7%～9%的盐酸搅拌浸出，硅呈硅酸进入溶液，迅速过滤脱除硅。滤渣再进行酸浸，按液固比6∶1加入浓度为12%～15%的盐酸，在大于90℃的酸中煮2h，锡进入溶液，过滤后溶液含锡6～12g/L，经铁屑置换锡后再电积回收锡，在阴极产出含锡75%～85%的电积锡。钽、铌富集于滤渣中，其成分（%）为：$(Ta+Nb)_2O_5$ 41.48，WO_3 1.5～2.5，Sn 7～9，Fe 3，Si 1。钽、铌富集段的回收率分别为

98.5% ~98.9%和88% ~95%。

钽、铌富集物用HF和H_2SO_4分解。硫酸的存在有利于提高钽、铌的分解率，其他元素的分解则是HF和H_2SO_4作用的总合，同时生成稳定的硫酸盐，不易被萃取，也有利于钽、铌和其他元素的分离。主要化学反应如下：

$$Ta_2O_5 + 14HF = 2H_2TaF_7 + 5H_2O \quad (6-1)$$

$$Nb_2O_5 + 14HF = 2H_2NbF_7 + 5H_2O \quad (6-2)$$

$$SiO_2 + 6HF = H_2SiF_6 + 2H_2O \quad (6-3)$$

$$Fe_2O_3 + 3H_2SO_4 = Fe_2(SO_4)_3 + 3H_2O \quad (6-4)$$

$$MnO + H_2SO_4 = MnSO_4 + H_2O \quad (6-5)$$

$$CaO + H_2SO_4 = CaSO_4 + H_2O \quad (6-6)$$

分解作业是在ϕ400mm×1400mm内衬石墨槽中进行的，按液固比2.5∶1加入酸量，浓度为15mol，分解后再按矿浆萃取要求调节酸度。

采用仲辛醇（$C_8H_{17}OH$）-HF-H_2SO_4体系进行矿浆萃取。仲辛醇是具有一定碳链长度的中性含氧萃取剂，由于其分子中的氧原子上有孤立电子对，能结合强酸的H^+，形成有机阳离子，这种阳离子不仅可以与有机酸根结合，也可以和其金属络阴离子结合，如钽、铌的络阴离子的反应：

$$[C_8H_{17}OH_2]^+ + [TaF_6]^- = [C_8H_{17}OH_2][TaF_6] \quad (6-7)$$

生产中用箱式萃取槽、酸洗槽、反钽槽进行作业。得到的负载有机相成分（g/L）为：$(Ta+Nb)_2O_5$ 150~180，WO_3 2，Sn 2.5。钽、铌萃取率99%。

负载有机相首先用7molH_2SO_4反萃洗杂质，再用2molH_2SO_4反萃铌，最后，含钽有机相用纯水反萃钽。

钽溶液和铌溶液加液氨中和至pH值为9，沉淀经调洗、过滤、烘干后，产出$Ta(OH)_5$和$Nb(OH)_5$产品，再煅烧，产出Ta_2O_5和Nb_2O_5。

B　硫酸浸出—氯化挥发法

由于炉渣中通常含有较多的钙，对这种炉渣用氯化处理并富集钽、铌时，生成的氯化钙在炉内熔化，给操作带来困难。如能预先用稀硫酸浸出以除去钙，再用氯化挥发法富集钽、铌就更为合理。

将炉渣全部破碎，磨细至200目，加入1%的稀硫酸，其量为20L/kg，于80℃下搅拌浸出30min，炉渣中的钙、硅、铁、铝等组分被浸出，而钽、铌及锡、钛、锆、钨等以固体残渣的形态存留下来，这种渣成分（%）为：Ta_2O_5 6.6，Nb_2O_5 9.4，SiO_2 13.8，Ca 3.9，Fe 1.9，Sn 8.5，TiO_2 22.8，ZrO_2 7.5，Al_2O_3 2.2，WO_3 6.9。

上述富集渣加入15%的甘焦油，加沥青作黏合剂，制成约20~30mm的球粒，经干燥脱水后，在氯化炉内于700~800℃下通氯气进行氯化，在炉内生成氯化物挥发，用冷凝器进行捕集。

由于渣中钽、铌品位低，氯化挥发气体中的$TaCl_5$和$NbCl_5$的分压是非常小的，同时，气体中还含有大量的、冷凝温度比较接近其他元素的氯化物，因而要用氯化物沸点差异获得钽、铌的氯化物与其他元素分离是困难的。控制冷凝温度80~120℃时，钽、铌氯化物获得最好的冷凝效果；冷凝捕集温度在120℃以上时，钽、铌损失大；温度低于80℃时，低沸点组分如$TiCl_4$等混入钽、铌挥发物中。

在冷凝物中加水时，钽、铌、钨水解后沉淀，为了使沉淀的过滤性良好，最好是在水中溶有1%~3%的（$(NH_4)_2SO_4$）。由于钽、铌氯化物加水分解生成盐酸，可使钛、锆、铁、铝等氯化物溶解，因而用一般方法能够分离。在沉淀中，除钨以外，几乎不含有其他金属。钨用10%的氨水溶解，分离出钨，而钽、铌成为高品位的水合氧化物，在1000℃煅烧后，得出五氧化二钽和五氧化二铌产品，其成分为：Ta_2O_5 31.9%，Nb_2O_5 48.0%。钽回收率86%，铌回收率88%。

C 电炉富集法

电炉富集法是采用三次电炉熔炼，不消耗化学试剂，不产生废水，对含钽、铌较高的锡炉渣用此法有一定的优越性。所用的典型炉渣成分（%）为：Ta_2O_5 4，Nb_2O_5 4，Fe_2O_3 11，SiO_2 21，CaO 25，TiO_2 11，Al_2O_3 9，WO_3 8，SnO 0.5。

a 电炉一次还原熔炼

首先使炉渣中钽、铌、铁的氧化物还原成一种含钽、铌的碳化物及含碳合金（称为一次性炉膛产品）及浮渣。在一个可转动的电弧炉中装入炉渣和破碎到6mm以下的焦炭。当炉渣温度达到1550℃时，倾转炉子，倒出炉渣。其成分为（%）：$TiO_2$1.6，$Al_2O_3$19，CaO46，$SiO_2$32，MgO1.6。当温度在1400~1800℃时将一次炉膛产品从炉膛中扒出，装入包子中冷却。然后将其破碎到3mm以下并磁选后，磁产品主要是含钽、铌的碳化物，还含有钛的碳化物及钛的氧化物。钨呈金属或碳化物。硅主要以硅铁形态存在，相当部分被夹带为渣。

b 电炉选择性氧化熔炼

将一次炉膛产品的磁性产品在电弧炉中进行一次选择性氧化熔炼，是该富集法的一个主要特点。任何金属和金属碳化物将被生成自由焓更大的金属氧化物氧化，而这种金属氧化物将被还原。例如，FeO将氧化钽、铌、硅、钛、镁、铝和钙，而FeO本身被还原为金属铁。利用这一性质，能够从一次炉膛产品中，以炉渣形态，选择性分离那些脉石成分，如CaO、Al_2O_3、MgO、TiO_2和SiO_2。使一次炉膛产品进一步富集。这些氧化剂或用赤铁矿或铌铁矿。

以赤铁矿作为氧化剂，在1个小型单相敞口式电弧炉中进行。电炉内衬碳糊，用冲孔钢屑起弧。炉料熔融后，首先倒出炉渣，再从炉子中扒出带磁性的二次炉膛产品，并破碎到3mm以下，进行磁选。放出的炉渣仅含有1.55%的Ta_2O_5和0.48%的Nb_2O_5。磁性炉膛产品成分为（%）：Ta_2O_5 14.4，Nb_2O_5 17.1，TiO_2 9.0，Fe 38.4，SiO_2 5.8，W 4.1，CaO 7.2，Al_2O_3 3.1。

在选择性氧化富集阶段，原存于一次炉膛产品碳化物中77%的氧化硅、50%的氧化钛、69%的氧化钙和72%的氧化铝被氧化除去。

c 电炉最终氧化熔炼

二次炉膛产品钽、铌已经得到富集，但品位均不高，还要进行二次氧化熔炼，使二次炉膛产品通过最后的熔融作业，钽、铌呈氧化物进入炉渣作为产品。

选择性氧化熔炼所得的二次炉膛产品加入赤铁矿后，将混合物在一个小型单相敞开式电弧炉中进行熔炼，以冲孔钢屑起弧。炉料熔化后，将炉渣（产品）倒出，然后从炉内放出合金废料。产品含20.3%的Ta_2O_5和25.7%的Nb_2O_5，作为钽、铌原料销售。

D 钽、铌回收的其他方法

含钽、铌的炉渣中，一般含SiO_2比较高，且除去困难。因此，钽和铌的富集取决于

SiO_2 的脱除率。除 SiO_2 可在苛性钠溶液中加压浸出，然后用盐酸处理富集。该法虽然能使 SiO_2 以 Na_2SiO_3 形式溶解除去，但生成的 Na_2SiO_3 比较容易水解，SiO_2 的脱除率仅为50%。而且，用该法时需要进行两次以上苛性钠－盐酸处理，流程冗长。

采用碳酸钠代替苛性钠就能克服上述缺点。即把炉渣同碳酸钠在600～900℃焙烧，所得焙烧产品用温水浸出，在水溶液中 Na_2SiO_3 不易水解，提高 SiO_2 的脱除率。

首先，将大块炉渣粉碎至200目以下，加入适量的碳酸钠，把混合料在600～900℃焙烧。焙烧温度在600℃以下时，因反应不充分，SiO_2 的除去就不完全；在900℃以上，高于碳酸钠的熔点，给设备材料等造成不利影响。所得的焙烧产物用温水浸出，SiO_2 以 Na_2SiO_3 的形式溶解除去。接着用盐酸或硫酸等水溶液处理，把水溶成分铁、铝、钙等溶解除去。以上作业，钽、铌的回收率均在90%以上，经富集后的渣（产品）Ta_2O_5 + Nb_2O_5 在40%以上，作为提取钽、铌氧化物的原料。

另一种从炉渣中回收钽、铌的方法是：在电炉中用碳熔炼炉渣，产出含有钨、钽、铌和铁碳化物的产物。这些产物经破碎和磁选处理，非磁性部分返回炼渣工序，磁性部分与硝酸钠混合，进行氧化熔融。由于是放热反应，因此使碳化物转变成能溶于水的熔块，从中浸出 SiO_2、TiO_2、Al_2O_3 和 WO_3。浸出渣用酸浸出铁，可得到含40%～50%的钽、铌混合氧化物的富集精矿。此方法的主要优点是，富集物钽、铌品位高，回收率也较高。但是工序长，能耗高，化学试剂消耗大。

6.2.2　硬头的处理

6.2.2.1　硬头的生成机理和成分

由于铁的低价氧化物（FeO）和锡的氧化物（SnO_2 和 SnO）以及它们的硅酸盐标准生成自由能接近，因此，在还原熔炼时有一部分铁不可避免地和锡同时被还原出来溶入粗锡。还原气氛越强，铁被还原出来越多，特别是当精矿含铁量高时，这种现象更为突出。

铁溶解在锡中形成液态合金，溶解度随温度的升高而增大，在1128℃时为20%，当液态合金冷却时，铁在锡中的溶解度则降低，过饱和的那部分铁会析出来成为晶体。晶体的成分随着析出温度的不同而不同，温度越高，晶体含铁越高。另外，砷与铁的亲和力大，能生成稳定的化合物，所以砷的存在能促进硬头的形成，精矿含砷铁越高，硬头的产出率也就越高。

由此可知硬头的成分以铁和锡为主并含较高的砷。处理硬头的目的就是回收其中的锡并脱除砷，以消除砷在流程中的循环。

我国某炼锡厂处理的精矿平均成分含铁18%左右，含砷0.78%左右，硬头产出率（硬头的质量占所处理的物料质量的百分数）为1.41%，入硬头的锡占入炉物料所含锡的1.14%。其产出的硬头成分列于表6－5。

表6－5　某炼锡厂硬头成分　（质量分数/%）

编　号	Sn	Fe	As	Pb	S	Cu	Zn	Sb	Bi
1	2～7.99	3～4.52	1～1.07	4.31	3.45	0.69	0.75	0.01	0.046
2	3～9.76	—	9.22	3.88	7.79	0.26	0.59	0.03	0.042
3	2～8.77	3～3.67	1～4.55	3.12	2.46	0.37	0.52	0.03	0.065

根据硬头的物理化学性质，已知的硬头处理方法可分为两类：一类属于氧化过程，另一类是根据铁、锡在铅、硅中溶解有限的原理制定的方法。

6.2.2.2　烟化法处理硬头

采用该法处理硬头是将含锡在30%以下的硬头，搭配富渣及富中矿投入到烟化炉中一起硫化挥发处理，在吹炼时硬头中的砷以 As_2O_3 形式、锡主要以 SnS 形式少量以 SnO 形式挥发进入烟尘，而铁则以 FeO 形式进入炉渣。

在操作过程中，当烟化炉中炉料全部熔化后才开始加入硬头，一般控制硬头的加入量占入炉渣重的3% ~4%，其加入量可视炉渣的硅酸度情况适时调整，当炉渣硅酸度高时可多加，反之则少加，尤其是过碱性的炉渣在操作时要慎重处理。加入硬头的块度不能太大，其粒度应控制在小于100mm，且一次加入硬头数量不能过多，应分几次加入，以免沉入炉底，造成炉底与炉缸结瘤，导致炉子发生故障和影响烟化挥发的效果。

这种方法的优点是：硬头中的锡和铁能得到彻底的分离，避免铁在冶炼过程中恶性循环。其缺点：一是硬头中的砷绝大部分与锡一道挥发进入烟尘，使烟尘变得不纯，这些烟尘重新返回还原熔炼时，砷又溶解进入粗锡，促使硬头的产生；二是硬头的密度大，控制不好易沉入炉底，形成炉底炉结，另由于硬头中含砷、锡、铁均较高，在作业过程中对炉底水箱有一定的腐蚀性。

我国锡冶炼厂在还原熔炼过程中产出的硬头，基本上是采用该法进行处理。有个别工厂也采用单风眼吹炼炉处理硬头，其风口面积0.1m^2，炉高1.5m。由于炉身短、还原气氛弱，吹入的空气使风口附近保持氧化气氛，铁氧化成 FeO 造渣，而锡大部分氧化挥发进入烟尘。

根据实践，处理含锡54.5%的硬头，加入10%的石英进行吹炼，结果大部分的锡进到烟尘，并得到含锡9%以上的炉渣。此后再配入20%的石灰吹炼此渣，终渣含锡在2.5%以下。此流程只适用于小型锡冶炼企业，最终还有一部分锡无法回收。

6.2.2.3　硅铁法处理硬头

硅铁法处理硬头在国外炼锡厂中普遍使用，国内企业未见相关报道。这种方法的实质是在电炉或其他设备中，加入硬头和含硅较高的硅铁，在1400℃以上的高温下及强还原气氛中，硬头和硅铁作用的结果，出现两个液相层。一层是含硅铁较高、含锡较少的硅铁层；另一层是含硅铁极少、含锡较高的锡液层。这样就基本上使硬头中铁进入了硅铁层，使锡和铁得到较好的分离。研究结果还证明，当硅铁层中硅的含量大于16%时，则硅铁层的含锡量小于3%，所以加入的高硅铁含硅量要经计算必须满足需要量，否则，锡和铁的分离就不彻底。

另外，为了取得理想的分离效果，分离过程必须满足在1400℃以上的高温条件下和强还原气氛中进行，因为，温度高才能使物料熔化速度加快，反应彻底，分层和分离较好；还原气氛强，才能防止铁和硅被氧化。

为了降低成本，有的工厂曾用二氧化硅（SiO_2）来代替硅铁，因为在强还原条件下，SiO_2 中的元素硅被还原出来就和硬头中的铁生成硅铁层和锡分离。

硬头经过硅铁法处理后，产出的锡再进一步精炼处理，而硅铁用作选矿介质，回收其中的铁和锡。

此法的优点是回收硬头中的锡较为彻底，缺点是要在1400℃以上的高温下进行，一般只有电炉才能满足此要求，因此只有在电力充足且电价便宜的地方才适合使用，另外，作业成本相对较高。

6.2.2.4　加铅提取法处理硬头

俄罗斯梁赞有色金属冶炼厂对含砷、铁高含锡低的硬头采用了加铅提取工艺，即用 Na_2SO_4 和 $CaSO_4$ 作为助熔剂使硬头中的铁氧化造渣，砷进入砷锍，然后用铅从炉渣和金属熔体中提取锡。

经过试验得出的硫酸盐混合物的配比与耗量为 Na_2SO_4∶$CaSO_4$ = 1∶1 和 2∶1；硫酸盐混合物耗量为硬头量的 15% ~25% 和 40% ~50% 效果较好。降低硫酸盐耗量，增加铅耗量，可减少锡的造渣量从而提高锡在 Sn – Pb 合金中的回收率。例如，在硫酸盐为 30%，铅耗量为 120% 时，处理含 Sn 12%，As 13%，Fe 56.7% 的硬头时，锡的分配率为：砷锍中占 7.1%，渣中占 14.8%，合金中占 78.1%。此时锡在 Sn – Pb 合金中的含量为 7.1%，在砷锍中的含量为 3.4%。

由于氧化 – 硫化熔体的导电性较高，若要在矿热电炉中用硫酸盐氧化硬头，只有在硅酸盐熔体存在的条件下才能进行。因为硅酸盐熔体能提高电阻率，用含 SiO_2 2% ~30% 的炉渣时，电阻比较稳定。

工业试验在 1400kV · A 的电炉中进行，作业顺序是：先将硅酸盐炉渣（含 FeO 25% ~32%，SiO_2 20% ~40%，CaO 7% ~10%）加热到 1100 ~1200℃，然后从电炉料仓中将硫酸盐混合物 1 ~4t 加入到硅酸盐炉渣上，待它们熔化后分批加入 5 ~10t 块度为 300 ~500mm 硬头，每批量为 2 ~3t。在熔体放出前 1.5 ~2.5h 内加入提取剂铅锭 4 ~8t，熔炼产品在铸罐内进行分离。作业时间为 10 ~12h。

工业试验结果表明：处理含 Sn 9% ~12%，As 10% ~15%，Pb 1% ~5% 的硬头当硫酸盐用量为 15% ~20% 时，经过氧化造渣，原硬头量减少 40% ~50%，其中锡和砷含量增加到 20% ~22%，而 As/(As + Fe) 的比值增加到 0.3。在这样的条件下氧化使锡和砷进入炉渣中的量达到最小。

在用铅提取锡时，砷进入粗合金的量同样是不大的（1.8% ~2.2%）。粗铅锡合金中的含砷量为 0.2% ~0.4%，并与硫酸盐用量无关。技术经济指标见表 6 – 6。

表 6 – 6　加铅提取法处理硬头的技术经济指标

序　号	指标名称	阶　段	
		试　验	生　产
1	硫酸盐用量/%	16.0	15 ~20
2	铅用量/%	78.0	120 ~150
3	电耗/kW · h · t^{-1}	82.0	700 ~850
4	砷锍产出率/%	47.5	40 ~50
5	砷锍成分：$w_{(Sn)}$/%	5.3	3 ~5
	$w_{(As)}$/%	22.0	22 ~27
6	铅锡合金成分：$w_{(Sn)}$/%	10.8	8 ~10
	$w_{(As)}$/%	0.3	0.2 ~0.4

续表 6-6

序　号	指标名称	阶　段	
		试　验	生　产
7	锡的分配率/%		
	在铅锡合金中	67.5	78~80
	在砷锍中	19.1	10~12
	在炉渣中	10.6	8~10
8	砷的分配率/%		
	在铅锡合金中	2.2	1.5~2.5
	在砷锍中	91.0	90~93
	在炉渣中	3.2	3~4

6.2.2.5 先加热熔析后焙烧处理硬头

此种方法是将硬头先加到小反射炉中加热，当温度升到500℃以上时，硬头中所含的部分锡就会呈液体析出流入炉子底部，该部分锡的成分随炉温度高低不同而改变，炉温较低时，则液锡中含锡高、含铁低，该部分液态锡析出后就会和固体硬头分开，随着炉温的不断升高，硬头中所含的锡也将陆续析出，炉温越高析出的液锡中含铁越高、含锡越低。随着硬头中的锡不断析出，固体硬头中含锡量就不断降低，而含铁量则不断增高。还原熔炼过程中产出的硬头一般含锡为30%~35%，经熔析处理后最后留下的固体硬头含锡量波动在25%~28%之间。

这部分硬头要趁热破碎，使块度小于50mm，不然冷却后就很难破碎。值得注意的是，从炉内排出的热硬头严禁接触水，否则会产生砷化氢剧毒气体。液体粗锡从炉内流出后先铸成锡锭，然后再送去精炼。而破碎后的硬头则送到回转窑工序和乙锡的熔析渣一道加入到回转窑中进行焙烧脱砷，在收尘系统中收集到含As_2O_3高的烟尘，可作为提炼白砷（As_2O_3）的原料。从窑头排出的硬头窑渣铁已氧化为Fe_2O_3与FeO，锡也大部分被氧化为SnO_2和SnO。这种硬头窑渣可返回还原熔炼炉，与精矿一道进行熔炼。

6.2.3 烟尘的处理

6.2.3.1 锌的回收

锡精矿还原熔炼和锡中矿硫化挥发产出的烟尘，一般成分为（%）：Sn 41~54，Pb 5.4~10.4，Zn 6~22，As 0.2~3.2，Sb 0.02~0.1，Cu 0.044~0.14，Fe 0.5~1.9，Cd 0.06~0.09，In 0.03~0.07，Ge 0.008~0.1，Ga 0.004~0.006。烟尘中除锡、铅以外，还含有其他金属，需要进行回收。

A 火法富集锌入二次烟尘

还原熔炼和硫化挥发产生的烟尘一般含锌在10%以下，少数可达20%以上。这些烟尘直接用湿法处理酸的消耗量大。火法富集有两方面的意义，一是烟尘经还原熔炼，烟尘中的锡和铅进入粗锡；二是烟尘单独还原熔炼，可以使锌和稀散金属在二次烟尘中进一步富集。一般二次烟尘含锌在30%以上，有时高达48.29%，有利于锌和稀散金属的回收。

a　反射炉还原熔炼烟尘

反射炉和烟化炉产出的一次烟尘由于二氧化硅较高，含铁低，将这种烟尘与含铁10% ~30%的焙烧熔析渣一起压团进反射炉还原熔炼，使锡和铅还原，锌和其他金属进一步挥发富集于二次烟尘中。压团时烟尘与熔析渣的比例使炉渣酸度 $K=0.9\sim1$，其配料比为：烟尘：焙烧析渣：无烟煤 = 100：25：18，球团含锡 34% ~36%，熔炼温度 1300 ~1400℃，6 ~7h 熔炼一炉。

烟尘和焙烧熔析渣搭配熔炼，炉料自熔性好，不需要加熔剂。加之球团透气性好，传热快，加速还原反应的进行，因此熔炼速度快，烟尘率低，锡的直接回收率达 80% ~83%。还原熔炼所得第二次烟尘，锌、镉、锗、镓、铟等得到富集。

b　电炉还原熔炼烟尘

含锌大于 15% 的锡烟尘可视为高锌烟尘。这些烟尘配料制粒后曾在反射炉中进行还原熔炼，锡的直收率仅为 50%，而且二次产尘率高，产 1t 粗锡就要产出 1t 烟尘，使湿法回收锌遇到困难。选用 800kV · A 电弧电阻炉，采用半埋弧熔炼，电炉工作电压 105V，工作电流 3000 ~4000A 单独处理高锌锡烟尘，取得较好效果。

电炉中熔炼烟尘，采用强还原气氛，在较低温度（1100 ~1300℃）下还原熔炼锡，在较高温度（1300 ~1600℃）下还原锌，并挥发进入二次烟尘。

主要指标如下：炉床指数 2.36t/(m^2 · d)，锡的直接回收率 82.89%，锡总回收率 98%，烟尘率 23%，锌入烟尘率 56.52%，产渣率 30%，二次烟尘含锌 37% ~50%。

B　湿法处理回收锌

湿法处理二次烟尘生产氧化锌和金属锌，国内外有不少科研成果和生产实践。

某冶炼厂电炉熔炼产出的二次烟尘中锌、铅、锡主要以氧化物存在。生产活性氧化锌工艺流程主要由浸出、净化、转化和焙烧四部分组成。

采用两次硫酸浸出。为了提高锌的浸出率，第一次酸浸的始酸浓度为 130 ~160g/L，液固比 6∶1，浸出时间 3h，浸出温度 85 ~95℃。二次酸浸的条件除硫酸浓度提高到 200g/L，其他条件与一次酸浸相同。锌的两次总浸出率达 98%。由于二次烟尘中铟的含量比锌低得多，且其溶解置换序位在锌后，所以在酸浸的相同条件下，浸出率只有 40% ~50%。

净化铟，采用 P_{204} 萃取剂和 200 号溶剂油的混合液萃取，6mol 盐酸反萃，反萃液用锌板或铝板置换得到海绵铟，熔铸得到粗铟。萃取剂浓度为 10% ~30%，相比 O/A 为 1∶2，萃取时间 5min，硫酸浓度 10 ~58g/L，萃取级数为 1 级时，仍可获得很高的萃取率。

净化铁、砷，采用中和水解沉淀法，两次酸浸的混合溶液，其成分为（g/L）：Zn 79.43，Fe 0.14，As 1.9，H_2SO_4 3.07。中和水解终点 pH 值控制在 5.2 ~5.4，除砷效果达 99% 以上，除铁率 57% ~70%，净化液含：Zn 109.27g/L，Fe 0.03 ~0.05g/L，As 0.0023g/L。净化过程中，锌的损失率波动于 0.72% ~8.29%，随砷铁比减小而增大。当控制 As∶Fe = 1∶1 时，除砷效率好，而锌的损失率低于 3%。实际生产中，因为含砷高，还需要加入硫酸铁或硫酸亚铁。

中和除铁、砷后，上清液加锌粉置换铜、镉，控制温度 65℃，随着锌粉加入量增加，除镉率增加。当锌粉加入量小于理论量的 1.5 倍时，除镉率呈直线增加，当锌粉加入量超过1.5倍以后，除镉率增加减缓。加锌粉除镉也能同时除去砷、铁，当锌粉加入量为理论量的9倍时，可获得比较纯净的净化液。

采用碳酸铵或碳酸钠作沉淀剂，加入到净化液中，反应生成碳酸锌和碱式碳酸锌沉淀。在常温下，沉淀剂用量计算再过量10%，锌的沉淀率为94%。沉淀温度大于30℃时，会降低氧化锌的活性。沉淀剂量不宜过大，否则碳酸锌会溶解在硫酸铵溶液中，降低锌的沉淀率。碱式碳酸锌沉淀容易过滤，但洗涤很重要，否则沉淀中会夹带硫酸根离子或过多的硫酸盐类。然后将滤饼干燥，碱式碳酸锌经干燥后焙烧4~5h，使其分解获得活性氧化锌。焙烧温度为400~450℃为宜，温度过高会降低氧化锌的活性，过低则影响氧化锌的纯度。

一般来说，湿法获得的氧化锌活性不取决于其化学成分，而主要取决于物理性质。

回收硫酸铵或硫酸钠，将母液和洗液浓缩蒸干，即得到硫酸铵或硫酸钠结晶，可返回利用或出售。

如果生产金属锌，则将净化后符合电积锌要求的溶液通过电积生产金属锌。电积液成分为：H_2SO_4 100~150g/L、Zn^{2+} >40。电积技术条件为：电流密度400~520A/m^2，槽电压3.3V，所得电积锌含量可达99.9%以上。

6.2.3.2 砷的回收

高砷锡精矿、熔析渣、凝析渣、离心析渣、硬头等含砷物料经焙烧炉焙烧，所得烟尘含砷20%左右。将这种烟尘单独进行焙烧处理，一次烟尘中的砷进一步富集，以氧化物形态挥发进入二次烟尘（高砷烟尘）中。其中的砷主要以As_2O_3形态存在，占90%，其次有少量的砷酸盐和As_2O_5。

As_2O_3称为砒霜，广泛用于木材防腐剂、农药杀虫剂、玻璃工业澄清剂、脱色剂、毛皮工业生产消毒防腐剂，又可作为生产元素砷的原料。

炼锡厂处理高砷烟尘生产白砷有火法和湿法两种方法。

A 火法生产三氧化二砷

As_2O_3是一种低沸点的氧化物，并具有“升华”的特性，随温度升高，蒸气压增大。As_2O_3的蒸气压p与温度的关系为：

$$\lg p = -3132/T + 7.16$$

当温度为460℃时，蒸气压超过102.79kPa，此时As_2O_3沸腾气化挥发，变成As_2O_3蒸气进入冷凝收尘系统。温度降低后，As_2O_3由气态变成固态结晶体，沉降在冷凝收尘器中，得到产品白砷。高砷烟尘中的锡、铅、铁等氧化物因沸点较高，不会挥发而保留在残渣中，从而达到As_2O_3与其他金属的分离。残渣（砷渣）返回冶炼系统处理，回收锡、铅等。

火法生产As_2O_3的设备主要有反射炉、回转窑、电热回转窑，得到的产品含As_2O_3在93%~99%之间。也有用管状电炉和平窑（隧道窑）进行过试验生产As_2O_3。目前某公司开发了用直流电炉生产As_2O_3，密闭性好、挥发率高，产品含As_2O_3量较高而且稳定，效果良好。

B 湿法生产三氧化二砷

As_2O_3难溶于冷水中，但易溶于热水中，其溶解度随水温升高而增加，As_2O_3在水中的溶解度与温度的关系见表6-7。

表 6－7　As_2O_3 在水中的溶解度与温度的关系

温度/℃	0	15	25	75	98.5	100
溶解度/g · L^{-1}	12.1	16.6	20.5	56.2	81.8	115.0

高砷烟尘的浸出：将高砷烟尘加入到搪瓷反应锅中，浸出液固比为（7～20）∶1，浸出温度≥95℃，浸出 1.5h，砷的浸出率在 85%～97%。

浸出液的净化：浸出过程中有少量重金属离子进入浸出液中，会影响 As_2O_3 质量，需要通过净化脱除重金属。采用调整浸出液的 pH 值能达到净化溶液的目的。浸出结束后，在浸出槽中直接加入添加剂，将浸出液的 pH 值由 2～4 调整到 6.5～7.0，使溶液中的重金属离子水解进入沉淀中，该过程只需要 0.5h 就能完成。然后，将矿浆用自动板框压滤机过滤，滤液送储液槽备用，浸出渣送还原熔炼系统回收锡、铅。

净化液脱色：净化液脱色的目的主要是为了保证 As_2O_3 产品的白度达到标准。脱色在搪瓷反应锅中进行，首先，将净化液泵入搪瓷反应锅通蒸汽加热到 70～80℃，按 3g/L 溶液的比例加入木炭粉搅拌 0.5h 后过滤溶液，滤渣以木炭粉为主，可反复使用多次，最后可用作回转窑焙烧的还原剂。经过净化、脱色后的溶液，金属离子浓度大幅度降低，保证了溶液的质量。

溶液的浓缩、结晶：经过净化、脱色后的溶液在列管蒸发器中进行浓缩。通蒸汽加热溶液至沸腾，蒸发器配有射流泵，保持蒸发过程在负压状态下进行。当溶液浓缩到原体积的 30%～35%时，溶液中含 As_2O_3 达到饱和浓度（约 80g/L），此时浓缩结束。将浓缩液放入搪瓷锅中，通冷却水冷却，As_2O_3 不断结晶析出，待溶液冷却到 30℃，结晶过程结束，用离心机过滤，得到含 As_2O_3 ≥99.5%，含水 5%～6% 的白砷。一次结晶母液含 As_2O_3 约为 25g/L，进行二次浓缩和二次结晶。二次结晶母液作为回转窑焙烧炉料造球的补充水，减少含砷废水的处理。

白砷的干燥：结晶得到的白砷用螺旋干燥机进行干燥，得到产品白砷。

6.2.3.3　其他有价金属回收

A　镉的回收

硫酸锌溶液加锌粉置换铜、镉时得到铜镉渣，其成分为（%）：Zn 30、Cd 10～12、Cu 18～20、As 0.5，一般采用湿法处理回收镉。

铜镉渣中的铜和镉主要呈金属状态，少量为氧化物。为了提高镉的浸出率，浸出前先堆放或氧化焙烧使镉成为氧化物，同时除去部分砷、锑。经氧化后的铜镉渣用 100～200g/L 硫酸溶液在 90℃浸出 1h，镉进入溶液，浸出率达 95%，铜保留金属状态残留在渣中，只有少量铜溶解。为了减少铜的溶解，在浸出液 pH 值为 1 时加入少量的未氧化的铜镉渣，使溶解的铜被置换析出。

浸出液过滤后，得出的铜渣另行处理回收铜，溶液则加锌粉置换镉。置换时，控制温度为 50～57℃，锌粉用量为计算量的 1.2 倍，置换终点 pH 值为 1～1.5。酸过高则海绵镉发脆，酸过低则海绵镉中含锌量增加。海绵镉经压团后，用苛性钠覆盖在 400～497℃熔铸，产出含镉 85% 的粗镉。粗镉精馏处理可得高纯镉。

B　铟的回收

反射炉、电炉熔炼锡精矿时，三氧化二铟（In_2O_3）（沸点 850℃）、硫酸铟（沸点小于654℃）在炉料加热到827℃以上时，有一部分挥发进入烟尘。为了从中回收锌，烟尘单独处理富集锌，同时铟也得到富集。

二次烟尘经硫酸浸出锌后，产出的浸出渣成分一般为（%）：Sn40～45，In0.1～0.2，铟含量仍然很低。浸出渣在1000～1050℃条件下焙烧，In_2O_3 和 $InSO_4$ 进一步挥发富集，所收集的三次烟尘含铟0.5%～0.7%。

三次烟尘用盐酸浸出回收铟。由于盐酸浸出时，有一部分锌、铅、铜、砷进入溶液，因此用碳酸钠中和，控制pH值为1.5，杂质水解沉淀，铟留在溶液中。

溶液加硫化钠进一步净化重金属，其用量为理论量的1.4倍。硫化钠加入后，通入硫化氢气体1min，若不出现棕色沉淀，说明重金属已除到微量。当液体表面出现金黄色时，说明硫化钠过量。

净化后液含In10～20g/L，一般不超过20g/L，否则用铝板置换时在铝板上析出一层铟，阻碍置换过程的进行。置换控制的条件：pH值为1～1.5，温度90℃，时间3h。置换取得的海绵铟压团、熔铸，得到98%的粗铟，置换后液控制在含In0.05g/L以下。

粗铟经电解，氯化除杂质，可得高纯铟。

6.3 火法精炼渣的处理及金属回收

6.3.1 熔析渣、离心析渣和炭渣的处理

6.3.1.1 熔析渣、离心析渣和炭渣的成分

熔析渣和离心析渣同为熔析炉或离心机处理乙粗锡和精炼锅渣回收其中一部分锡以后的残渣，除含锡较高外，含铁、砷均较高，同时还含有一定量的硫。由于它们的处理设备的不同，锡和砷、铁分离的方式也就不同，故以不同的名称加以区别，但两者的物理性质和化学成分却大致相近。炭渣则是一种粗锡在火法精炼过程中加锯木屑除铁、砷时产出的浮渣，除含锡外，其杂质成分主要也是铁和砷，但含硫较低（微量）。熔析渣和离心析渣以及炭渣的主要成分见表6－8、表6－9。

表6－8 熔析渣与离心析渣的主要成分 （质量分数/%）

名　称	Sn	Pb	Cu	Fe	As	S
熔析渣	30～45	1～4	0.5～1	30～32	16～20	1～2
离心析渣	38～49	4～5	0.6～1.4	14～19	14～19	4～4.5

表6－9 炭渣的主要成分 （质量分数/%）

批　号	Sn	Pb	Zn	Cu	As	Sb	S	Fe
1	76.16	8.32	0.04	0.41	6.32	0.15	0.68	0.36
2	73.35	7.11	0.06	0.77	8.88	0.15	0.95	0.42
3	68.42	10.56	0.88	1.02	10.32	0.22	0.76	1.56

从表6－8、表6－9可知，熔析渣、离心析渣及炭渣的主要成分是锡，主要杂质是铁和砷。为消除砷在还原熔炼过程中的恶性循环，应将它们经过处理脱砷后再返回熔炼配料。熔析渣和离心析渣一般都是利用回转窑焙烧的方式，将其中的砷、硫等杂质大部脱除。由于炭渣的粒度细，加上炭渣中锡和砷的化合物熔点较低（仅600℃左右），若将其

也用回转窑焙烧的方式脱砷的话，焙烧时易黏结窑壁影响正常运转，故炭渣不经过焙烧脱砷，而是采用直接返回熔炼配料，或是经过别的有效途径脱除其中的砷。

6.3.1.2　熔析渣焙烧脱砷、硫

熔析渣焙烧的目的是脱除渣中砷、硫等有害杂质元素，再作为炼锡原料返回熔炼，根据其性质和砷挥发的特点，在渣中配入2%～2.5%的还原煤，以控制焙烧气氛。焙烧脱砷、硫的主要反应如下：

$$4Fe_2As + 9O_2 = 4Fe_2O_3 + 2As_2O_3\uparrow \tag{6-8}$$

$$4FeAs + 6O_2 = 2Fe_2O_3 + 2As_2O_3\uparrow \tag{6-9}$$

$$As_2O_3 + O_2 = As_2O_5 \tag{6-10}$$

$$As_2O_5 + C = As_2O_3\uparrow + CO_2 \tag{6-11}$$

$$As_2O_5 + 2CO = As_2O_3 + 2CO_2 \tag{6-12}$$

$$2MS + 3O_2 = 2MO + 2SO_2 \tag{6-13}$$

焙烧熔析渣与焙烧锡精矿有所不同，在熔析渣中砷和铁呈化合物形态存在，随着物料从低温向高温段逐渐移动，这些化合物会发生热分解，当物料温度达到615℃以上时，分解出来的砷开始沸腾，产生砷蒸气，在窑内氧化气氛的作用下，生成的As_2O_3被炉气带走；熔析渣中还有一部分硫会与锡、铁等结合生成锡铜锍，造成焙烧脱硫困难，因此熔析渣焙烧的脱硫率不高。

某厂焙烧作业是在规格为1.6m×20m的回转窑中进行，其水平倾角20°，窑转速0.17～0.51r/min。焙烧的技术条件为，焙烧温度：窑尾397～447℃，高温区947～997℃；窑尾负压-10～-50Pa；物料粒度小于100mm。

根据窑内物料分布及焙烧情况，来调节回转窑的转速，一般控制三种转速，慢速（0.2～0.13r/min）、中速（0.33～0.25r/min）、快速（0.5～0.4r/min）。在正常生产的情况下，多采用中速作业。只有在开窑进料初期或需要降低窑温时才采用慢速，因为开始进料，窑内料层薄，窑内温度较低，砷及其他元素的氧化速度慢，需要充分的氧化时间，同时辅以较弱的抽风，以提高窑温。

焙烧熔析渣是一项难度较大的焙烧作业。在其他技术条件确定的情况下，根据窑况的变化，正确控制回转窑的进料量、转速及窑尾负压是很重要的。如回转窑在一定时间内以一定的匀速运转，进料量也要相应地连续均匀供给，否则会在窑内造成物料分布不均匀，窑内温度达不到技术条件的要求，会影响脱砷、脱硫的效果。在窑速已定的条件下，要确定合理的进料量。进料量过少，窑内料层薄，氧化反应放出的热量少，自热焙烧过程难以维持。进料量过大，窑内料层太厚，氧化反应剧烈，窑温过高，易造成物料熔结，缩短运转周期，同时也影响脱砷、硫的效果。窑尾负压影响窑内气流速度和流量，窑尾负压不能大于-50Pa，为了保证焙烧所需的温度和脱硫需要的氧化气氛，窑内负压不能高于-10Pa。

高温带控制在窑体中部，移至窑头或窑尾都会使窑况不正常。提高窑内温度可以强化焙烧过程，但不能超过1000℃，否则物料容易烧结，使作业不能正常进行。

回转窑焙烧熔析渣的主要技术经济指标为：脱砷效率80%～90%，脱硫效率50%～65%，锡直接回收率90%～95%，日处理量40～45t。

6.3.1.3　离心析渣焙烧脱砷、硫

离心析渣比熔析渣含锡、铅、硫均要高些，含铁稍低，因此其软化黏结温度仅为

770～800℃。离心析渣的物相分析详见表6－10。

表6－10 离心析渣物相成分分析 （质量分数/%）

结晶相名称	含量	Sn			As			Fe		
		含量	占有量	分配率	含量	占有量	分配率	含量	占有量	分配率
金属锡	40.8	98.58	40.22	82.98	—	—	—	—	—	—
砷化铁	23.7	2.1	0.5	1.03	40.14	9.51	100	57.76	13.69	67.27
锡铅合金	9.7	60.85	5.9	12.17	—	—	—	0.17	0.02	0.1
硫化铁	10.5	1.43	0.15	0.31	—	—	—	63.12	6.63	32.58
硫化铜	1.9	0.97	0.02	0.04	—	—	—	0.28	0.01	0.05
硫化铅	2.3	72.99	1.68	3.47	—	—	—	—	—	—
合　计			48.47	100	—	9.51	100	—	20.35	100

结晶相名称	含量	Cu			Pb			S		
		含量	占有量	分配率	含量	占有量	分配率	含量	占有量	分配率
金属锡		—	—	—	1.42	0.59	13.11	—	—	—
砷化铁		—	—	—	—	—	—	—	—	—
锡铅合金		—	—	—	38.98	3.78	84	—	—	—
硫化铁		—	—	—	—	—	—	34.45	3.72	81.22
硫化铜		78.54	1.49	100	—	—	—	20.22	0.38	8.3
硫化铅		—	—	—	6.03	0.13	2.89	20.98	0.48	10.48
合　计		—	1.49	100	—	4.5	100	—	4.58	100

从表6－10中数据分析可知，金属锡和Sn－Pb合金含量之和超过50%。

某锡冶炼厂过去一直都是在回转窑中按焙烧熔析的技术条件和工艺操作来处理离心析渣。由于该物料容易熔融结块，窑作业率偏低。每处理一次离心析渣，焙烧有效运转周期仅为15～20天，便会出现窑结死，需停窑清理窑结，工人劳动强度很大，作业成本费用较高，且在焙烧过程中除杂的效果不佳。如离心析渣入窑前含As 15%，S 4.5%，产出的焙砂含As 6%～8%，含S 3%左右，脱砷率约为60%，而脱硫率为30%。

为了提高离心析渣的软化点（黏结温度），延缓窑结，提高脱除杂质的效果，曾作过离心析渣与其他物料搭配焙烧试验。例如：将离心析渣与需要焙烧的锡精矿搭配焙烧可以提高其软化温度，不同搭配比例的混合物料的软化点（黏结温度）见表6－11。

表6－11 不同搭配比例混合物料的软化点

编　号	锡精矿/g	离心析渣/g	离心析渣搭配率/%	软化点/℃
1	200	—	0	1100
2	—	200	100	770
3	140	60	30	1000
4	120	80	40	960
5	100	100	50	920

从表6－11可知，精矿中搭入离心析渣，其混合物料的软化点比离心析渣的软化点高出了许多。随后在回转窑中进行了半工业试验，亦取得了较好的效果，其技术条件及获得的主要指标见表6－12。

表6－12　回转窑处理精矿中搭入离心析渣技术条件及获得的主要指标

名　称	窑头温度/℃	窑尾温度/℃	窑尾负压/Pa	窑转速/$r \cdot h^{-1}$	离心析渣搭配率/%	还原剂率/%	脱砷率/%	脱硫率/%	锡直接回收率/%
指　标	830～880	630～680	－35～－45	80～90	40～45	1	>92	>58	>95

在此试验取得成功的前提下，还曾做过在离心析渣中配入已焙烧过的离心析渣（焙烧渣）的工业试验，焙烧渣配入率为25%～33%。因焙烧渣中金属和金属硫化物已氧化成氧化物，熔点较高，同时在焙烧过程中不再氧化放热，还要吸热带走部分热量，故能使窑内热平衡稳定。

在以上试验取得成功的基础上，结合工厂实际，从经济方面全面综合考虑，现离心析渣的焙烧均搭配熔炼系统与烟化炉系统产出的烟尘等物料一并焙烧，焙烧过程易控制，焙烧效果良好。

6.3.1.4　离心析渣、炭渣真空蒸馏脱砷

根据渣中锡、铁和砷的物理、化学性质，采用固体物料直接真空蒸馏分离砷。即在高温及真空条件下，物料中砷化物热分解析出的元素砷具有很高的蒸气压，易从物料中挥发出来，而物料中的铁和锡在相同条件下蒸气压很小难挥发，仍留在物料中，从而达到锡、铁与砷分离的目的。

砷蒸气分子有四种形态即：As，As_2，As_3，As_4，在773K时只有As_4分子。在气相总压为133.3Pa时，As_4分子在1073K开始分解为As_2，在1973K时出现单原子As。

离心析渣、炭渣用真空蒸馏分离砷，仅研究砷的蒸气压还是不够的，还应从As－Fe，As－Sn系在渣中的形态以及在特定温度和真空条件下的变化情况来分析。曾对离心析渣作过X光衍射分析，结果表明，渣中主要砷化物为$FeAs_2$，FeAs，SnAs。

在10.66Pa的真空度下，$FeAs_2$分解速率在913～923K时显著，而在1063K时达到最大值［$2.02 \times 10^{-4} g/(cm^2 \cdot s)$］。FeAs在953～923K时分解速率小，在1233K时达到最大值［$2.0 \times 10^{-4} g/(cm^2 \cdot s)$］。在温度约为973K时，只有$FeAs_2$分解成FeAs。为了使FeAs分解，必须使温度升高到1173K以上。$FeAs_2$和FeAs的分解平衡常数与温度的关系式分别为：

$$\lg K = -12105/T + 10.3 \qquad (923 \sim 993K)$$

$$\lg K = -14006/T + 10 \qquad (1083 \sim 1173K)$$

研究人员曾用离心析渣做过一些试验，以考察温度、真空度、蒸馏时间对蒸馏过程的影响。试验结果表明：砷的挥发率及挥发速率随温度的上升而增大，尤以1113～1213K之间为甚，1213K为转折温度，砷的挥发率为68.52%，挥发速率为$4.97 \times 10^{-3} g/(cm^2 \cdot min)$。为了使物料中的砷降到2%左右，必须控制温度在1413～1513K之间，此时砷的挥发率可达85%～88%，物料中残留的砷可降到2%～2.5%。其次，真空度对砷的挥发率和挥发速率影响也很大，为了使砷挥发速率达到87%以上，物料含砷降至2%，砷挥发速率大于$6.3 \times 10^{-3} g/(cm^2 \cdot min)$，真空度应在133.3Pa以下。而砷的挥发率随时间的延长

而增加，蒸馏时间由 10min 增至 60min 时，砷挥发率由 70% 增到 93.7%，此时物料含砷量下降到 1.13%，砷挥发速率为 $3.4 \times 10^{-3} g/(cm^2 \cdot min)$，在 60min 以后再延长时间砷的挥发率增加并不明显，而砷的挥发速率却在下降。由此可得，在温度 1413～1513K，真空度 13.3～66.7Pa，蒸馏时间 30～60min，处理固体状态的离心析渣，砷挥发率可达 87%～93.6%，砷挥发速率为 $(3.4 \sim 6.37) \times 10^{-3} g/(cm^2 \cdot min)$，蒸馏后的物料含砷 1.13%～2%，冷凝物含砷在 35% 以上，蒸馏得到的粗锡含锡可达 95%。

利用蒸馏法处理炭渣脱砷的优点是砷与锡可得到较为彻底的分离，避免了炭渣中的砷在冶炼过程中的恶性循环，产出的砷含砷较高，可用作生产白砷的原料。但由于要用单列的设备，增加了工厂的投资和生产人员，结合生产过程中炭渣量不是很多的实际，国内的锡冶炼企业均未增建真空炉用以处理炭渣，火法精炼过程产出的炭渣均是直接返回熔炼系统搭配在精矿及其他物料中一起进行再次还原熔炼。

国外的炼锡厂，仅有玻利维亚文托炼锡厂利用蒸馏法对离心析渣做过真空蒸馏的工业试验，但未推广使用。

6.3.2 硫渣的处理

6.3.2.1 硫渣的成分

硫渣是粗锡火法精炼加硫除铜的副产品，呈黑色粉末状。硫渣含锡和铜均较高，锡主要以金属形态存在，少部分以硫化物存在，铜则主要以硫化物存在，少量以金属形态存在，硫渣的主要成分见表 6－13。

表 6－13 硫渣的主要成分 （质量分数/%）

编 号	Sn	Pb	Zn	Cu	As	Sb	S	Fe
1	55.35	11.43	0.06	19.23	0.01	0.14	8.54	0.75
2	57.57	4.13	0.03	18.49	0.92	0.13	7.53	0.78
3	64.18	8.38	0.01	13.08	1.60	0.20	7.86	0.80

由表 6－13 可知，硫渣含锡一般都在 55% 以上，积压了大量的锡，而主要杂质是铜和硫，所以处理流程的选择应以有效回收锡和铜为依据。20 世纪 80 年代某公司曾做了大量的试验，先后采用过硫渣硫酸化焙烧－酸浸、氧化焙烧－酸浸、氧化焙烧－氨浸、造锍熔炼、三氯化铁浸出、碱性熔炼－电解、隔膜电解－氧化焙烧－酸浸等流程，下面重点介绍当前生产使用的流程。

6.3.2.2 硫渣隔膜电解－氧化焙烧－硫酸浸出生产硫酸铜

硫渣隔膜电解－氧化焙烧－硫酸浸出生产硫酸铜生产工艺流程见图 6－1。它主要由隔膜电解、氧化焙烧和酸浸 3 个工序组成。

A 硫渣隔膜电解

硫渣中锡有约 97% 以上、铅几乎 100% 以金属或合金形态存在，其他杂质，如铁的电极电位比锡、铅呈负电性，但由于其含量低，而且多以化合物存在，电解时其溶解也有限。铜、铋、砷、锑等及其化合物因电极电位比锡、铅呈正电性，电解时不发生溶解而残留于阳极泥中。因此，硫渣电解时，阳极上主要是锡、铅氧化电化溶解，而后在阴极析出锡与铅。

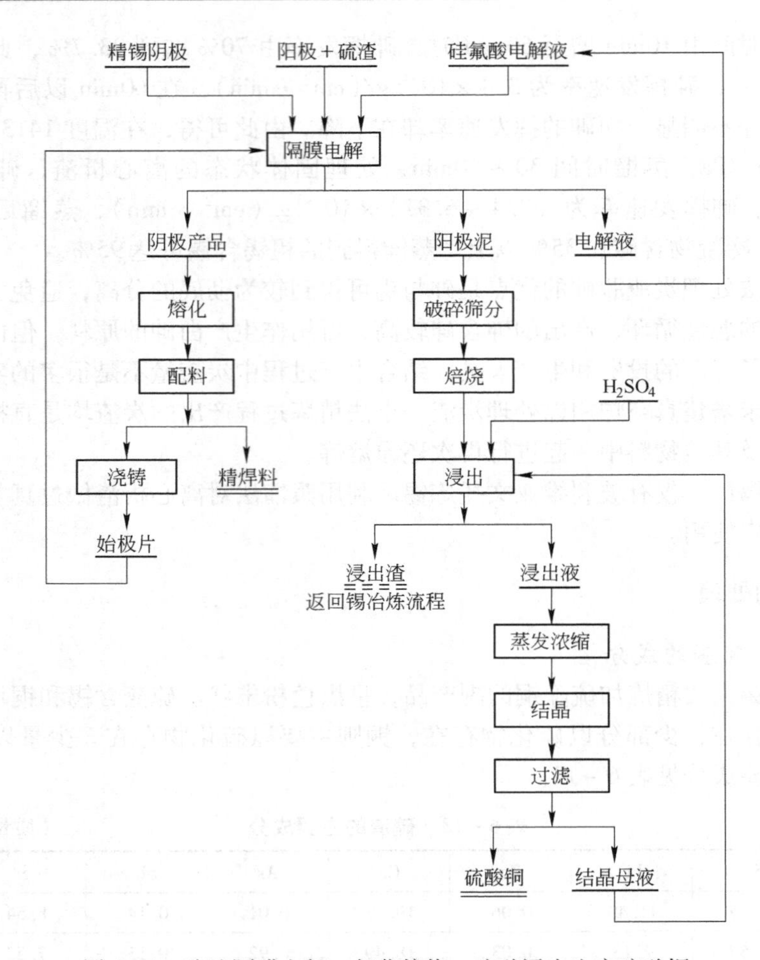

图6－1　硫渣隔膜电解－氧化焙烧－硫酸浸出生产硫酸铜

由于硫渣是粉状物料，因此采用隔膜电解。硫渣经预处理使其粒度小于10mm，装入化纤袋，外用塑料框架支撑，内插阳极导电板，制成电解阳极。始极板（阴极）用精锡或焊锡浇铸而成，规格为440mm×500mm。阳极和阴极装入用聚乙烯硬塑料板制成的电解槽中，其长×宽×高为1460mm×550mm×650mm，每槽装阳极6袋，阴极7片，同极距120mm，阳极和阴极同时进行更换。硫渣隔膜电解主要技术条件见表6－14，电解液成分见表6－15。

表6－14　硫渣隔膜电解主要技术条件

名　称	电流密度/A·m^{-2}	槽电压/V	电解液温度/℃	阴阳极周期/d
指　标	100～120	0.5～4	35～40	4

表6－15　硫渣隔膜电解的电解液成分

名　称	Sn^{2+}	Pb^{2+}	总 H_2SiF_6
成分/g·L^{-1}	60～70	10～20	90～120

生产指标：锡直接回收率55%，铅直接回收率75%，阴极产物成分（%）：Sn 75～

82；Pb 18～25；Cu 0.01；Bi 0.04；As，Sb，S 含量极微。阴极产物熔化后直接配制成各种商品焊料出售。

B 阳极泥焙烧脱硫

硫渣经隔膜电解，回收了其中大部分的锡和铅，得到的隔膜电解阳极泥的熔点会升高，这样为氧化焙烧脱硫创造了有利条件。阳极泥的成分（%）为：Sn 40～45，Pb 1～10，Cu 15～25，As 0.9～2，S 4～11，在堆存过程中会结块，进行焙烧前需用鼠笼打散机将其粉碎，再经5mm 筛子过筛，控制其含水量在3%～5%。

将处理后的物料投入到回转窑内焙烧，焙烧温度730～760℃，窑尾负压－10～－30Pa，窑转速1～1.2r/min。也可在反射炉中焙烧，控制焙烧温度700～800℃，每炉焙烧时间6h。产出的焙砂成分见表6－16。焙烧脱硫率一般都在90%以上。

表6－16 焙砂的主要成分 （质量分数/%）

物 料	Sn	Pb	Cu	S	Fe	As	Bi
1	48.93	3.98	24.19	0.32	1.80	0.89	0.30
2	46.88	7.14	24.05	0.48	1.60	0.89	0.34
3	46.29	5.44	23.23	0.87	1.30	0.95	0.34

C 焙砂酸浸生产硫酸铜

经过氧化焙烧后得到的焙砂中的铜呈氧化铜形态，用硫酸浸出铜进入溶液中，将浸出液浓缩结晶后即可得到硫酸铜产品，达到硫渣脱铜的目的，消除了铜在锡冶炼中的恶性循环。

浸出作业在3m^3 的圆形槽内进行，浸出槽配有搅拌装置，并有蛇形管加热器加热浸出液，浸出时浸出槽中可适量注入返回的洗液或清水，每次需补加工业硫酸250kg，每次处理焙砂量为600kg，浸出时的液固比为3∶1，浸出温度控制在80℃，浸出时间1.5h。铜的浸出率在95%以上。浸出渣的成分列于表6－17。

表6－17 浸出渣成分 （质量分数/%）

物 料	Sn	Pb	Cu	Fe	As
1	67.36	5.20	1.13	0.70	0.48
2	66.94	5.33	1.51	—	0.34
3	65.87	5.60	1.32	0.50	0.55

从表6－17 中所列数据可知，浸出渣的成分与锡精矿相近，可作还原熔炼的原料。得到的浸出液转入贮液池内澄清后，抽取上清液至3m^3 的浓缩结晶槽内加热浓缩，当溶液密度为1.35～1.37g/cm^3 时，将其放入冷却结晶槽内通水冷却，即可得到硫酸铜产品。结晶母液再次返回用于浸出焙砂。

该流程由于锡、铅进入锡铅产品的回收率较高，脱铜率在80%以上，且硫渣中的铜经过硫酸浸出得到硫酸铜产品，因此经济效益较好；目前各炼锡厂大多采用该流程来处理粗锡火法精炼过程产出的硫渣。

6.3.2.3 硫渣浮选－氧化焙烧－硫酸浸出生产硫酸铜

本法处理硫渣的生产工艺流程见图6－2。

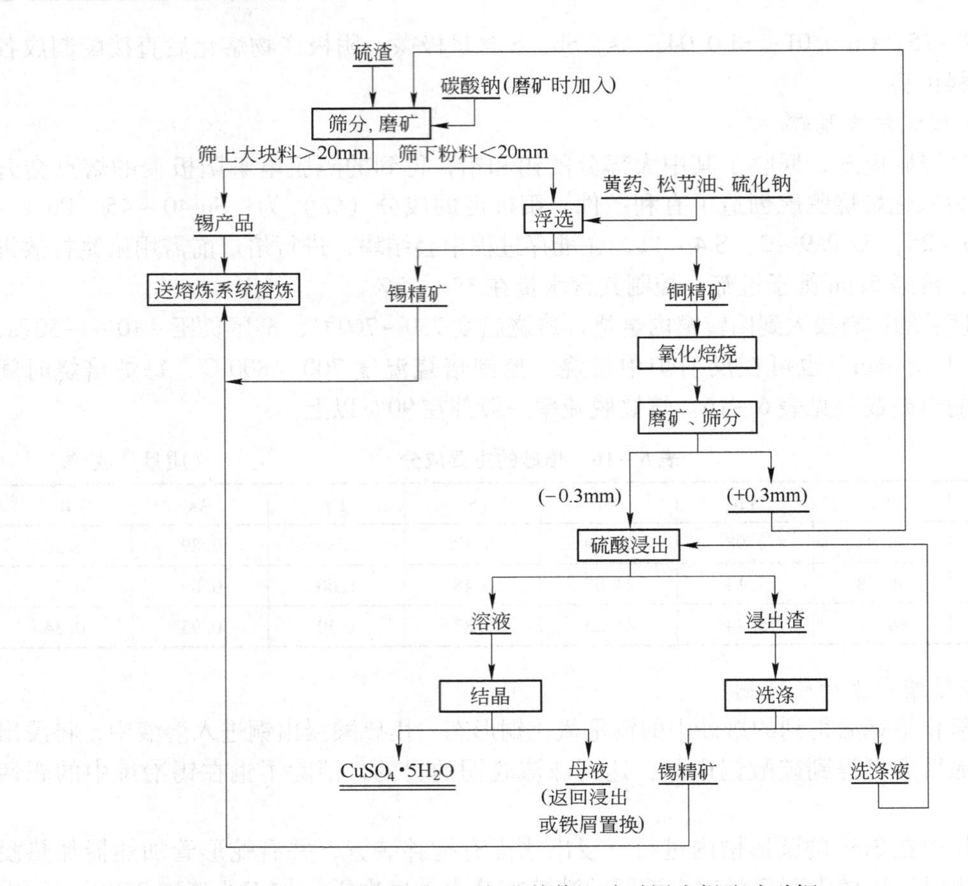

图 6－2　硫渣浮选－氧化焙烧－硫酸浸出提取硫酸铜

该工艺首先对硫渣进行筛分，得到大于 20mm 块状硫渣，因其中夹带大量的锡，直接送熔炼系统入炉熔炼。小于 20mm 的粉状硫渣送浮选处理。浮选时控制矿浆浓度为 20% ~ 22%，pH 值为 8 ~ 8.5，分别用丁基黄药作捕收剂，松节油作起泡剂，碳酸钠作调整剂。实践证明浮选作业进行很快，仅 13min 就可回收 80% 以上的铜，浮选产出的铜精矿成分（%）：Cu50 ~ 55，Sn20 ~ 25。浮选尾矿即为锡精矿，含 Sn70% ±，Cu4.5%，可直接送熔炼系统配料进行还原熔炼。

浮选获得的铜精矿通过氧化焙烧脱硫，产出焙砂用硫酸浸出后即生产硫酸铜。浸出渣通过洗涤后亦为炼锡原料。在流程中锡的回收率为 95%，工艺流程中锡的机械损失较大，主要是筛分、磨矿操作程序多，导致飞扬损失。铜的回收率在 80% 以上，仅有少部分铜返回锡冶炼流程。

6.3.2.4　硫渣焙烧－浸出－电积法处理

对于含砷、锑较高的硫渣，大多采用两次焙烧法来进行作业。第一次焙烧控制温度在 700℃，使硫渣中的金属氧化物提高其熔点，避免过早形成窑结，还可预先脱除一部分硫、砷、锑。第二次焙烧控制温度在 900℃，进一步除去焙砂中的硫和砷，以利于在浸出作业过程中分离锡与铜。二次焙烧后的焙砂中含硫 1.5%，含砷 0.8% 以下，铜主要变成氧化铜。

焙砂用硫酸浸出产出的浸出液采用电积法生产电解铜。具体生产程序是：含游离酸120～150g/L的硫酸溶液先在浸出槽中浸出焙砂，待溶液中的铜离子浓度达到35～45g/L时，浸出液透过滤布的石英砂滤层，用酸泵泵至高位槽，自流入电解槽内进行电积。电积后的酸溶液又流向浸出槽，如此连续循环作业使用。浸出渣含铜1%～1.5%，铜的脱除率大于80%。电积的电流密度80～100A/m^2，温度为30～40℃，产出的电积铜含Cu99.8%。此法与浮选作业法相比，减少了选矿作业，但增加了一次焙烧作业，而硫酸循环使用，成本较低，浸出渣含铜亦较低，适宜返回熔炼系统再次还原熔炼。

6.3.3 铝渣的处理

6.3.3.1 铝渣的成分

铝渣是粗锡火法精炼加铝除砷、锑产出的浮渣。铝渣含锡较高，大致与硫渣相近，锡主要以金属状态存在。除锡以外，主要杂质元素是铝、砷和锑。在处理铝渣过程中除了回收锡外，还应考虑综合回收其中的锑，同时使砷和铝开路。铝渣的主要成分列于表6-18中。

表6-18 铝渣的主要成分 （质量分数/%）

物 料	Sn	Pb	Zn	Cu	As	Sb	S	Fe
1	65.32	1.57	0.04	0.08	3.7	4.56	0.25	0.56
2	70.12	1.45	0.08	0.08	3.05	2.99	0.15	0.12
3	62.22	8.73	0.04	0.45	3.08	5.59	0.52	0.48
4	56.68	10.32	0.07	0.71	4.95	8.85	0.54	0.93

某冶炼厂曾将铝渣直接送反射炉进行配料还原熔炼，但由于铝渣中含铝较高，导致物料熔点高，产出的炉渣含锡20%～30%，锡的冶炼直收率仅为40%～50%。目前各炼锡企业在铝渣处理上主要采用以下两种生产流程。

6.3.3.2 苏打焙烧-溶浸-电炉熔炼

在焙烧前将苏打拌入铝渣中，主要是使铝渣中的砷及难溶的Al_2O_3生成易溶于水的钠盐；然后在反射炉内进行焙烧，控制的技术条件为：焙烧温度700～800℃；焙烧时间6～6.5h；苏打配入率10%～30%；铝渣粒度小于2mm。

在此条件下进行焙烧，锡的直接回收率较高，但焙烧作业的炉床能力很低，仅为0.224t/(m^2·d)，导致焙烧1t铝渣需耗煤1.5～2t。

焙砂自然冷却后，在两台容积为1.25m^3带有搅拌机装置的浸出槽内进行水浸。在作业过程中，每个浸出槽可处理焙砂量400～450kg，液固比控制在3:1，浸出时间为1.5～2h。经浸出后，过程脱砷率为80%，脱铝率为64%，锡直收率达99%以上。浸出得到的浸出渣含砷1.2%～1.3%，含铝1.3%～2.7%。浸出液经回收Na_2CO_3后，经处理再排放。

浸出渣自然干燥后，送电炉熔炼。所用电炉为三相电弧炉，其高4m，内径2m，炉床面积3.14m^2。配备变压器为650kV·A，电极直径为250mm，炉内衬耐火材料，炉底和炉底至炉膛壁高0.7m处均用碳砖砌筑，炉顶及炉膛上部则采用高铝砖砌筑。在实际作业过程中，根据烘炉与熔炼过程热能的需求调节相电压、电流，其指标为：86V，3700A；

102V，3200A；120V，3000A。生产过程采用连续进料，间断放渣放锡。每批料中配入浸出渣量为100kg，焦粉8～11kg，石灰石23～25kg，返渣20～25kg。过程要根据炉料的熔化情况再确定进料，同时保持电极插入深度，达到埋弧熔炼。电炉熔炼后的直接回收率为87%～89%，产渣率为21%～23%，烟尘率为1.1%～1.3%。生产过程处理的浸出渣与产物的成分见表6－19。

表6－19　电炉熔炼的浸出渣及产物成分　（质量分数/%）

名　称	浸出渣	粗　锡	电炉渣	电炉烟尘
Sn	55～59	82～84	3～4	43～45
Sb	5～7	4～6	—	—
As	1.3～1.5	0.2～0.3	—	2～3
Pb	2～2.5	2～3	—	—
Cu	0.03	0.3～0.4	—	—
Bi	0.03	0.05	—	—
Al_2O_3	2～5	0.2～0.3（Al）	18～23	—
FeO	—	0.2～0.6（Fe）	4～6	—
SiO_2	—	—	32～35	—
CaO	—	—	32～35	—

从表6－19可看出，电炉熔炼浸出渣产出的粗锡中含锑较高，同时还含有铜，可用于生产巴氏合金，以综合利用其中的锑、铜，但在此之前必须对其进行火法精炼以脱除其中的砷、铁、铅等杂质。

6.3.3.3　铝渣直接电炉熔炼－粗锡火法精炼配制轴承合金

苏打焙烧—溶浸—电炉熔炼的生产流程由于苏打价格较高，且用量大，使得生产成本较高。为了降低成本，现工厂中一般都采用铝渣直接投入到电炉中进行熔炼，产出的电炉粗锡经火法精炼脱杂后配制轴承合金的流程。具体生产工艺流程见图6－3。

在生产过程中，所用的熔炼设备与上述流程中的为同一座电炉，由于在熔炼前没有脱除铝渣中的砷、铝等杂质，故在熔炼过程中加入的熔剂量有所增加，为50%～80%；还原剂为10%～30%；每炉熔炼耗时大致为22～24h，每天可处理铝渣量7～10t。熔炼后锡的直接回收率达91.5%；锡入富渣率为2.84%；锡入烟尘率为4.4%。产出的粗锡成分（%）为：Sn90～92，Sb5～8，Pb1.5～4，As0.9～1.8，Fe0O.2～0.5，CuOO.2～0.7，Bi0.08。

如此成分的粗锡在配制轴承合金前要进行火法精炼，以脱除其中的有害杂质；火法精炼加铝除砷的过程要谨慎小心、精心操作，严格控制条件，只脱除粗锡中的砷，不脱锑。加铝量大致为As∶Al＝3∶1，操作温度控制在大于400℃；在凝析除铁时，控制温度小于350℃。

生产实践证明，影响轴承合金物理性能的主要杂质元素是As，Bi，Al和Pb。为了配

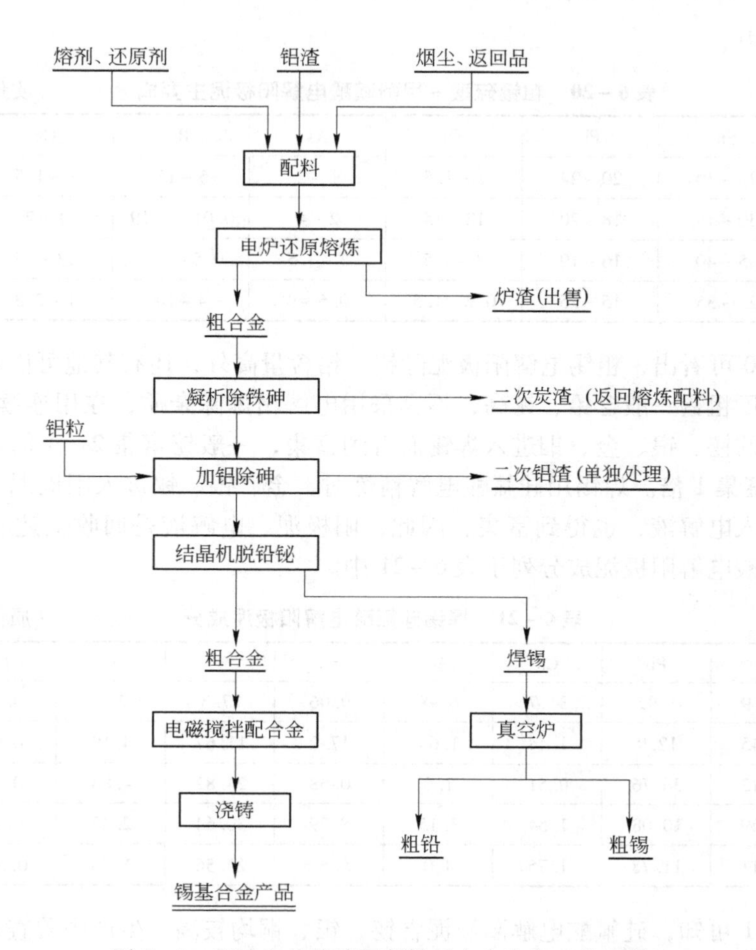

图6-3 铝渣电炉熔炼配制轴承合金生产工艺流程

制性能优良的轴承合金，在精炼过程中必须尽最大限度地脱除这些杂质元素，使其符合国标杂质含量规定要求。同时，在配制合金时，为使合金内部成分均匀，不产生偏析，均采用电磁搅拌。铝渣直接电炉熔炼生产出粗锡其生产流程短，锡冶炼回收率高，作业成本相对较低，但由于在熔炼前铝渣未进行脱砷处理，大部分的砷经熔炼后会进入到粗锡中，在火法精炼时又产出二次铝渣，造成砷在流程中闭路循环，使二次铝渣的含砷量不断增高，处理起来相对较困难，且劳动条件恶化。因此当铝渣中含砷量较高时，还是应该考虑采用苏打焙烧—水浸脱砷与铝—电炉熔炼的流程；铝渣中含砷量较低时，适宜采用直接投入电炉熔炼流程，这样经济上比较合理。

6.4 电解精炼过程中有价金属的回收

6.4.1 电解阳极泥的处理

6.4.1.1 阳极泥成分

精锡、焊锡在电解精炼时，锡、铅分别在阴极还原析出成为产品，比锡、铅电位正的元素，保留在阳极上成为阳极泥。国内外一些炼锡厂粗锡硫酸－甲酚磺酸电解阳极泥成分列于表6－20中。

表6－20　粗锡硫酸－甲酚磺酸电解阳极泥主要成分　（质量分数/%）

编　号	Sn	Pb	Sb	As	Bi	Cu	Ag
1	25～30	20～24	1～1.5	1～2	5～12	1～1.5	约0.1
2	30～45	18～20	12～15	2～4	0.01～0.19	1～2	0.17～0.34
3	35～40	16～19	3～4.5	3～4.5	0.5～1.5	13～15	—
4	25～35	15～25	0.2～1.5	0.6～4	4～10	1～2.3	—

从表6－20可看出，粗锡电解阳极泥除锡、铅含量高外，还有其他可供回收的有价金属。我国炼锡厂粗锡一般含铅、铋高，不宜采用电解精炼除杂质，在用连续结晶机除铅、铋时，粗锡中的铋、银、金、铟进入焊锡而得到富集，一般铋富集2～4倍，金和银富集2～32倍，铟富集1倍。焊锡用硅氟酸电解精炼时，金、银、铋进入阳极泥，并进一步得到富集，铟进入电解液，也得到富集，因此，阳极泥、电解液是回收上述有价元素的原料。焊锡硅氟酸电解阳极泥成分列于表6－21中。

表6－21　焊锡硅氟酸电解阳极泥成分　（质量分数/%）

编　号	Sn	Pb	Cu	As	Sb	Bi	Ag	In	$Au/g \cdot t^{-1}$
1	31.69	1.92	3.67	6.98	9.06	27.3	2.6	0.35	17～21
2	31.45	12.9	1.44	1.65	17.2	11.67	4.19	0.02	—
3	27.12	36.76	0.51	1.0	0.68	24.82	4.88	0.20	—
4	23.69	10.08	1.54	3.15	8.79	30.64	2.43	0.75	8～23
5	28.11	11.78	1.75	4.0	5.52	25.56	1.63	0.075	—

从表6－21可知，硅氟酸电解阳极泥含铋、银、铜均较高。生产中曾查定上述元素在流程中的走向，结果表明，粗锡中65%以上的铋、94%以上的银进入焊锡电解阳极泥中。粗焊锡中的铜89%进入阳极泥中，此外，还有铟、金等稀贵金属。因此，焊锡电解阳极泥有较高的回收利用价值。

回收阳极泥和电解液中有价金属的方法应根据阳极泥成分和电解液的性质进行选择。例如，对含锡铜高、含银低的硅氟酸电解阳极泥，则首先用硫酸浸出先脱铜，然后用硝酸浸出银，浸银后的渣再用 H_2SO_4 和 NaCl 的混合液浸出铋，过滤后的渣送还原熔炼以回收锡、铅。下面介绍几种在生产中使用的流程。

6.4.1.2　粗锡硫酸－甲酚磺酸电解阳极泥的处理

粗锡硫酸－甲酚磺酸－硫酸亚锡电解精炼时，所产阳极泥中的锡、铅、铋、铜、锑主要呈硫酸盐及金属状态存在。处理这种阳极泥，首先氧化焙烧使锡成为不溶于各种酸的氧化锡，而铜成为易溶于酸的氧化铜。焙砂中的铋、铅不溶入溶液。所得残渣再用盐酸浸出铋，铅、锡不进入溶液。最后剩余的残渣还原熔炼成铅锡合金。其工艺流程见图6－4，主要包括以下3个工序。

A　铜的回收

干燥后的阳极泥在反射炉内进行氧化焙烧，焙烧温度700～750℃，使铜和锡氧化形成氧化铜和氧化锡，同时挥发一部分砷与锑。主要化学反应为：

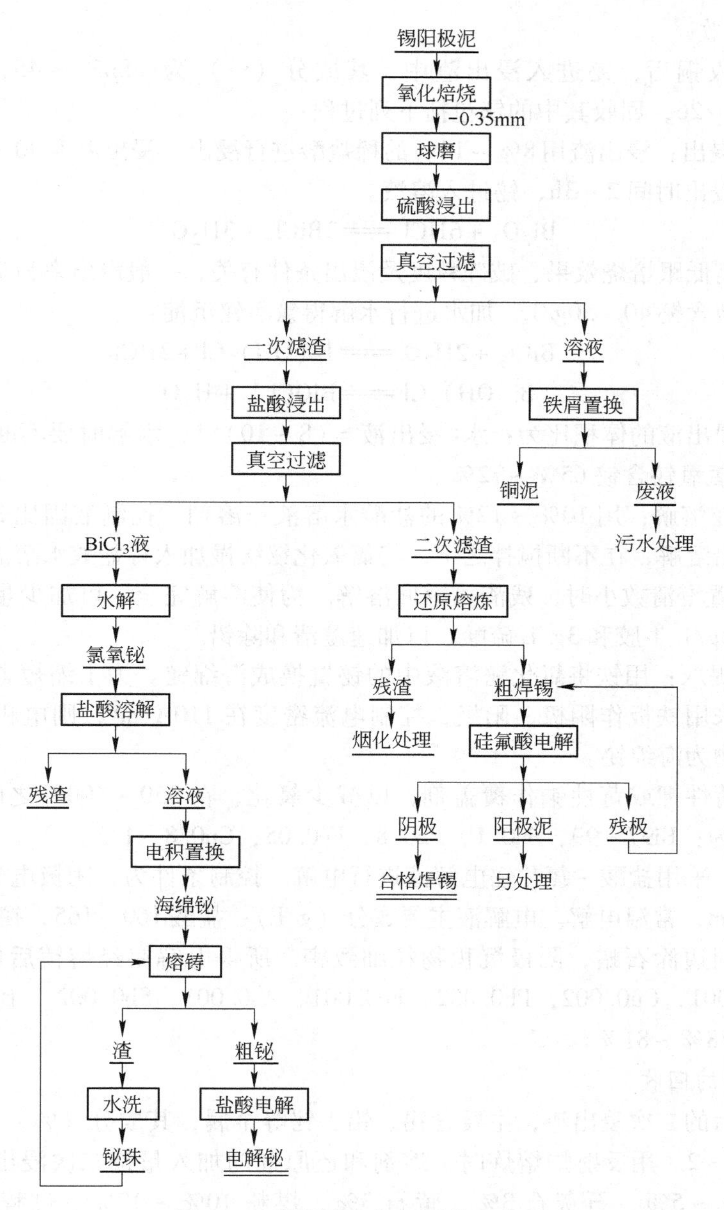

图 6－4 粗锡电解阳极泥处理流程

$$2Cu + O_2 \xlongequal{} 2CuO \quad (6-14)$$

$$2CuSO_4 \xlongequal{} 2CuO + 2SO_2 + O_2 \quad (6-15)$$

$$Sn + O_2 \xlongequal{} SnO_2 \quad (6-16)$$

$$2Sb_2(SO_4)_5 \xlongequal{} 2Sb_2O_3 + 10SO_2 + 7O_2 \quad (6-17)$$

$$2As_2(SO_4)_5 \xlongequal{} 2As_2O_3 + 10SO_2 + 7O_2 \quad (6-18)$$

焙砂经球磨磨至 0.35 ~ 0.25mm，用 5% ~7% 的稀硫酸浸出铜，液固比 2∶1，搅拌浸出 2h，浸出温度 80 ~90℃。浸出液含铜 4.5 ~6.5g/L，浸出渣含铜 0.2% ~0.4%，含铜溶液用铁屑置换得铜泥。

B 铋的回收

阳极泥回收铜后，铋进入浸出渣中，其成分（%）为：Sn32～45，Cu0.2～0.4，Bi6～15，Pb21～26，回收其中的铋包括下列过程：

（1）盐酸浸出：浸出渣用8%～10%的稀盐酸进行浸出，浸出温度90～95℃，液固比(3～3.5)∶1，浸出时间2～3h，铋进入溶液。

$$Bi_2O_3 + 6HCl \longrightarrow 2BiCl_3 + 3H_2O \qquad (6-19)$$

浸出率的高低跟焙烧效果、破碎粒度及浸出条件有关，一般浸出率为70%±。

盐酸浸出液含铋40～50g/L，加水进行水解得氯氧铋沉淀：

$$BiCl_3 + 2H_2O \longrightarrow Bi(OH)_2Cl + 2HCl \qquad (6-20)$$

$$Bi(OH)_2Cl \longrightarrow BiOCl\downarrow + H_2O \qquad (6-21)$$

加水量与浸出液的体积比为：水∶浸出液＝(8～10)∶1，水解时要不断搅拌，水解后静置6h，所得氯氧铋含铋65%～72%。

（2）氯氧铋溶解：用10%～12%的盐酸水溶液作溶剂，控制液固比3∶1，常温作业可避免二氯化铅溶解，在不断搅拌之下，将氯氧化铋缓慢加入稀盐酸水溶液中。加完后继续搅拌2h，放置澄清数小时，残渣可返回溶解。为使溶解完全，可加少量氯酸钾，溶解后期可加入0.2g/L牛胶和3g/L硫酸，以加速澄清和除铅。

（3）粗铋提取：用铁将氯化铋溶液中的铋置换成海绵铋。为了缩短置换时间，减少铁板消耗量，采用铁板作阴极、阳极，控制电流密度在110A/m^2，则电积和置换同时进行。阴极析出物为海绵铋。

海绵铋用苛性钾或苛性钠作覆盖剂，以减少氧化，在350～400℃之间熔融成粗铋，其成分（%）为：Bi97～99，Sn0.1，Pb0.8，Fe0.05，Cu0.8～1.3。

粗铋电解，采用盐酸－氯化铋电解液进行电解。控制条件为：阴极电流密度90A/m^2，同名极距100mm，常温电解。电解液主要成分（g/L）：盐酸160～165，铋离子110～150，用铋作阴极，周边涂石蜡，阴极沉积物粒细致密。所得电解铋经熔铸后成分（%）为：Bi99.95，Sn0.001，Cu0.002，Pb0.002，Fe0.001，As0.001，Sb0.002。上述流程中铋的直接回收率达78%～81%。

C 锡、铅的回收

盐酸浸铋后的二次浸出渣，主要含锡、铅、铋等金属，其成分（%）为：Sn40～48，Pb22～28，Bi1～2。用反射炉熔炼时，熔剂和还原剂的加入量按二次浸出渣的进料量配入：碳酸钠4%～5%，石灰石3%，萤石3%，煤粉10%～12%。过程的主要化学反应为：

$$PbCl_2 + Na_2CO_3 + C \longrightarrow Pb + 2NaCl + CO_2 + CO \qquad (6-22)$$

$$PbCl_2 + Na_2CO_3 + CO \longrightarrow Pb + 2NaCl + 2CO_2 \qquad (6-23)$$

$$PbCl_2 + CaCO_3 + CO \longrightarrow Pb + CaCl_2 + 2CO_2 \qquad (6-24)$$

$$SnO_2 + C \longrightarrow Sn + CO_2 \qquad (6-25)$$

$$SnO_2 + 2CO \longrightarrow Sn + 2CO_2 \qquad (6-26)$$

炉内温度升至950℃左右，待反应完成后再升温至1250℃左右，高温澄清4h以上，至渣含锡、铅、铋分别降到1%以下。熔炼产出合金含锡45%～55%，铅40%～47%，铋4%～6%。由于其中锡、铅含量接近，选用硅氟酸电解液进行电解，产出合格的商品焊料。而铋、砷等残留在阳极泥中，作为提取铋的原料。

6.4.1.3 焊锡硅氟酸阳极泥的处理

新产出的焊锡电解阳极泥为海绵状的金属渣，其主要成分（%）为：Sn25～35，Pb11～19，Bi11～16，Sb7～13，Cu2～3，Ag1.7～2.5，As3～7，Au8～23g/t。随其堆存时间的长短金属存在的状态会有所改变，一般的物相组成如下：金和银，少数为 Au－Ag 的合金固溶体，颗粒细 2～5μm，多数为银的硫化物或硫酸盐。锡主要以酸溶锡状态存在，占总含锡量的 90% 以上，其次为 Sn_3As_2，还有少量酸不溶锡。铋主要是氧化铋。Sb_2O_3 占总锑量的 80% 以上，Sb_2O_5 和金属锑约各占 10%。根据上述阳极泥的成分及物相组成，某厂生产中采用盐酸浸出－置换水解法。其工艺流程见图 6－5。现分别介绍盐酸浸出及从浸出液、浸出渣中回收有价金属。

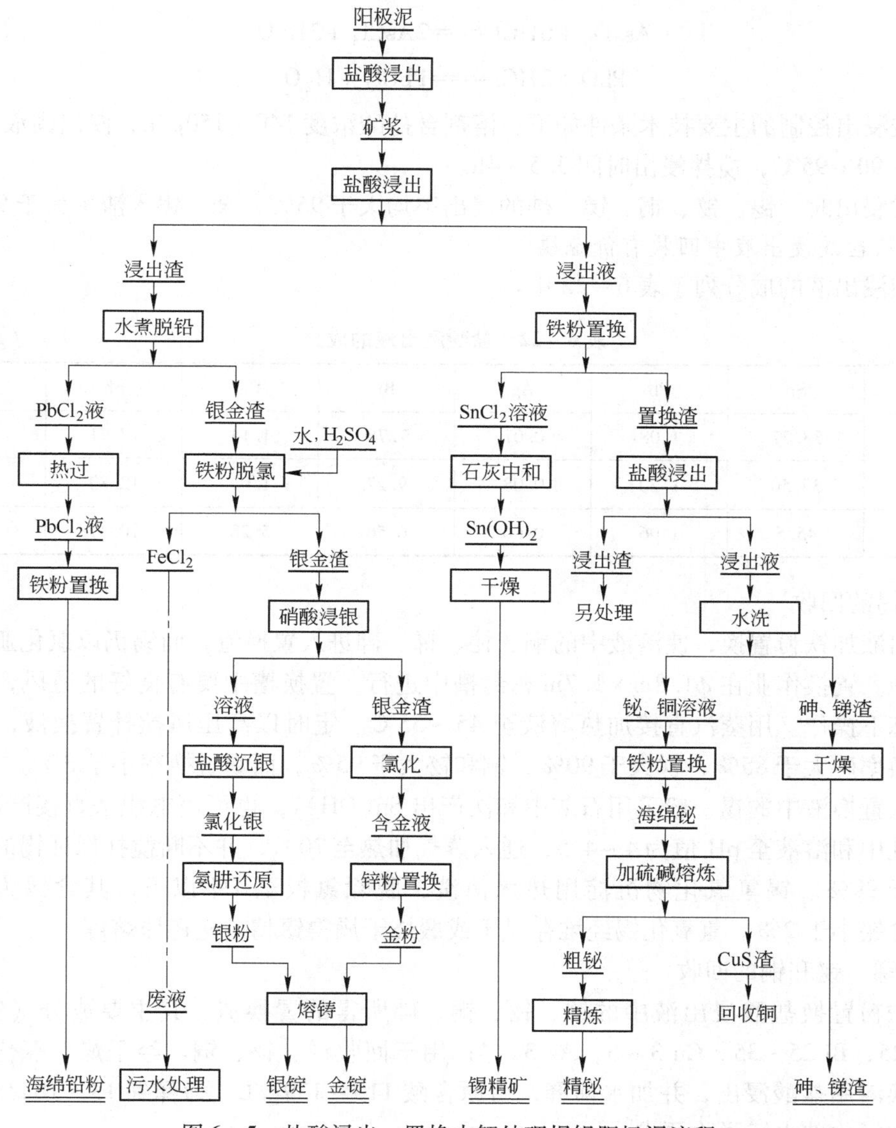

图 6－5 盐酸浸出－置换水解处理焊锡阳极泥流程

A　盐酸浸出阳极泥

经过堆存后的阳极泥，投入球磨机，加热水浆磨至0.18mm。阳极泥中大多数金属，易溶于热盐酸中，成为金属氯化物。氯化铅则沉淀析出，金、银不溶解，与氯化铅沉淀一起形成铅、银、金渣与锡、铋、铜、锑、砷的金属氯化物溶液分离。

盐酸浸出的主要化学反应如下：

$$Sn + 2HCl = SnCl_2 + H_2 \quad (6-27)$$

$$SnO + 2HCl = SnCl_2 + H_2O \quad (6-28)$$

$$Bi_2O_3 + 6HCl = 2BiCl_3 + 3H_2O \quad (6-29)$$

$$CuO + 2HCl = CuCl_2 + H_2O \quad (6-30)$$

$$Sb_2O_3 + 6HCl = 2SbCl_3 + 3H_2O \quad (6-31)$$

$$As_2O_3 + 6HCl = 2AsCl_3 + 3H_2O \quad (6-32)$$

$$PbO + 2HCl = PbCl_2 + H_2O \quad (6-33)$$

盐酸浸出控制的主要技术条件如下：溶剂含盐酸浓度140～150g/L，浸出固液比1∶6，浸出温度90～95℃，搅拌浸出时间3.5～4h。

盐酸浸出时，锡、铋、铜、锑、砷的浸出率均大于95%，金、银入渣率大于98%。

B　从盐酸浸出液中回收有价金属

盐酸浸出液的成分列于表6－22中。

表6－22　盐酸浸出液的成分　(g/L)

编　号	Sn	Pb	Ag	Bi	Cu	Sb	As
1	38.77	1.08	0.07	7.78	1.14	17.71	2.82
2	35.50	1.20	0.08	9.27	1.09	12.82	5.26
3	45.5	1.06	0.06	6.56	5.28	10.47	2.70

a　锡的回收

浸出液加铁粉置换，使溶液中的铜、铋、锑、砷进入置换渣，而锡仍以氯化亚锡保留于溶液中。置换作业在ϕ1.8m×1.7m密封槽中进行。置换槽中要有良好的通风，保持在负压状态下操作。用蒸汽直接加热溶液至45～55℃。定时以高压风搅拌置换液，作业需4h。置换率砷大于85%，锑大于90%，铜和铋大于95%，而锡置换率小于3%。

回收置换液中的锡一般采用石灰中和法产出$Sn(OH)_2$，也可用电积法直接产出粗锡。加石灰乳中和溶液至pH值为4～4.5，通入蒸气加热至70℃，并不断搅拌保证锡的水解沉淀率大于99%。锡氢氧化物沉淀用热水清洗，脱除氯根至1%以下，其含锡为33%～35%，含铋小于2%。氢氧化锡经堆存风干或煅烧干燥得锡精矿送还原熔炼。

b　锑、铋和铜的回收

用铁粉置换盐酸浸出液中的锑、铋、铜、砷所得的置换渣，其主要成分（%）为：Sb 23～25，Bi 25～35，Cu 3～5，As 3～4；用于回收锑、铋、铜。经干燥、氧化、磨矿后的置换渣用盐酸浸出，并加水稀释，由原含酸110～139g/L，稀释到13～18g/L，达到氯化锑和氯化砷水解脱除要求。

$$4SbCl_3 + 5H_2O = Sb_4O_5Cl_2 + 10HCl \tag{6-34}$$

$$2AsCl_3 + 6H_2O = 2H_3AsO_3 + 6HCl \tag{6-35}$$

水解渣一般含 Sb 45% ~55%，Bi <2%，Sn 1% ~2%，As 4% ~13%，干燥后作为炼锑原料出售。

水解脱锑、砷的上清液，升温至70℃，加酸使盐酸含量达到65 ~70g/L，加铁粉置换铋和铜。置换得到的海绵铋成分（%）为：Bi >60，Cu3 ~7，Sb3 ~7，Sn1 ~2，As0.3 ~0.5。

海绵铋粉用电炉或反射炉熔炼，加苏打作熔剂，加硫黄作脱铜剂，产出粗铋和碱炉渣（钠铜锍 mCuS · $n$$Na_2S$）。粗铋入精炼锅，加碱吹气氧化脱除其中的砷、锑、锡；加锌脱银，通过氯化脱铅及残锌，产出含铋大于99.99%的精铋锭出售。

熔炼海绵铋粉产出的碱炉渣含铜7% ~9%，经水煮脱碱，可直接作为炼铜原料，也可再经磨矿，浮选产出含铜量大于18%的铜精矿出售。

C 从盐酸浸出渣中回收有价金属

盐酸浸出阳极泥所得到的铅、银、金渣，其成分（%）为：Ag 5 ~7，Pb 23 ~35，Au 35 ~45g/t。

a 银铅的回收

分为水煮脱氯化铅、铁粉置换脱氯根、硝酸浸出银、氨肼还原氯化银等四步完成银的提取。

氯化铅在90℃的热水中溶解度可达38.4g/L。利用这一性质，将铅、银、金渣投入搅拌浸出槽中，按固液比1:(8 ~10) 加水，直接通蒸汽煮沸0.5h，氯化铅的浸出率超过88%。于过滤后的溶液中，加入盐酸调整pH值为1 ~2，加铁粉置换铅，产出含铅大于60%的海绵铅出售。

浸出渣（富银渣）含银为13% ~15%，氯根3% ~4%，留在浸出槽中，加水浆化，加硫酸调整pH值为1 ~2，升温到90℃，加铁粉脱除氯根，以防下一步硝酸浸出银时产出氯化银沉淀，造成银的损失。

在搅拌浸出槽中，配制2mol硝酸溶液，升温至90℃，按固液比1:6，分批加入富银渣以浸出银，浸出时间3h，依下列反应银溶解于溶液中，银的浸出率在97%以上，金、铅、铋、锑等金属不溶而留在渣中，作为回收金的原料。

$$Ag + 2HNO_3 = AgNO_3 + NO_2 + H_2O \tag{6-36}$$

$$SnO + 2HNO_3 = SnO_2 + 2NO_2 + H_2O \tag{6-37}$$

$$2Sb + 2HNO_3 = Sb_2O_3 + 2NO + H_2O \tag{6-38}$$

$$Sb_2O_3 + 2HNO_3 = Sb_2O_5 + NO + NO_2 + H_2O \tag{6-39}$$

$$2Bi + 2HNO_3 = Bi_2O_3 + 2NO + H_2O \tag{6-40}$$

加盐酸沉淀硝酸银溶液中的银生成氯化银沉淀，银的沉淀率为99%。

$$AgNO_3 + HCl = HNO_3 + AgCl\downarrow \tag{6-41}$$

氨水和水合肼（$N_2H_4 \cdot H_2O$）混合液还原氯化银（称氨肼还原）。水合肼作为一种有机还原剂，具有许多优点，还原当量大，还原能力强，所产银粉纯度高，还原的流程短，在碱性溶液中，水合肼能对银离子直接还原，其反应为：

$$4AgCl + N_2H_4 + 4NH_3 \cdot H_2O = 4Ag + N_2 + 4NH_4Cl + 4H_2O \quad (6-42)$$

氨肼还原在搅拌浸出槽中进行。用蒸汽加热溶液到50～60℃，加20%氨水至液固比为3∶1，加少量水合肼，调整溶液的酸度pH值为9～10，再开动搅拌机，少量多次加入预定量的氯化银粉。还原终点判断以取澄清液加入水合肼反应至无沉淀为止。氨肼还原反应速度快，还原率高达99%。母液含银小于0.001g/L。氨耗低，1kg银粉耗用氨水1～1.5kg，40%水合肼0.45kg。产出灰白色海绵银粉，其主要成分（%）为：Ag99.95，Pb0.002，Co0.0006，Sb0.004，Bi0.0025，Fe0.0075。海绵银粉烘干后，进行熔铸，如铋、锑等杂质含量高，可适量通入氧气吹炼，以确保银锭含Ag>99.95%。

b　选冶联合法回收分银渣中有价金属

硝酸浸出后的分银渣含Au70～150g/t，含Ag1.5%～4.5%。银不仅以金属氧化物的形态存在，而且还以多种形式的化合物存在；金多以单质形态存在，少量以金属氧化物形态存在；锡、锑多以高价氧化态存在，其他贱金属均以化合物形态存在。采用浮选富集金、银—硝酸分银—氯化提金选冶联合流程综合回收有价金属。其流程见图6－6。

硝酸浸出渣浮选是利用海绵金属银、金具有良好的可浮性的特点，在硝酸浸出渣浆化过程中加入一定量铁粉，使渣中的银化合物置换成海绵状金属银，改变硝酸渣中银的可浮性，按一粗、二精、三扫选闭路强化浮选过程中浮选药剂制度施药，而将银浮选出来，同时金也被浮选出来，获得的银精矿含银18%～24%，银的选收率95%～96%，金的选收率94%～95%。尾矿即为锡铅混合矿，作为锡系统原料。所得银精矿经硝酸分银、盐酸沉银、氨肼还原得到海绵银和分银渣，二次分银渣含金富集到500g/t以上，有利于氯化法提金。

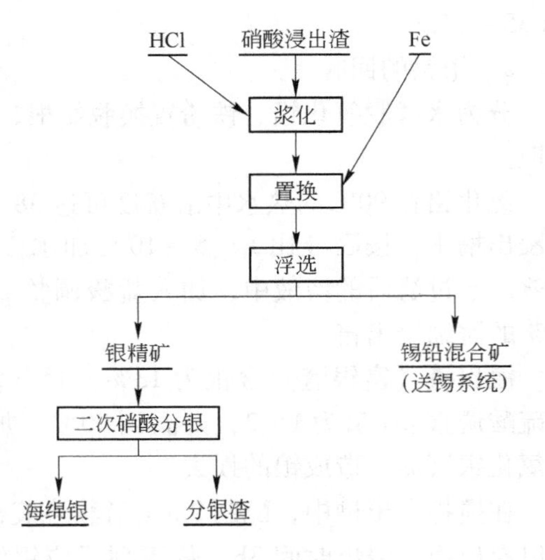

图6－6　浮选工艺流程

c　金的回收

二次硝酸分银后的浸出渣，含Au>500g/t，含Ag1.5%～2.5%，按图6－7所示工艺流程进行氯化提金。分银渣首先浆化，通氯气氯化，或以盐酸和次氯酸钠混合溶液依下列反应溶解金。

$$2Au + 3Cl_2 = 2AuCl_3 \quad (6-43)$$

$$AuCl_3 + H_2O = H_2AuCl_3O \quad (6-44)$$

$$H_2AuCl_3O + HCl = HAuCl_4 + H_2O \quad (6-45)$$

$$4Au + 16NaClO_3 + 12HCl = 4NaAuCl_4 + 12NaCl + 21O_2 + 6H_2O \quad (6-46)$$

金的浸出率大于98%，浸出渣含金小于5g/t。用锌粉置换浸出液中的金，析出海绵金粉，金的置换率大于99%。海绵金粉还含有少量的锡、铅、铋、锑等杂质，经过脱杂处理，使金粉含Au>99.9%，经高温煅烧与熔铸，得出含Au>99.95%的金锭。

d 主要经济技术指标

盐酸浸出—置换水解法处理阳极泥工艺回收的金、银、铋的质量可达国家产品标准。锡、铅、铜、锑四种金属作为原料能满足冶炼要求。回收率：金、银75% ~ 87%；锡、铋 83% ~ 85%；铅 75% ~ 77%；铜 78% ~81%；锑 75% ~77%。

主要材料消耗：1t 阳极泥耗工业盐酸 3.5 ~4t；1t 海绵银耗工业硝酸 31 ~33t；1kg 金粉耗氯酸钠 150 ~200kg；1t 海绵银耗水合肼 0.4 ~0.45t；1kg 金粉耗锌粉 35 ~45kg；1t 海绵铋耗铁粉 3 ~3.5t。

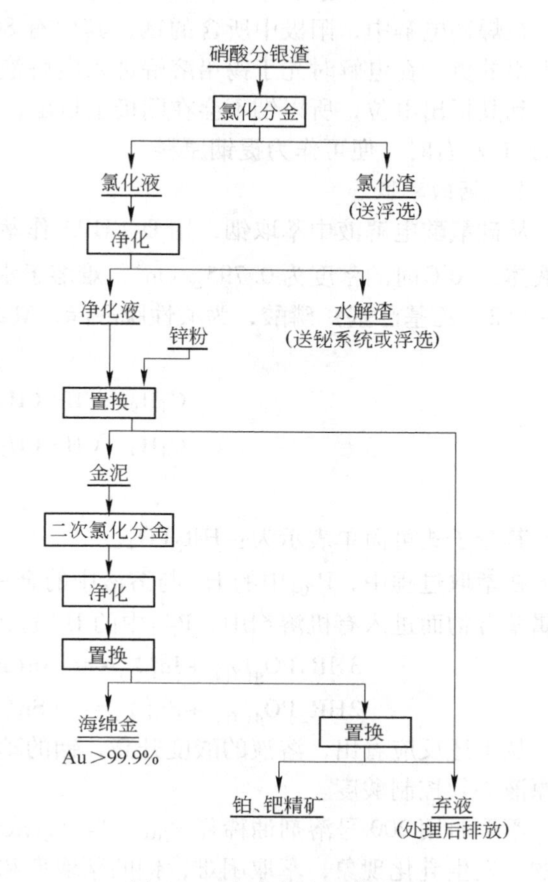

图 6-7 氯化提金工艺流程

6.4.2 电解液中铟的回收

6.4.2.1 概述

铟是一种稀散金属，在地壳中的含量相当少，仅为 $1\times10^{-5}\%$。纯的金属铟是一种银白色的柔软金属，可压成极薄的薄片，柔软性比铅软几倍，密度为 $7.3g/cm^3$。

致密的铟在沸水中不被氧化，它在稀的无机酸中（HCl、H_2SO_4、HNO_3）能缓慢反应生成相应的盐和析出氢气，加热及提高酸的浓度可加速反应。

在浓盐酸中： $$2In + 6HCl = 2InCl_3 + 3H_2 \tag{6-47}$$

在冷浓硫酸中： $$2In + 3H_2SO_4 = In_2(SO_4)_3 + 3H_2 \tag{6-48}$$

在热浓硫酸中： $$2In + 6H_2SO_4 = In_2(SO_4)_3 + 3SO_2 + 6H_2O \tag{6-49}$$

在硝酸中： $$In + 4HNO_3 = In(NO_3)_3 + NO + 2H_2O \tag{6-50}$$

$$8In + 30HNO_3 = 8In(NO_3)_3 + 3NH_4NO_3 + 9H_2O \tag{6-51}$$

在草酸中： $$2In + 6H_2C_2O_4 = 2H_3In(C_2O_4)_3 + 3H_2 \tag{6-52}$$

铟仅在加热的条件下才与 HF 反应，它在碱溶液中几乎不溶解，在室温下能与氟、氯、溴反应生成相应的卤化物，但仅在加热时才与碘反应。铟与硫的亲和力不大，仅在高于熔点温度下才与硫化合。

铟的用途很广：(1) 由于铟具有强的抗腐蚀性能和抗磨能力，故被用于航空及高性能发动机上，或镀在钢、铁及有色金属的表面作防腐蚀层。(2) 用于半导体材料，作为锗晶体管的掺杂元素。(3) 合金。在真空技术上利用铟锡合金焊料作玻璃之间、玻璃与金属间的焊接。含铟的易熔合金可用于消防信号系统中。含铟合金还可用于三极管等。(4) 铟可用于增加贵金属或有色金属的强度、硬度及耐磨性能。

6.4.2.2　从焊锡电解液中提铟的原理及生产工艺流程

在焊锡电解中，阳极中所含的铟，其中有 80% 进入电解液。由于铟的标准电极电位比锡铅的负，在电解时先于锡铅溶解进入电解液，但因其浓度也低，根据耐恩斯特方程，达不到其析出电位，所以铟不会在阴极上析出，而是在电解液中富集。当电解液中铟富集到 2g/L 左右时，便可作为提铟原料。

A　铟的萃取

从硅氟酸电解液中萃取铟，用 D_2EHPA 作萃取剂。D_2EHPA 简称 P_{204}，是一种无色黏稠液体，20℃时的密度为 0.795g/cm^3，难溶于水，但很易溶于有机溶剂。P_{204} 主要成分为二－（2－乙基己基）磷酸，为酸性膦酸酯，其结构式为：

$$\begin{matrix} & & C_2H_5 & & \\ & & | & & \\ C_4H_9-CH-CH_2O & & & \diagdown & P(=O)OH \\ C_4H_9-CH-CH_2O & & & \diagup & \\ & & | & & \\ & & C_2H_5 & & \end{matrix}$$

其分子式可简单表示为：HR_2PO_4。

在萃取过程中，P_{204} 中的 H^+ 与溶液中的金属离子 In^{3+}、Sn^{2+} 交换生成疏水性的 P_{204} 金属萃合物而进入有机溶剂中，P_{204} 中的 H^+ 进入水溶液：

$$3HR_2PO_{4(有)} + In^{3+}_{(水)} = In(R_2PO_4)_{3(有)} + 3H^+_{(水)} \quad (6-53)$$

$$2HR_2PO_{4(有)} + Sn^{2+}_{(水)} = Sn(R_2PO_4)_{2(有)} + 2H^+_{(水)} \quad (6-54)$$

从上述反应看出，溶液的酸度升高，铟的萃取效率将下降，为了获得较高的萃取率，萃原液必须控制酸度。

萃取时用 200 号溶剂油稀释 P_{204}。当 P_{204} 浓度过高时，黏度增大，易与硅氟酸生成胶状物，发生乳化现象，萃取困难，铟的萃取率和萃取剂的利用率明显下降。当 P_{204} 浓度过低，萃取率也会因萃取剂量不足而降低。最佳浓度（体积比）为 P_{204}:200 号溶剂油 = 1:3。

最佳萃取条件是相比 $O:A=1:4$（O 为有机相，A 为水相），萃取时间 5min，澄清时间 10min，萃取液料温度 40℃，铟的萃取率为 93.62%。萃余液经过滤后返回电解正常使用。

B　含铟有机相反萃和铟锡分离

由于 P_{204} 是一种弱酸萃取剂，当萃取生成的铟盐与强酸如 HCl 作用时，P_{204} 就可以游离形式被析出，被 P_{204} 萃取的 In^{3+} 又重新进入溶液，这就是铟的反萃取过程。含铟有机相也称为负载有机相，负载有机相中的铟和锡用 HCl 反萃，反应方程式为：

$$In(R_2PO_4)_{3(有)} + 4HCl_{(水)} = 3HR_2PO_{4(有)} + HInCl_{4(水)} \quad (6-55)$$

$$Sn(R_2PO_4)_{2(有)} + 3HCl_{(水)} = 2HR_2PO_{4(有)} + HSnCl_{3(水)} \quad (6-56)$$

反萃效果主要取决于盐酸浓度、相比、温度、级数。为了降低反萃液中和除锡时碳酸钠的消耗量，又使有机相中的金属离子比较完全地被反萃，选用 6mol 盐酸作为反萃剂。未被反萃的金属离子再用 8mol 盐酸进行二次反萃，二次反萃液用来配制 6mol 盐酸反萃剂。生产实践中采用三级逆流反萃，反萃剂为 6mol 盐酸，相比 $O:A=2:1$，常温条件下反萃，铟反萃率大于 97%。

在含锡、铟的硅氟酸电解液中，直接采用 P_{204} 萃取，由于电解液中 Sn^{2+} 浓度高，尽

管 In^{3+} 比 Sn^{2+} 易被萃取，但仍然有比铟数量高得多的锡进入有机相。焊锡硅氟酸电解液在萃取铟的过程中，有 6% 的锡被萃取，负载有机相经反萃时，有 80% 以上的锡被反萃。因此，在反萃液里必须进行铟、锡分离。

中和除锡：用碳酸钠中和反萃液，中和的 pH 值控制在 3 ~ 3.5 效果最佳。这时溶液中的 Sn^{2+} 和 Sn^{4+} 几乎全部生成 $Sn(OH)_2$ 和 $Sn(OH)_4$ 沉淀析出。pH 值不宜大于 3.5，否则铟的损失急剧升高。温度对中和除锡效果影响不大，故采用常温中和。

海绵铟置换除锡：中和液中的残余锡采用压制成团的海绵铟置换。置换 pH 值控制在 1 ~ 1.5 之间，置换温度 65℃，置换时间 24h，可使置换后母液含锡降到 0.06g/L 以下。

锌板置换铟：铟的置换可用锌板，比铝板置换的海绵铟质量好，也容易从锌板残片上将海绵铟剥离下来。置换条件为：温度 65℃，pH 值 1 ~ 1.5，置换时间 36h，铟的置换率可达 99% 以上。

海绵铟压团及熔铸：海绵铟经压团和烘干即可熔铸。在熔铸过程中，为防止铟的氧化，必须进行覆盖。用甘油做覆盖剂进行熔铸，操作简单，耗时少，熔铸直接回收率在 95% 以上。进入浮渣中的铟可用盐酸浸出回收。粗铟成分见表 6 – 23。

表 6 – 23 粗铟成分 （质量分数/%）

序号	In	Sn	Pb	Cd	Tl
1	96 ~ 98.5	0.3 ~ 2.0	0.005 ~ 0.02	0.004 ~ 0.014	0.001 ~ 0.0056
2	98.08	0.072	0.011	0.0058	0.073

C P_{204} 再生

反萃后，为了降低有机相中的锡、铟及其他杂质，使有机相得到再生，需用 8mol 盐酸通过三级清洗，可洗去有机相中残余的锡离子。较浓的盐酸有助于恢复 P_{204} 的 H^+ 型。洗酸用来配制反萃液（6mol 盐酸）。经盐酸洗涤后的有机相再用清水经过三级清洗，水洗后再生有机相返回作萃取剂。

粗铟生产工艺流程见图 6 – 8。

粗铟中的杂质分为两类：

（1）控制杂质 Sn、Tl、Cd。须采用特殊方法除去。

（2）另一类为非控制杂质，在电解中除去。Sn、Tl、Cd 的标准电极电位与铟的电极电位相近，在电解过程中会进入电解液，容易在阴极上析出，或污染电解液，减少电解液的使用次数，必须先除去。

表 6 – 24 为某些元素的标准电极电位。

铊是用氯化的方法除去。这是基于铊和铟在氯化锌和氯化铵的重量比为 3∶1 组成的熔融体中具有不同的溶解度而达到分离的目的。这种方法除铊效率可达 95% 以上；除镉是采用真空蒸馏的方法，原理是铟和镉的沸点不同（In 2070 ~ 2100℃，Cd 760℃），在同一温度下具有不同的蒸气压而分离。真空除镉的效果也不错，可达 92% 以上。也可用化学法除镉，即加 KI 除镉。锡在铟电解中是个比较难除的杂质，只能重复电解来除去，电解次数的多少取决于粗铟的含锡量。第一、二次电解除锡率可到 90%，但随着阳极含锡的降低，除锡率也降低了，只有 60% ~ 70%。

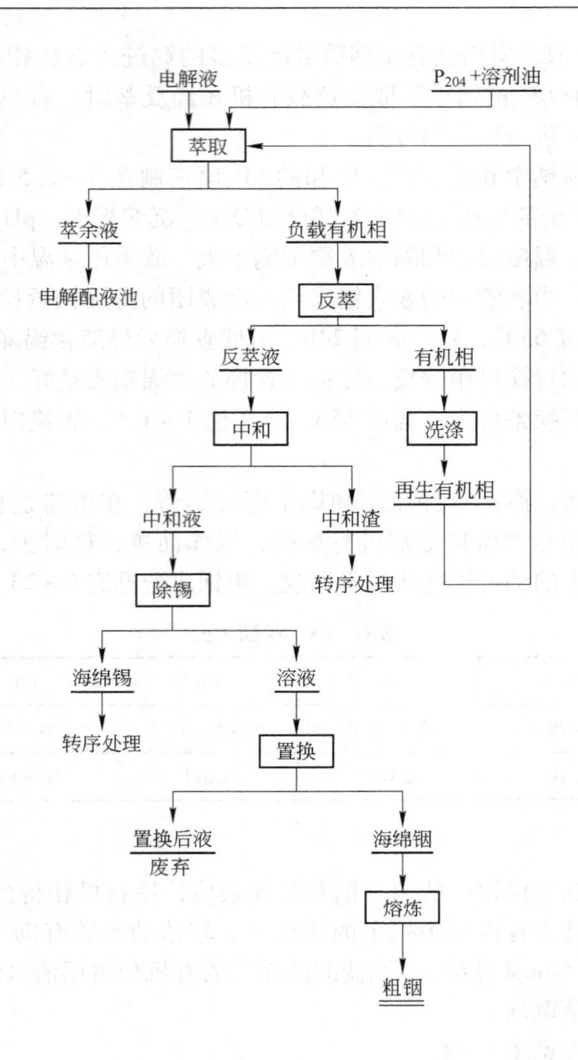

图 6－8 粗铟生产工艺流程

表 6－24 某些元素的标准电极电位 （V）

Zn^{2+}/Zn	Ca^{2+}/Ca	Cd^{2+}/Cd	In^{3+}/In	Tl^{+}/Tl	Cu^{2+}/Cu	Fe^{2+}/Fe	Ge^{4+}/Ge	Sn^{2+}/Sn	As^{3+}/As
－0.076	－0.52	－0.40	－0.34	+0.336	+0.34	－0.44	－0.15	－0.136	+0.247

铟电解的原理：基于在一定电流作用下，铟与各种杂质的电极电位不同，使较铟电位负的杂质进入电解液，较铟电位正的杂质残留于阳极泥中，铟在阴极上沉积出来，达到提纯目的。在铟电解中，阴极板使用钛板。电铟必须从钛板上剥下来进行熔化铸锭。表 6－25是某厂精铟成分。

表 6－25 精铟成分 （质量分数/%）

序号	In	Pb	Cu	Cd	Zn	Sn	Fe	Tl	As	Al
1	99.9965	0.0003	0.0003	0.001	0.0003	0.0007	0.0003	0.0003	0.0001	0.0004
2	99.9966	0.0002	0.0001	0.0007	0.0001	0.001	0.0003	0.0003	0.0003	0.0004

续表 6－25

序号	In	Pb	Cu	Cd	Zn	Sn	Fe	Tl	As	Al
3	99.9967	0.0002	0.0001	0.0006	0.0001	0.001	0.0003	0.0003	0.0003	0.0004
4	99.9960	0.0003	0.0001	0.001	0.0003	0.001	0.0003	0.0003	0.0003	0.0004
5	99.9957	0.0004	0.0001	0.001	0.0001	0.0014	0.0003	0.0002	0.0003	0.0004

从粗铟提纯工艺看，它的特点：一是流程短；二是氯化除铊、电解精炼、真空蒸馏除镉效果好，可以将杂质总和除到0.001%以下；三是回收率高，可达95%；四是电解周期太长（每次15～17d）；五是清洁。

6.4.2.3　粗铟的提纯

粗铟要经过药剂除铊，真空除镉（一次或两次），至少三次电解方可产出符合行业标准的精铟。工艺流程见图6－9。

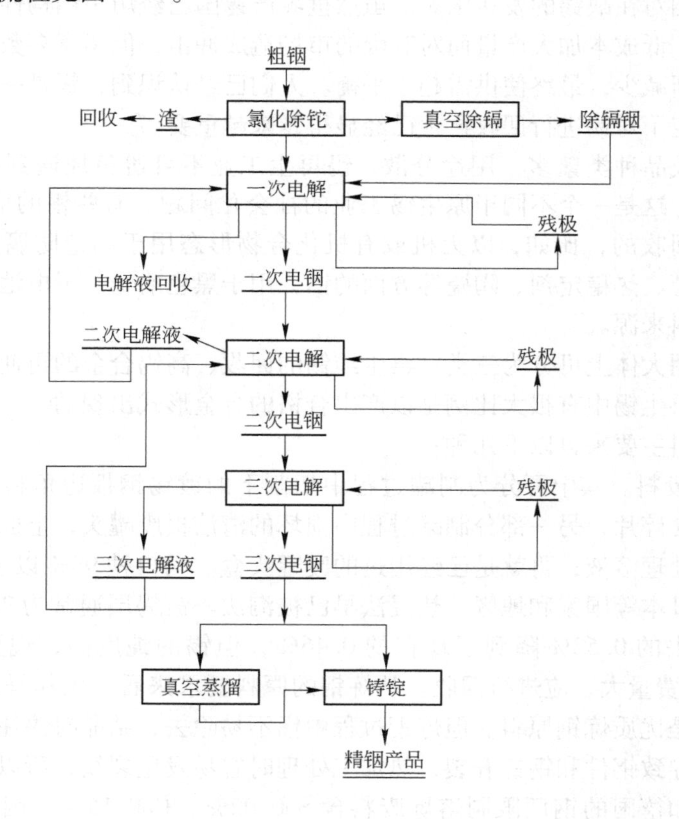

图6－9　精铟生产流程

7 再生锡回收

7.1 概述

锡是一个小金属，尽管锡的年产量和消费量都无法与其他常用有色金属相比，但是，锡对当今世界发展和科学技术进步却是必不可少的。其用途广泛，但用量不大，市场有限。其储量低，在地壳中平均含量仅为百万分之二，而且分布相对集中于发展中国家，锡的主要消费国却相对在缺锡的发达国家。虽然世界产锡国已经历了结构性调整，新兴产锡国以其富矿资源、低成本加大产量而对有限的市场造成冲击，但毕竟多数产锡国的开采成本提高和资源不断减少，最终使供需趋于平衡。人们已经认识到，锡是一种较为稀有的金属。上述因素决定了对锡进行回收再生已经显得越来越重要。

由于锡的制成品种类繁多，用途分散，锡再生工业不可避免地遇到废料的收集、分类、分离等过程，这是一个不同于原生锡工业的社会化问题。有些锡的应用，究其用途，其中的锡是无法回收的，比如，以无机或有机化合物形态用于制造防腐剂、杀虫剂、涂料、阻燃剂、牙膏、热稳定剂、陶瓷等方面的锡，用于黑色冶金、干电池中的锡，也不能作为再生锡的原料来源。

锡的再生利用大体上可分为三类：再生纯锡的回收、高锡合金的再使用和低锡合金的再使用。因此，再生锡中有很大比例是以产出合格的合金形式出现的。

再生锡的原料主要来自以下几种：

（1）马口铁废料。其中可分为制罐过程中切割下的镀锡钢板边角料，一般是清洁的没有涂漆，也不含碎片；另一部分制罐过程中损坏的清洁报废罐头，上面有含铅焊缝、涂漆层及内装大量处理溶液；再就是已经用过的废罐头盒。马口铁98%以上采用镀锡工艺，在美国、欧洲、日本等国家和地区，热浸法早已被淘汰。镀锡层通常为2.8～15g/m^2，马口铁含锡量由过去的0.52%降到了现在的0.46%，但锡的纯度高，现要求含锡不低于99.85%。由于消费量大，应进行回收。从炼钢的原料要求来看，用作马口铁基质的薄钢板含硫、磷低，是优质炼钢原料。但炼钢过程中锡不易除去，结晶时锡往往在铁的晶界上偏析，严重时会导致钢件和钢锭开裂，热加工处理时容易发生裂纹，所以，钢厂不欢迎马口铁打包压块，如德国的钢厂限制熔炼废料含Sn0.02%，Cu0.15%。因此，马口铁脱锡是必要的。

（2）各种含锡合金废料：含锡合金废料的种类很多，如各种废青铜和黄铜合金、废焊料、巴氏合金、锡－铅合金等。这些合金有的以锡为主要成分，有的则含锡少一些，但大都在2%～5%以上。无论哪一种类型的合金废料，均系多金属组成，除含锡外，还含有铜、铅、锌、锑、铋等成分。

这些合金废料的来源，有的是工厂加工后的碎屑，有的是用过的废旧零件，因此宜于处理成与原来成分相近的合金，也可以用不同的方法分别把各种有价金属分离出来。

（3）废铅基合金：许多再生铅中含有锡，含量低时可通过氧化碱性精炼、氯气氧化法除锡，也可以合金形式加以回收，如锑铅合金、印刷合金的处理等。

（4）各种含锡渣：各种含锡制品在制造过程中及使用报废后的回收过程中，会产出多种含锡渣及烟尘，可根据其中锡的含量、化学形态等状况，采取不同的方法进行回收。

7.2 马口铁废料中回收锡

各种废旧马口铁（仅指马口铁，不包括生产过程中产生的各类残渣、洗液）回收锡的工艺，较常见的有碱性电解脱锡法、碱性溶液化学脱锡法以及氯化法。此外，还有酸法脱锡、真空脱锡等方法。

7.2.1 碱性电解液电解法

采用碱性电解液电解脱锡，产出海绵锡，再经火法精炼成精锡，是工业上普遍应用的工艺。其原理是把马口铁废料作阳极，铁板作阴极，在 $NaOH$、Na_2SnO_3 和 Na_2CO_3 水溶液中进行电解。电解过程中，阳极上发生的反应为：

$$Sn + 3OH^- \longrightarrow HSnO_2^- + H_2O + 2e, \quad E^\ominus = -0.91V \quad (7-1)$$

$$HSnO_2^- + 3OH^- + H_2O \longrightarrow Sn(OH)_6^{2-} + 2e, \quad E^\ominus = -0.93V \quad (7-2)$$

由于容易进行以下反应：

$$2HSnO_2^- + 2H_2O \longrightarrow Sn + Sn(OH)_6^{2-}, \quad \Delta G^\ominus = -4605.48J \quad (7-3)$$

因此，电解液中的锡主要以 $Sn(OH)_6^{2-}$ 的四价形式存在。

阴极上主要发生的反应为：

$$Sn(OH)_6^{2-} + 4e \longrightarrow Sn + 6OH^- \quad (7-4)$$

马口铁废料经分类、切开、洗涤和打包后，装入 800mm×600mm×160mm 的铁丝栏中，质量为 25～30kg，阴极为 2～2.5mm 厚的铁板，大小与阳极近似，极间距 55～60mm，电解槽用铁皮制成，电解液含 $Na_2SnO_3$1.5%～2.5%，游离 NaOH5%～6%，Na_2CO_3 <2.5%，总碱度 10%。电流密度 100～130A/m^2。电解液配锡，可以利用马口铁废料采用不通电化学溶解，也可用金属锡通电溶解，直到达到规定含锡量。

电解液温度保持在 65～75℃，并循环流动，以防止出现阳极钝化、析出氧气以及提高氢在阴极上的超电位，保证阴极质量。这是由于在电解过程中，阳极钝化，加之 NaOH 吸收空气中的 CO_2，使电解液中的 Na_2CO_3 量超过 2.5%，造成电解液电阻增加，致使槽电压由 0.5V 逐步上升到 2.5V。当槽电压上升到 3V 以上时，会发生水分解，产生氢气和氧气的气泡滞留在有机物皂化形成的肥皂泡中，遇火易发生爆炸。当槽电压升高，阳极表面生成氧化物，颜色由白色转为灰色时，电解结束，时间一般为 3～7h。从阴极取下海绵状锡，置于水中，可加 0.1% 酒石酸或 0.05% 甲酚磺酸以防止锡氧化。海绵锡经洗涤、压团、熔化，得到粗锡。以马口铁碎片为原料生产的粗锡 Sn 品位为 98.7%～99.6%，以旧罐头盒为原料生产的粗锡 Sn 品位为 95%～98%。粗锡经过精炼后得到精锡。产出的阳极泥含锡约为 20%，可与海绵锡熔化过程中产出的渣一起处理，加以回收。海绵锡熔炼的锡金属回收率在 95% 左右。

对于电解液，需定期进行处理，其目的主要为：

（1）回收锡。采用不溶阳极在槽内电积，产出海绵锡，也可用 CO_2 或 $NaHCO_3$ 使锡以氧化物形式沉淀出，反应如下：

$$Na_2SnO_3 + CO_2 = Na_2CO_3 + SnO_2 \downarrow \quad (7-5)$$

$$Na_2SnO_3 + 2NaHCO_3 = 2Na_2CO_3 + SnO_2 \downarrow + H_2O \quad (7-6)$$

（2）除去有机物杂质。马口铁表面残留的有机物杂质经皂化后浮于电解液表面，将电解液冷却到6℃以下时，形成一层絮状物加以除去。

（3）用石灰苛性化。电解液经除杂后加石灰，再生 NaOH 返回电解液使用：

$$Na_2CO_3 + Ca(OH)_2 = 2NaOH + CaCO_3 \downarrow \quad (7-7)$$

采用上述工艺进行马口铁脱锡，锡的总回收率为 90% ~95%，产 1t 锡的电耗为 3000 ~4000kW · h，电流效率为 90%，1t 锡消耗苛性钠 750 ~950kg。

产生海绵锡的原因是由于电解液中存在二价锡离子，其在阴极板上生成晶体的速度超过结晶中心的生成速度。电解液中二价锡离子浓度在 0.1 ~0.2g/L 时已足以生成海绵锡。因此，要得到致密状阴极锡，必要条件就是要使二价锡离子不能产生或不能到达阴极板。研究主要分两方面进行，一类是采用使阳极钝化生成氧化物膜，又不至于妨碍阳极溶解的方法，使 Sn^{2+} 不能产出。另一类是在电解液中加入有机氧化剂如甲烷硝基苯酸（$NO_2C_6H_4COOH$）的方法，它能够将锡氧化成 Sn^{4+}，而本身又通过空气中的氧氧化而再生。这两种方法都获得了致密的阴极锡产品。

7.2.2　碱性溶液浸出法

碱性溶液浸出法是用热的 NaOH 溶液溶解马口铁，锡生成 Na_2SnO_3 溶液与铁皮分离，反应为：

$$Sn + 2NaOH + H_2O = Na_2SnO_3 + 2H_2 \uparrow \quad (7-8)$$

此反应由于氢的超电压大，进行缓慢，加入氧化剂可以加速反应的进行：

$$Sn + 2NaOH + O_2 = Na_2SnO_3 + H_2O \quad (7-9)$$

因此，碱性浸出过程要选择合适的氧化剂。工业上曾经选择过多种氧化剂，但效果最好的是硝酸钠或亚硝酸钠，其优点是最终还原产物为 NH_4 和 N_2 的气态混合物，有助于除去漆覆盖层。浸出时的反应如下：

$$2NaNO_3 = 2NaNO_2 + O_2 \uparrow \quad (7-10)$$

$$4Sn + 6NaOH + 2NaNO_2 + O_2 = 4Na_2SnO_3 + 2NH_3 \uparrow \quad (7-11)$$

为了从碱性浸出溶液中回收锡，一般采用沉淀法或不溶阳极电解法。沉淀法根据具体条件用不同的沉淀剂，如 CO_2、$NaHCO_3$、$Ca(OH)_2$ 和 H_2SO_4 等，反应为：

$$Na_2SnO_3 + CO_2 = SnO_2 \downarrow + Na_2CO_3 \quad (7-12)$$

$$Na_2SnO_3 + 2NaHCO_3 = SnO_2 \downarrow + 2Na_2CO_3 + H_2O \quad (7-13)$$

$$Na_2SnO_3 + Ca(OH)_2 = CaSnO_3 \downarrow + 2NaOH \quad (7-14)$$

$$Na_2SnO_3 + H_2SO_4 + 2H_2O = Sn(OH)_4 \downarrow + Na_2SO_4 + H_2O \quad (7-15)$$

沉淀产物经还原熔炼即可获得金属锡。

某厂碱性浸出液含 NaOH10% ~12%，硝石加入量为 NaOH 加入量的 1/10。马口铁废料碎片用铁丝篮子装后浸入槽中，同时鼓入预热空气进行搅拌和加热，温度保持在70 ~80℃，部分采用空气中的氧作氧化剂，约经 3h 后，浸出液含锡达 15g/L，放出，用 CO_2 沉淀出 SnO_2。如 SnO_2 用于陶瓷工业，则浸出液中加入 Na_2S 除去少量铅、锑、铁等杂质。

某厂采用 NaOH180 ~ 200g/L 和 $NaNO_3$28g/L 的浓碱液，浸出的马口铁废料含 Sn0.25% ~1%，每次将 2.3 ~3t 马口铁废料碎片装入浸没在浸出槽中的直径 2.4m、长 3.3m 的有孔转鼓中，以 1r/min 翻动物料，产出泥状 Na_2SnO_3 晶体，其中含有氧化铁及碎片杂质，经离心机过滤后，用水浸出分离杂质，Na_2SnO_3 溶液进入沉淀槽，用硫酸沉淀出 Sn（OH)$_4$，经过滤、干燥，在电炉中还原熔炼产出金属锡，其成分为（%）：Pb0.01，Sb0.018，Bi0.001，Al0.003，As0.01，Cu0.015 ~0.027，其余为 Sn。生产每吨金属锡消耗苛性钠 4.25t，硫酸 2.5t，硝酸钠 0.85t，脱锡后的马口铁废料洗去碱液后打包送往炼钢厂。该工艺设备连接流程见图 7 -1。

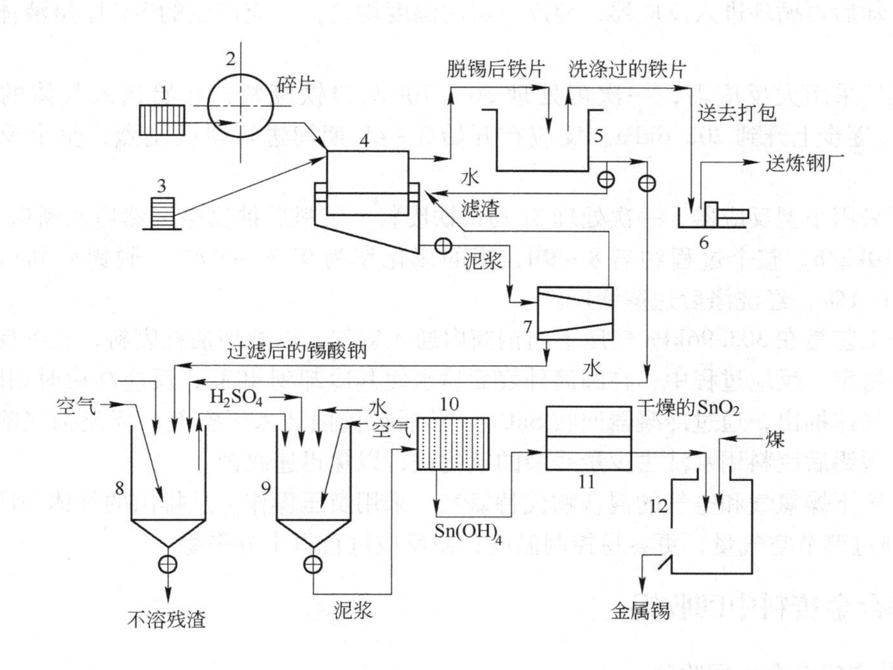

图 7 -1 碱性浸出设备连接流程

1—卷材；2—剪碎机；3—碎片；4—转鼓及浸出槽；5—洗涤槽；6—打包机；7—离心分离机；8—溶解槽；9—沉淀槽；10—压滤机；11—气体干燥机；12—还原电炉

7.2.3 氯化法

氯化法的优点，一是可以进行大批量处理，适合大型工厂使用；二是可以处理体积密度大的捆扎马口铁废料，不需要切碎。

氯化法对马口铁废料进行脱锡处理，是基于氯对锡的亲和力较大，生成的 $SnCl_4$ 沸点低，仅 113℃，在常温下有较大的蒸汽压。氯化反应为：

$$Sn + 2Cl_2 = SnCl_4 + 532277J \tag{7-16}$$

由于反应器为钢质容器，因此，该法的重要前提是处理物料中不含有水分及有机物(如纸、油漆等)，否则氯也会与铁发生以下反应：

$$Cl_2 + H_2O = 2HCl + \frac{1}{2}O_2 \tag{7-17}$$

$$Fe + 3HCl \xlongequal{} FeCl_3 + 1\frac{1}{2}H_2 \quad (7-18)$$

由于氯化反应是放热反应，高温不利于反应的进行，加之温度高于40℃时会使氯与铁发生反应，因此在实际氯化作业中，必须及时排除反应放出的大量热量，使反应在较低温度（通常是38℃）下进行。反应过程中，伴随生成液态 $SnCl_4$，使反应器内压力降低，因此，送入的气体量必须逐渐加大。至反应器内停止降压时，可判断氯化反应结束。

反应器用15～20mm厚的钢板制成圆筒形，底部呈锥形。马口铁废料经清洁及干燥后置于反应器中有孔底板上，加盖密闭，从反应器下部通入氯气，从上部管道放出反应气体，经冷却后再循环进入反应器，使反应器内温度均匀，反应产生的 $SnCl_4$ 呈液体从锥底放出。

某工厂采用大反应器，一次可处理50～70t马口铁废料，开始送入气体的压力为70.9kPa，逐步上升到202.6kPa。反应在开始3～4h期间进行得很剧烈，整个反应约需10～12h。

某厂采用小型反应器，一次处理3t马口铁废料。装料后抽真空，然后间断送入氯气，每批8～10kg/h，整个过程约需8～9h，锡的氯化率为97%～99%，脱锡后马口铁含锡0.05%～0.1%，经洗涤后送炼钢厂。

另一工艺是在303.96kPa气压下向钢筒内通入氯气，以处理捆扎废料，直到反应器内压力处于稳定。反应过程中，在圆筒外表面喷水使其冷却到40℃，反应结束时切断氯气，将钢筒中气体抽出，通过冷凝器回收 $SnCl_4$，然后往筒内通入干空气，反复抽气除去残余的气体。脱锡后废料用水洗去少量残余的氯化铁，以免迅速腐蚀。

某厂用干燥氯气和空气的混合物代替氯气，采用负压操作，从排出的气体中冷凝分离 $SnCl_4$，通过调节空气量，更容易控制温度，使反应进行得十分平稳。

7.3　锡合金废料中回收锡

7.3.1　从锡铅合金中回收锡

自含锡合金废料中回收锡，根据合金成分不同，回收锡的方法也就不同。关于从含锡较高的锡铅合金中回收锡，已经在锡的精炼章节中进行了叙述，这里主要叙述从含锡低（小于5%）含铅高的合金中回收锡。

7.3.1.1　氧化法

氧化法是根据氧化锡和氧化铅的生成自由能不同（即对氧的亲和力不同）作基础，发生下述反应：

$$2PbO_{(s)} + Sn_{(l)} \xlongequal{} 2Pb_{(l)} + SnO_{2(s)} \quad (7-19)$$

对于从铅中除去微量锡来说，在500℃的铅液中吹进空气就可以了。不过这时因大量的铅被氧化，产生的氧化物浮渣含锡低，而固体PbO在含锡微量的铅液中反应很慢。

采用高速搅拌机剧烈搅拌铅液，使温度升高到600～650℃，则锡的氧化反应可以加速。这时浮渣含锡可达35%～40%。某厂用这种方法，在精炼锅中从含锡2%～2.5%的粗铅中回收锡。产出的氧化物浮渣常夹杂金属铅珠，用重选法（摇床）分离后，可使渣含锡增加到50%～60%，然后还原熔炼成焊锡，锡的回收率可达80%以上。

在大型工厂处理含锡5%以下的铅时，常常采用反射炉氧化法，依靠炉气中的氧进行氧化。

根据氧化法的物理化学过程所作研究，由于锡对氧的亲和力大和离子半径小，锡离子进入氧化铅的晶格中，而在浮渣中产生金属铅珠，这种铅珠需要一定时间才能汇合进入铅液中。例如对含锡2%的粗铅而言，于570℃处理10h，则渣中铅珠量为30.1%，氧化物量为69.9%，而渣含锡为21.1%；处理20h，则渣中铅珠量为9.8%，氧化物量为90.2%，而渣含锡增至36.6%。

因此得出结论：一是氧化法的温度不能超过600～650℃，因为在高温会生成$2PbO \cdot SnO_2$；二是控制炉子气氛是一个关键因素；三是反射炉氧化法除锡至0.2%以下时，需要时间长，而且能量消耗大。

7.3.1.2　碱法

碱法是用熔融苛性钠（NaOH）与锡作用，以硝酸钠（$NaNO_3$）作氧化剂，从铅中除锡，反应为：

$$5Sn + 6NaOH + 4NaNO_3 = 5Na_2SnO_3 + 2N_2 + 3H_2O \quad (7-20)$$

$$2Sn + 3NaOH + NaNO_3 = 2Na_2SnO_3 + NH_3 \quad (7-21)$$

$$Sn + 2Na_2PbO_2 + H_2O = Na_2SnO_3 + 2NaOH + 2Pb \quad (7-22)$$

碱法也能除去铅中所含的砷和锑，而且除去的顺序比较明显，先是砷，其次是锡，最后才是锑，因此，可以彼此分离。如果将锡和锑的中间部分浮渣返回与富锡铅再作用，则能得到相当纯净的锡酸钠，溶于水用不溶阳极电解，可以获得锡和苛性钠。

7.3.1.3　氯气氯化法

锡也可以用氯气氯化法从铅中提取出来，其产品主要是$SnCl_4$。

将氯气通入含锡的铅液中，使生成$PbCl_2$和$SnCl_2$的熔融氯化物浮渣，这种浮渣在过量氯气的作用下，$SnCl_2$转化为挥发性大的$SnCl_4$冷凝收集。与此同时，生成的$PbCl_4$极不稳定，发生下列分解反应：

$$PbCl_4 = PbCl_2 + Cl_2\uparrow \quad (7-23)$$

因此，仍以$PbCl_2$保留下来与锡分离。

7.3.2 从再生铜原料中回收锡

再生铜原料主要有黄杂铜和青铜，都不同程度地含有锡、铅、锌和镍等金属。表7－1为某厂的再生铜原料成分。

表7－1　再生铜原料成分　（质量分数/%）

种　类	Cu	Zn	Pb	Sn	Sb	Ni
黄杂铜	50～55	21～36	4～6	1～2	1～2	0.2～0.5
青　铜	71～75	4.5～7	0.8～3	15～23.5	—	—

根据工厂实践，对于含锡少的黄杂铜和其他含铜原料，一般用鼓风炉挥发处理。当炉内还原气氛不同，锡在产品中的分布也不同。在弱还原条件下，锡主要进入炉渣和烟尘；在强还原条件下，锡主要进入金属铜中。因此，处理黄杂铜的炉渣是回收锡的一种原料。

这种炉渣和转炉渣经还原熔炼得含锡冰铜（2.5% Sn）和次黑铜（7% ~20% Sn），再用转炉挥发锡。对于含锡高的响青铜，直接用转炉挥发锡。

转炉处理含锡高的响青铜和次黑铜等是根据氧化亚锡（SnO）挥发性大，其反应为：

$$Sn + \frac{1}{2}O_2 = SnO\uparrow \quad (7-24)$$

$$2SnO_2 + C = 2SnO\uparrow + CO_2 \quad (7-25)$$

与此同时，铅、锌也能挥发。

转炉吹炼过程除依靠金属氧化产生的热外，还加入焦炭，以弥补热量不足。焦炭灰分和加入的熔剂形成转炉渣，带走一部分锡，使锡的挥发不完全。

转炉操作时，先在热的炉子内加入焦炭（约占铜料的8% ~12%），吹风至白热程度，即加入固体铜料（次黑铜、响青铜等），铜料和焦炭继续加入，至转炉总处理量为止。在吹炼响青铜时，为了清理封口黏结的氧化物（SnO_2）渣，还必须加入铁屑（3%）和石英（0.5%）作熔剂。在吹炼最初阶段，可以看到大量灰白色锡、铅、锌的氧化物随炉气挥发出来，到结束时氧化物浓度逐渐减弱，烟气发红，证明大量杂质基本上挥发完毕。吹炼响青铜所得产品成分见表 7 - 2。

表 7 - 2　吹炼响青铜所得产品成分　　（质量分数/%）

名　称	Cu	Zn	Pb	Sn
响青铜	71 ~75	4.5 ~7	0.8 ~3	15 ~23.5
粗　铜	86 ~89	0.07 ~0.18	0.37 ~0.87	0.1 ~0.48
转炉渣	24.9	2.45	3.18	30.38
烟　尘	1.16	4.8 ~5.97	27 ~44.6	23.29

从表 7 - 2 可以看出，氧化挥发的效果很高，但一部分锡进入转炉渣，这种渣还必须再返回处理。烟尘经还原熔炼和精炼后，可直接得到锡铅合金或再用真空炉分离得到粗锡和粗铅。

7.4　其他二次锡物料中回收锡

根据锡的用途，有相当一部分锡被用作工艺品、祭祀用品等。其中生产为锡箔的一部分锡被当作“纸钱”在祭祀活动中焚烧，在中国东南沿海及东南亚部分地区较为多见。锡箔中的锡被遗留在这些“纸钱”焚烧后的灰烬中，通过回收“纸钱”灰进行熔炼，进而回收这部分锡。

“纸钱”灰中的锡主要以氧化态和少量金属态存在。较纯的“纸钱”灰经还原熔炼就可生产粗锡。含锡量较低的“纸钱”灰，可以用烟化炉处理，使锡进一步富集后，再还原熔炼。

另外，不同工艺过程中产出的含锡烟尘，也是回收锡的二次原料之一。一种含锡、铅、锌氧化物烟尘的处理方法如下：烟尘成分（%）为：Sn15 ~20，Pb15 ~20，Zn25 ~35，加入7% ~10%的苏打和10% ~15%的无烟煤混合、润湿，然后分批在回转窑中熔炼。在加热端有金属和炉渣澄清前床。反应维持温度在1250 ~1350℃，由于形成含 SnO 和 PbO 低熔点碱性炉渣，阻止 SnO 和 PbO 的挥发，最终被还原成锡铅合金在前床与炉渣分离，而 ZnO 则被还原成金属锌挥发随炉气代出，以氧化锌形态在收尘系统被收集。

8 炼锡厂的节能与环境保护

8.1 节能措施

8.1.1 余热发电

在火法冶炼过程中，不论氧化熔炼、还原熔炼和烟化挥发都会产生大量的余热。在过去的有色冶金中，这些余热往往得不到充分的回收利用。随着科技进步，近些年，有色冶金炉产生的余热的利用也在不断进步和发展。

目前，大多数有色冶金工厂是在冶金炉的烟气出口烟道上加装余热锅炉，通过产生蒸汽回收余热，再利用蒸汽做电解液加热热源、取暖、干燥原料或发电等。由于不少冶金炉烟气含二氧化硫较高，为避免腐蚀余热锅炉，一般都选用生产饱和蒸汽的余热锅炉，很少采用生产过热蒸汽的余热锅炉。用余热锅炉蒸汽发电的厂家大多也采用饱和蒸汽发电，发电效率较低。

在锡的冶炼过程中，由于冶炼工艺的特点，冶金过程必须周期性作业，冶炼产生烟气以及烟气所带的余热也是周期性波动的。这一特点，给锡冶炼烟气余热发电带来了很大的困难，发电机组运行波动非常大，相当不稳定，效率也较低。

为解决上述问题，某厂采用了在锡还原熔炼喷枪顶吹炉和处理锡炉渣的烟化炉上分别配置余热锅炉，利用冶炼烟气中的余热产生过热蒸汽发电的工艺。其具体实现方式是通过工艺控制和调整，将周期性操作的炼锡喷枪顶吹炉和烟化炉余热锅炉产的蒸汽，高峰期和低谷期互补。也就是：当炼锡喷枪顶吹炉处于冶炼余热高峰期，产生的余热蒸汽也处于高峰期时，把处理锡炉渣的烟化炉调整到低余热期，使其余热锅炉产的蒸汽也处于低谷期，实现这一时段余热发电机组稳定发电。反之，当炼锡喷枪顶吹炉处于冶炼余热低谷期，产生的余热蒸汽也处于低谷期时，把处理锡炉渣的烟化炉调整到余热高峰期，使其余热锅炉产的蒸汽也处于高峰期，实现这一时段余热发电机组稳定发电。如此反复，整个余热发电系统全过程都实现了稳定发电。

该厂具体实施方式是：在锡还原熔炼喷枪顶吹炉和处理锡炉渣的烟化炉上分别配置余热锅炉，利用冶炼烟气中的余热产生过热蒸汽，把两座余热锅炉的蒸汽同时接到一台6000kW 的凝汽式发电机组上发电。

具体操作方式是：通过工艺控制和调整，将周期性操作的炼锡喷枪顶吹炉和烟化炉余热锅炉产的蒸汽，高峰期和低谷期互补。也就是：当炼锡喷枪顶吹炉处于冶炼余热高峰期，产生的余热蒸汽也处于高峰期时，把处理锡炉渣的烟化炉调整到低余热期，使其余热锅炉产的蒸汽也处于低谷期，实现这一时段整个余热发电机组稳定发电。反之，当炼锡喷枪顶吹炉处于冶炼余热低谷期，产生的余热蒸汽也处于低谷期时，把处理锡炉渣的烟化炉调整到余热高峰期，使其余热锅炉产的蒸汽也处于高峰期，实现这一时段整个余热发电机组稳定发电。如此反复，整个余热发电系统全过程都实现了稳定发电。

根据上述工艺操作，达到了以下效果：

（1）整个余热发电系统全过程实现了稳定发电，发电机组运行平稳，机组和电网系统稳定、安全。

（2）此种工艺方法，使得两种冶金炉的蒸汽利用率都大于98%，能量利用率高。

（3）此种工艺方法，使炼锡喷枪顶吹炉和烟化炉均产生过热蒸汽，用过热蒸汽发电，发电机组投资低，效率高，稳定性好，年发电量大于4000万kW·h。

8.1.2　节能措施

锡冶炼厂节能措施主要考虑对原有设施的改造和新增设施考虑节能措施。

对原有设施的节能改造，主要包括对鼓风机、引风机、水泵等动力设备根据技术需要进行节能改造，采用变频调速等措施；对传统照明采用节能灯技术替代等，实现措施节能。对耗能高的传统工艺，采用低能耗的高新工艺技术进行改造和替代，使用强化熔炼技术代替传统冶炼技术、使用节水技术代替高耗水技术、使用富氧熔炼替代空气熔炼等。

对新上措施和项目，根据国家新建项目准入条件，从节能、环保和资源综合利用等多方面全面满足要求，从而达到节能的要求。

8.2　环境保护

8.2.1　保护情况

炼锡厂是以火法为主、湿法为辅的冶金过程。在精矿的焙烧和还原熔炼、甲粗锡的火法精炼、乙粗锡的熔析和乙锡析渣的焙烧、富渣和富中矿的烟化炉硫化挥发、粉煤制备、电热回转窑处理高砷烟尘回收白砷等过程中都不同程度地会产生含有毒物质的烟尘和气体，特别是澳斯麦特炉和烟化炉产生的烟气量大，我国某炼锡厂每小时产出烟气（标态）澳斯麦特炉约$6\times10^4m^3$，烟化炉约$9\times10^4m^3$，白砷炉约$1.5\times10^3m^3$。这些烟气通过收尘净化后，从烟囱排出的废气含有害成分铅、氟、SO_2等的浓度虽未超过国家允许排放的标准，但其中或多或少都还含有一些有害成分，给周围环境带来污染。同时烟化炉还产出大量的废渣，烟气在淋洗塔和水接触时，还产出高砷污水。所以，锡冶炼和其他许多冶炼过程一样，在冶炼过程中要产出废气、废水和废渣，称为“三废”。

锡精矿中除含有锡外，还含有铅、锌、铜、砷、锑、硫、铟、氟等元素，在冶炼过程中，不同程度地进入废气、废水和废渣之中，其中铅、锌、砷、硫、铟、氟易挥发进入烟气。所以对“三废”若不很好治理，化害为利，任其排放，不但损失了有价金属，而且污染了环境，给人的身体健康带来危害。

锡冶炼的一个特点是由于烟化炉硫化挥发技术的发展，渣含锡已降到0.1%以下。因此，在整个冶炼流程的金属平衡中，随废渣损失的锡已不是主要矛盾，而随烟气损失的锡已相对成为主要矛盾，特别是烟化炉更是如此，因为它的产品就是烟尘。锡冶炼的另一个特点是以高温作业为主，锡及其他低沸点金属和化合物（SnO，SnS，As_2O_3，Pb，Sb等）挥发率较高，所以烟气不但含烟尘高，而且烟尘含有价金属和有害成分也高，烟尘粒度细且多为冷凝而成的凝聚性尘粒。所以在锡冶炼的许多工序中，配置有效的收尘设备是非常必要的，这不但能消除或减轻烟气所带来的污染，而且能化害为利，提高金属的回收率。

我国某炼锡厂澳斯麦特炉和烟化炉的烟气量、烟气含尘浓度、SO_2 浓度和烟尘成分见表8－1和表8－2，电收尘器烟尘粒度分析见表8－3。

表8－1 烟气量、烟气含尘浓度、SO_2 浓度

设备	澳斯麦特炉	烟化炉
烟气量（标态）/$m^3 \cdot h^{-1}$	65738	93339
烟气含尘浓度（标态）/$mg \cdot m^{-3}$	68.65	190
烟气含 SO_2 浓度（标态）/$mg \cdot m^{-3}$	308	650

表8－2 烟尘成分 （质量分数/%）

元素	澳斯麦特炉	烟化炉
Sn	42.15～45.67	41.46～49.30
Pb	7.53～8.73	9.70～12.60
Zn	14.53～15.77	8.10～9.10
As	3.05～3.80	3.30～3.84
Sb	0.065～0.11	0.12～0.19
S	0.56～0.82	1.11～1.34
Bi	0.15～0.16	0.24～0.42
Fe	0.65～0.87	0.75～2.83
SiO	2.60～3.46	1.80～3.46
CaO	0.19～0.28	0.18～0.47

表8－3 电收尘烟气粒度分析

电场号		第一电场	第二电场	第三电场
粒级	小于0.8μm/%	47.3	51.2	56.4
	0.8～1.6μm/%	49.8	46.7	42.1
	大于1.6μm/%	2.9	2.1	1.5

三废中以烟气的危害性最大，其次是废水，再次才是废渣。

在锡冶炼厂的环境保护中，除采用先进、环保的工艺技术和设备替代污染严重的传统设备设施外，还需要对工厂环境状况进行统筹评估，综合保护，采取诸如绿化美化等措施，建设环境友好型工厂。

8.2.2 废气的治理

治理废气主要是依靠建立完善有效的收尘系统，使外排的废气中各有害成分的含量降到国家规定的标准以下，炼锡厂常用的收尘设备有沉降室、表面冷却器、旋风收尘器、电收尘器、布袋收尘器等干式收尘设备及淋洗塔、文氏管、脱硫塔等湿式收尘、脱硫设备。

8.2.2.1 炼锡厂烟气与烟尘的特性

炼锡厂澳斯麦特炉和烟化炉的烟气和烟尘除具有烟气量大、含尘率高、烟尘粒度细并多为凝聚性烟尘（由气体冷凝而成）等特点外，还具有以下3个特点：

（1）烟气量的波动较大，特别是烟化炉的烟气量波动较大，这就给收尘作业带来许多困难。为了解决这一矛盾，最好是将同一类型炉子的烟气用统一的烟道系统先集中起来，再进入收尘设备，并且最好使它们的作业过程错开，这样不但可以使烟气量相对稳定，而且烟气的温度波动也较小，给收尘系统创造有利条件。

（2）烟气温度高。澳斯麦特炉的烟气温度可达1150～1250℃，烟化炉的烟气温度可达950～1250℃。所以除一般要安装余热锅炉和空气预热器来回收部分余热外，还要在余热锅炉和空气预热器之后、收尘器之前安装降温设备，使进入收尘设备的烟气温度达到所要求的温度。电收尘器前的冷却装置一般是淋洗塔，布袋收尘器前的冷却设备一般是表面冷却器。

（3）烟气中的烟尘导电性属于中等导电性，对提高电收尘的收尘效率不利，所以必须在电收尘器之前配置淋洗塔。淋洗塔的作用，一是对烟气增湿，提高烟尘的相对湿度，从而提高烟尘的导电性，提高收尘效率；二是对烟气进行降温，满足电收尘的要求；三是具有湿式收尘的作用，将烟气中的部分烟尘收下，减轻电收尘器的负担。

针对澳斯麦特炉和烟化炉的烟气和烟尘特点，一般采用电收尘器和布袋收尘器进行收尘。电收尘器的优点对烟气的温度要求不像布袋收尘器那样严，不需要庞大的烟气冷却装置，维持费较低；缺点是基建费用投资较高，并需要设置淋洗塔，这就不可避免地要产出大量的含锡泥浆烟尘，为了回收这部分泥浆烟尘中的锡，就要对泥浆进行脱水和干燥处理，同时还要处理产出的高砷污水，这就增加了不少麻烦；布袋收尘器的优点是基建投资费不如电收尘高，不需要增湿设备，收尘效率高。缺点是需要安装庞大的烟气冷却装置。另外，当烟气中腐蚀性气体较高时，布袋的寿命较短。

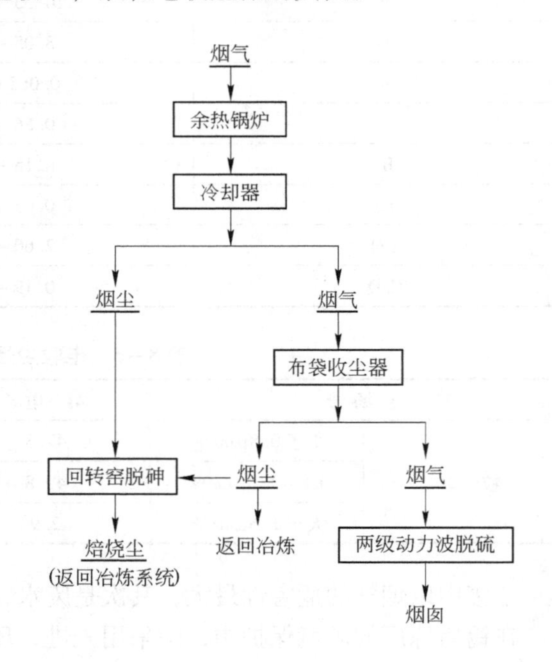

图8－1　澳斯麦特炉烟气处理原则流程

炼锡厂澳斯麦特炉和烟化炉的烟气处理原则流程如图8－1和图8－2所示。烟气处理包括两大部分：高温烟气的冷却与含尘烟气收尘。炼锡厂采用的高温冷却设备主要有余热锅炉与表面冷却器，采用的收尘设备是布袋收尘器和电收尘器。

炼锡厂还有一些冶炼过程，如锡精矿的焙烧脱硫与砷、硫渣的处理等都会产生一些含SO_2成分的烟气，需要进行脱硫处理后才能排放。

8.2.2.2　电收尘器的生产工艺

20世纪，我国炼锡厂一般采用两组板式横卧式电收尘器。典型的卧式电收尘器的结构如图8－3所示。

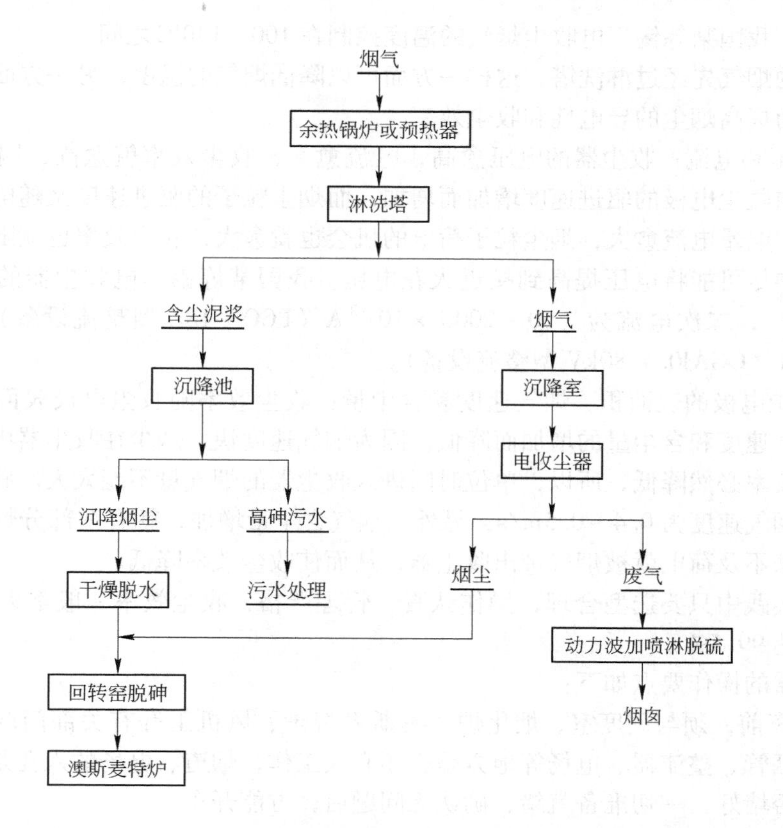

图8-2 烟化炉烟气处理原则流程

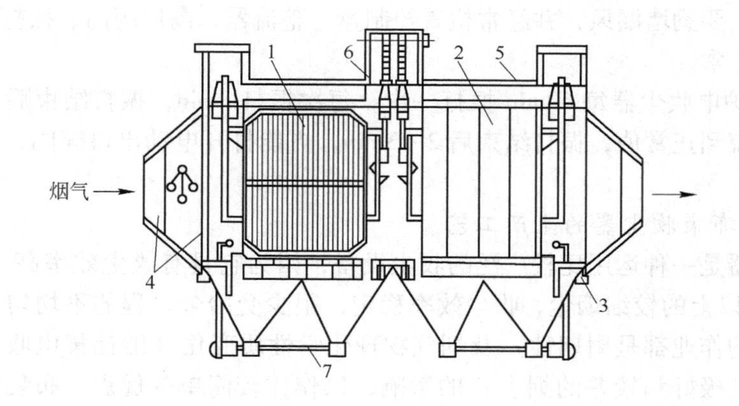

图8-3 卧式电收尘器结构

1—电晕极；2—收尘极；3—电晕极与收尘极的振打装置；

4—气体均匀分布装置；5—壳体；6—保温箱；7—排灰装置

影响电收尘器收尘效率的因素有以下几点：

（1）烟气的温度和湿度：烟气的温度过高过低对提高收尘效率均不利。因为温度过高，会引起金属构件变形，并且在极线和分布板上产生结疤；烟气温度低于露点同样会降低收尘效率。我国某炼锡厂电收尘烟气的温度控制在100～140℃之间。

炼锡厂的烟气先经过淋洗塔，这样一方面可以降低烟气的温度，另一方面可以提高烟气湿度，进而提高烟尘的导电性和收尘效率。

（2）电压和电流：收尘器的电压愈高，电流愈大，收尘效率就愈高，因为收尘效率随烟尘粒子向收尘电极的驱进速度增加而增加，而烟尘粒子的驱进速度又随电压的升高而加快。另外，电晕电流愈大，烟尘粒子荷电的机会也就愈大，收尘效率也就随之增加。所以，在操作中尽可能将电压提高到接近火花电压。我国某炼锡厂电收尘器的二次电压为（5～6）$\times 10^4$V，二次电流为（50～200）$\times 10^{-3}$A（PCC－18Z型整流设备）和（200～400）$\times 10^{-3}$A（GGAJ0.4/80kV型整流设备）。

（3）收尘电极的表面积、烟气速度和含尘量：收尘效率随收尘电极表面积的增加而升高，随烟气速度和含尘量的增加而降低。因为烟气速度快，烟尘在收尘器中停留的时间就短，收尘效率必然降低，所以，单位时间进入收尘器的烟气量不能太大。我国某炼锡厂电收尘器的烟气速度为0.4～0.5m/s；另外，烟气含尘量增加，就有一部分烟尘在收尘器停留时间内来不及荷电就被烟气带出收尘器，从而使收尘效率降低。

在生产实践中只要选型合理，操作认真，管理严格，收尘效率一般都大于99%，最佳情况下可达99.5%。

电收尘器的操作要点如下：

（1）开车前，须与调度室、烟化炉、澳斯麦特炉、风机工等有关部门联系好，并认真检查烟气烟管、整流器、电场等地方是否还有人工作，烟道、电场的入孔是否关好，漏风的地方是否堵好，一切准备就绪，确认无问题后，方能开车。

（2）开车的顺序是先启动风机，再起动整流机，最后开起电场烟道进出口闸门。温度要按照技术条件严格控制，严防猛升猛降，尽量使温度平稳。为提高收尘效率，在收尘器运行过程中，要勤堵漏风，并经常检查控制盘、整流器、高压闸门、振打器、变压器等设备运行是否正常。

（3）烟化炉电收尘器每60min振打一次，每次振打3min，振打结束后，要调节整流机的电压和电流到正常值，振打结束后2～3min，方能打开电动出口碟阀，以防止烟尘被烟气大量带走。

8.2.2.3　布袋收尘器的生产工艺

布袋收尘器是一种运用比较广泛的收尘设备，因为它具有收尘效率高（可达99%），能捕集0.2μm以上的较细烟尘，收尘效率稳定，很少受冶金过程的不均匀性（如烟化炉和澳斯麦特炉的作业都是周期性）及烟气物理化学性质变化（能捕集电收尘器难以捕集的那部分导电性极好和较差的烟尘）的影响，操作比较简单等优点。布袋收尘器的缺点是对烟气的温度和湿度的要求较为严格，需设烟气冷却设备；对一些腐蚀性气体的适应性较差，滤袋易损坏，若不及时更换，就会使收尘效率急剧下降。

生产实践表明，布袋收尘器收尘效率的高低与许多因素有关，主要有以下几点：

（1）烟气性质及温度：当烟气含水蒸气较高时，温度低，水蒸气冷凝而使烟尘黏结于滤布上，使透气性变坏，阻力增加，特别当烟气中含二氧化硫等腐蚀性气体时，若温度低，则更易使滤袋和设备遭到腐蚀，寿命缩短。温度过高，则会烧坏滤袋。烟气入口温度的高低要根据滤布的耐温程度而定。

（2）烟气的过滤速度：过滤速度低，对提高收尘效率有利，但滤布总面积要相应增加，过滤速度一般为0.6～1m/s。所以应尽量减少漏风，因为漏风太大，会使烟气量和过滤速度增加，使收尘效率降低。

（3）滤袋材料：滤袋材料的选择与收尘效率有较大的关系。毛织品滤袋的价格虽然贵，但过滤效果好，收尘效率高；玻璃纤维的收尘效率也较高，但寿命较短；另外，最好采用无缝滤袋，因为缝制的滤袋针缝处易损坏，使滤袋的寿命缩短。

生产中，一旦发现滤袋损坏就应及时更换。实践证明，在十条滤袋中，有一条出现10mm的孔，则从此孔漏走的烟尘为十条滤袋总损失的75%，这不但损失了有价金属，而且污染了环境。更换滤袋时要卡紧，滤袋要挂直，松紧适当，目的在于保证最大的过滤面积。

（4）振打和反吹风：及时振打和反吹风的目的都在于及时将滤袋表面的烟尘抖落和吹落，保证滤袋有较好的透气性和过滤速度。振打的次数和时间都要按照技术条件进行，反吹风压力应在100～200kPa，才能将烟尘有效地吹落。

我国一些炼锡厂使用布袋收尘器的收尘情况及收尘效率列于表8－4中。

表8－4 炼锡厂布袋收尘器的收尘情况及收尘效率

冶炼厂编号	收尘器类别	滤袋材料	烟气来源	进口温度/℃	冷却设备	收尘效率/%
1	脉冲袋滤器	玻璃纤维滤袋	反射炉 鼓风炉 烟化炉	250～350	表面冷却器	96.3～99.3
2	袋滤器	呢袋	澳斯麦特炉 反射炉 烟化炉	100～200	表面冷却器余热锅炉	98.1～99.6
3	袋滤器	涤纶滤袋	反射炉	200	表面冷却器	96～99.5
4	脉冲袋滤器	毛呢滤袋	电炉 鼓风炉	100～200	表面冷却器	约98
5	脉冲袋滤器	玻璃纤维滤袋	反射炉	250～350	表面冷却器	98.5～99.1
6	脉冲袋滤器	玻璃纤维滤袋	反射炉	250～350	表面冷却器	95～98

8.2.2.4 低浓度SO_2烟气的处理

炼锡厂的锡精矿、碳质燃料、还原煤中均含有一定量的硫，另外，在富锡炉渣或锡中矿烟化处理以及粗锡除铜精炼过程中，需要添加一部分硫精矿和元素硫作为硫化剂，因此，在炼锡厂，精矿的炼前焙烧、还原熔炼、富渣烟化以及硫渣的处理等工序，都会产生一定数量的低浓度SO_2烟气（SO_2含量（标态）为8580～25740mg/m^3）。这些烟气含SO_2浓度虽然很低，但数量大，必须经过治理才能排放。

表8－5列出了国内某炼锡厂产出低浓度SO_2烟气的数量及烟气浓度。

从表8－5可见，这些工业炉窑含SO_2浓度均较高，都超过GB 9078—1996规定的允许排放标准，应设脱硫装置，使其降至850mg/m^{3}后排放。

近半个世纪以来，随着环境保护法规的严厉要求，世界各国研究了许多种低浓度SO_2烟气脱硫方法。我国硫酸工业及铜、锌、锡、铅、锑冶炼厂在这方面做了很多工作，取得了很大成绩。

表 8－5 炼锡厂低浓度 SO_2 烟气的数量及浓度

设 备 名 称	烟气量（标态）$/m^3 \cdot h^{-1}$	烟气中 SO_2 浓度（标态）$/mg \cdot m^{-3}$
熔炼锡精矿的澳斯麦特炉	65000	2292～6262
吹炼富锡渣的烟化炉	93339	1887～8718
熔炼铅锡混合物料鼓风炉	7210	2860～5434
焙烧中间物料的回转窑	3400	1272～1801
硫渣流态化炉	4700	5148～11726
焙烧锡精矿的流态化炉	6900	16874～25740

烟气脱硫方式可大致区分为湿法与干法或半干法，现在设置的大部分为湿法。湿法脱硫率高，负荷变动也能获得稳定的脱硫效果，是一种技术已成熟的方法。在各国研究的烟气脱硫方法中，比较成熟的有氢氧化镁吸收法、碳酸钠吸收法、氨吸收法、活性氧化锰法、石灰—石膏法及石灰乳吸收法、有机胺液吸收—解析—制酸法等。炼锡厂目前大量采用的是石灰—石膏法及石灰乳吸收法。也有炼锡厂正在着手采用脱硫效率高、硫利用率高，且作为将来发展方向选择的有机胺液吸收—解析—制酸法取代原有方法。在此重点介绍目前主要使用的石灰—石膏法及石灰乳吸收法。

A 石灰乳吸收法

用石灰和水制成浆液即成石灰乳，均匀地喷洒于吸收塔中，与烟气（标态）SO_2 接触，发生下面反应：

$$2Ca(OH)_2 + 2SO_2 = 2CaSO_3 \cdot 1/2H_2O + H_2O \quad (8-1)$$

$$2CaSO_3 \cdot 1/2H_2O + O_2 + 3H_2O = 2CaSO_4 \cdot 2H_2O \quad (8-2)$$

工艺流程如图 8－4 所示。

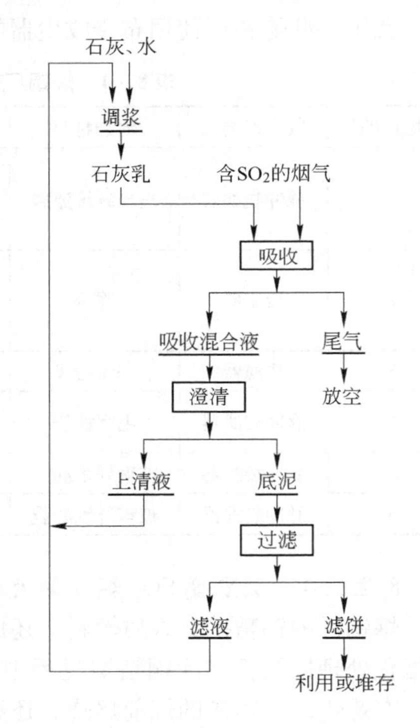

图 8－4 石灰乳烟气脱硫法

工艺条件控制如下：

（1）石灰乳浓度（CaO 质量分数）：石灰乳浓度视烟气 SO_2 浓度而定。石灰乳浓度过低，设备利用率低，动力消耗大；浓度过高，石灰余量大。当烟气（标态）SO_2 浓度小于 30000mg/m^3 时，吸收液 CaO 浓度为 4%～6%。

（2）吸收混合液的酸碱度（pH 值）：从吸收塔出来的吸收混合液 pH 值控制在 6.5～7。pH 值低于 6.5 时，半水亚硫酸钙（$CaSO_3 \cdot 1/2H_2O$）会进一步反应生成易溶于水的亚硫酸氢钙［$Ca(HSO_3)_2$］和氧化生成的硫酸钙（$CaSO_4 \cdot 2H_2O$）。

在吸收过程中会产生 $CaSO_4$，$CaSO_3$ 结垢，结垢物组成（质量分数）为：$CaSO_3$ 0.8%～14.3%，$CaSO_4$ 62.8%～97.2%。

结垢分为沉积垢和结晶结垢两种类型。只要合理设计吸收塔的结构，可以减轻沉积结垢的生成。对于因循环液中硫酸钙和亚硫酸钙过饱和引起的结晶结垢，研究认为是循环液中至少存在3%的硫酸钙晶体和3%的亚硫酸钙晶体作为晶种才会产生。因此，设计一个延滞槽，加入石灰后，让吸收液在槽内滞留3～5min，以消除循环液中硫酸钙和亚硫酸钙的饱和状态，再送入吸收塔使用。另外，提高液气比，以降低吸收塔内$CaSO_4$，$CaSO_3$浓度。采用上述措施后，可减轻和缓解吸收设备及输送管道的结垢程度。

此法优点是，工艺流程简单、吸收效率高、吸收剂石灰来源丰富、价格低廉，因此，是目前所有烟气脱硫方法中费用最低的方法，某冶炼厂在炼前焙烧流态化炉、粗炼澳斯麦特炉、炼渣烟化炉均采用此法。

从各种处理低浓度SO_2烟气的方法可以知道，当前，在治理污染，进而回收SO_2，在技术上是可行的。然而，在所有的脱硫方法中，回收副产品所得，尚不能弥补脱硫所需的各种费用。因此，对于冶炼厂而言，只能是根据工厂资源情况和具体条件，来选择适宜的烟气脱硫方案。炼锡厂所产烟气SO_2脱除率一般均能达到90%以上，尾气SO_2浓度容易降至850mg/m^{3}以下的排放标准。吸收SO_2后生成的固体产物，经过固、液分离脱除表面水后，可制成砾石或其他建筑材料加以利用。

B 焙烧锡精矿流态化炉烟气处理实例

a 设计条件

流态化炉烟气在经过两级电收尘除尘、降温后由原风机引出，本工程治理是在风机后增加脱硫系统。进入脱硫系统的烟气性质见表8－6。

表8－6 原风机出口烟气性质及国家标准

参数	烟气量（标态）/m^3·h^{-1}	烟气温度/℃	SO_2浓度（标态）/mg·m^{-3}	尘浓度（标态）/mg·m^{-3}	湿度/%
范围	8000～13000	70～105	9000～15000	50～250	6.5～9
平均	10000	85	12000	150	8.0
国家排放标准	—	—	850	100	—

b 脱硫工艺选择及技术原理

目前，国内外已开发出数百种烟气脱硫技术，但实际投入运行的仅十多种，大部分仍处于中试或开发阶段。由于本工程烟气SO_2浓度较高，综合考虑脱硫效果及系统阻塞等因素，从而选择美国孟山都环境化学公司推出的动力波洗涤装置，其独特的洗涤方式，允许洗涤液中含固体量高达20%以上，因而为石灰乳法的应用创造了有利条件，动力波洗涤装置用于低浓度烟气治理已有200套成功范例，具体的反应机理如下：

$$SO_{2(g)} + H_2O \longrightarrow SO_{2(l)} + H_2O \tag{8-3}$$

$$SO_{2(l)} + H_2O \longrightarrow H^+ + HSO_3^- \longrightarrow 2H^+ + SO_3^{2-} \tag{8-4}$$

$$HSO_3^- + 1/2O_2 \longrightarrow HSO_4^- \tag{8-5}$$

$$SO_3^{2-} + 1/2O_2 \longrightarrow SO_4^{2-} \tag{8-6}$$

$$Ca(OH)_2 \longrightarrow Ca^{2+} + 2OH^- \tag{8-7}$$

$$Ca^{2+} + SO_3^{2-} \longrightarrow CaSO_3 \tag{8-8}$$

$$Ca^{2+} + SO_3^{2-} + 2H_2O + 1/2O_2 \longrightarrow CaSO_4 \cdot 2H_2O \qquad (8-9)$$

$$H^+ + OH^- \longrightarrow H_2O \qquad (8-10)$$

从上述反应可以看出，SO_2 首先由气相进入液相，吸收后的 SO_2 被浆液中的碱性物 $Ca(OH)_2$ 作用生成亚硫酸钙与硫酸钙。在本方案中，首级脱硫设备选用喷淋塔，烟气停留时间长，溶解过程得以充分完成。同时在喷淋塔内循环吸收液采用较低 pH 值，有利于石灰的溶解，提高石灰利用率。由于生成的 $CaSO_3$ 与 $CaSO_4 \cdot 2H_2O$ 以小颗粒存在于吸收液中，通过控制适当的pH值，可避免其结垢，对系统造成堵塞的可能性较小。由以上烟气性质，结合石灰乳液反应机理，选择的工艺流程如图 8－5 所示。

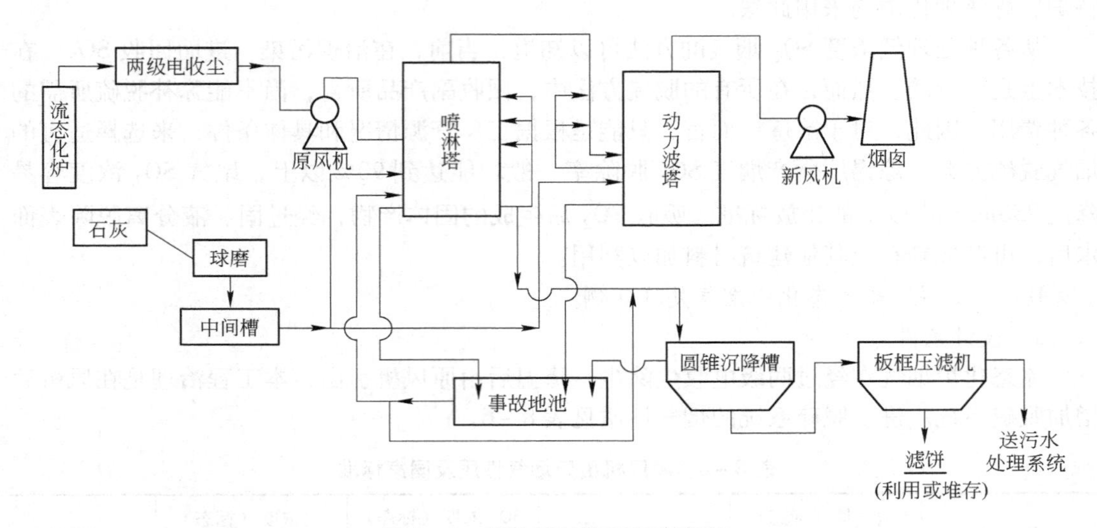

图 8－5　炼前尾气治理工艺流程

动力波洗涤技术自 20 世纪 70 年代开发出以来，目前，世界上已有数百套装置用于烟气净化及环保领域，其基本原理是：具有一定气、液比的气体和液体在烟气管内相撞，液体能量达到平衡，气、液紧密接触而产生稳定的“泡沫柱”浮于气流中，气体通过强烈湍动的液膜“泡沫柱”时，由于液体表面大且迅速更新，液膜的吸留和包裹对颗粒的洗涤效果好，故比传统洗涤吸收设备效率高。

c　主要工艺控制参数

喷淋塔体：	烟气进口温度	<105℃
	循环液	pH 值 4～5
动力波洗涤器：	循环液	pH 值 10～11
	一段喷嘴压力	0.11±0.01MPa
	二段喷嘴压力	0.09±0.01 MPa

补充石灰乳浓度：15%

具体操作过程为当动力波洗涤器内的液体 pH 值低于 10 时，打开串液阀将一部分液体加入喷淋塔，在动力波洗涤器内补充新鲜石灰乳液。当喷淋塔液体 pH 值低于 4 时，打开旁通阀将液体泵入圆锥沉降斗，经沉降后用板框机压滤后外运抛弃。

经过一段时间的试运行，对烟气进行监测的结果显示，在此参数条件下，各设备运转正常，SO_2 出口浓度完全达到设计排放要求。

d 处理效果

经对设施的进出口烟气性质进行了同步监测，结果见表8－7。

表8－7 工艺进出口烟气性质

参 数	烟气量（标态）/$m^3 \cdot h^{-1}$	烟气温度/℃	SO_2 浓度/$mg \cdot m^{-3}$	尘浓度（标态）/$mg \cdot m^{-3}$	湿度/%
进 口	9496	85	>10000	98.5	—
出 口	8599	45	216	73.7	8.7
国家排放标准	—	—	850	100	12.5

从表8－7中可以看出该工艺对SO_2的脱除效率在97%以上，出口SO_2浓度仅为（标态）216mg/m^3，排放口烟气中尘浓度为（标态）73.7mg/m^3，均远低于国家排放标准。

e 工艺优点

从设计施工、试运行、烟气性质监测等过程可以看出，本次采用喷淋—动力波洗涤器处理炼前低浓度SO_2具有以下优点：

（1）传热、传质效果高。通过一级动力波后，其出口烟气中水分即接近饱和程度，SO_2吸收率一般在90%以上。

（2）对烟气波动适应能力强。根据现有装置的生产实践，烟气在50%～100%范围内波动基本不降低使用效率。

（3）由于喷嘴孔径大，允许洗涤液含固量较高，一般可在20%含固量下正常运行而不堵塞。

（4）设备小巧，操作简单，配置灵活，比传统设备节省投资和占地。

（5）用于烟气脱硫工艺，其钙、硫比仅为1.02:1，相对其他吸收设备，可大大降低石灰消耗量。

8.2.3 废水的治理

炼锡厂在生产过程中产出有害污水以高砷污水最为突出，它产出量大，含有害成分多，含砷较高，若不加以处理任其排放，必然严重污染环境。

8.2.3.1 高砷污水的产出

我国炼锡厂均以火法生产为主，澳斯麦特炉和烟化炉在熔炼和吹炼过程中必然产出大量的烟气，为了净化这些烟气，将烟气中所含的烟尘有效收回，化害为利，就必须对这些烟尘进行收尘处理。若采用电收尘器，烟气在进入电收尘器之前，需先通过淋洗塔，进行喷雾、降温、增湿处理，从而提高烟尘粒子的表面导电度，提高收尘效率。

在淋洗塔中，通过喷嘴雾化的水仅有45%～75%蒸发，而未蒸发的水在和烟气的接触中会将烟气中的砷、铅等有害杂质溶解，成为泥浆，一般采用沉淀法来处理，溢流水除含有砷、氟、铅外，还含有部分粒度极细的烟尘，这些烟尘以固体悬浮物形态存在于污水中，这就是高砷污水。

我国某炼锡厂淋洗塔产出的高砷污水成分和国家允许排放的工业污水排放标准见表8－8。

表 8-8　高砷污水成分和国家允许排放标准

成　分	As	F	Pb	Zn	Cd	Cu	Sn	Fe	SO_4^{2-}	Cl^-	pH 值
高砷污水量 /mg · L^{-1}	90 ~ 788	150 ~ 550	20.4 ~ 25.8	141 ~ 744	1 ~ 10	0.4 ~ 2.38	1.8 ~ 80	4 ~ 18	600 ~ 700	160 ~ 200	2 ~ 4
国家允许标准 /mg · L^{-1}	0.5	10	1	5	0.1	1	—	—	—	—	6 ~ 9

从表 8-8 可知，高砷污水所含的有害元素及重金属杂质的量大大超过了国家的标准。其中一类有害毒物超过 180 ~ 1576 倍，二类有毒物氟超过 15 ~ 55 倍。铜、铅、锌、镉等重金属超标几十倍。若不认真处理，随便排放，必将严重污染环境。这就提出了高砷高氟污水的处理问题。锡冶炼厂的高砷高氟污水具有含量波动范围大、产量大、成分复杂、呈酸性等特点，从而给处理带来一定困难。

8.2.3.2　高砷污水的处理流程和原理

对于工业污水的处理一般采用化学、物理、微生物方法。如过滤、沉淀、混凝沉淀、浮选、吸附、蒸发、萃取、pH 值调整、化学氧化、生物过滤、加活性污泥等。实践证明，对于上述高砷污水，采取混凝沉淀和 pH 值调整的方法取得了较满意的效果，所加入的化学混凝剂为石灰乳和聚丙烯酰胺，俗称 3 号混凝剂，分子式为（$[—CH_2—CH_2—CONH_2—]_n$），并用压缩空气搅拌，这样，不仅能使高砷水中固体悬浮物沉淀下来，而且还能使重金属盐类沉淀下来，从而达到净化高砷污水的目的。经处理后的污水便能返回循环使用。

某冶炼厂采用中和-絮凝共沉法处理高砷污水的工艺流程如图 8-6 所示。

砷在污水中主要以三价的亚砷酸（H_3AsO_3）、偏砷酸（$HAsO_2$）和五价的砷酸（H_3AsO_4）状态存在；而氟则在污水中呈负离子状态存在。

一级石灰中和主要是采用石灰乳来调整酸碱度。石灰乳主要由氢氧化钙[$Ca(OH)_2$]组成，反应如下：

$$2H_3AsO_3 + 3Ca(OH)_2 = Ca_3(AsO_3)_2 \downarrow + 6H_2O \tag{8-11}$$

$$2H_3AsO_4 + 3Ca(OH)_2 = Ca_3(AsO_4)_2 \downarrow + 6H_2O \tag{8-12}$$

生成的亚砷酸钙 $Ca_3(AsO_3)_2$ 和砷酸钙 $Ca_3(AsO_4)_2$ 都不溶于水，从污水中沉淀下来，从而达到除砷的目的，除砷率可达 80% ~90%。

负一价的氟离子与正二价的钙离子反应如下：

$$2F^- + Ca^{2+} = CaF_2 \downarrow \tag{8-13}$$

生成的 CaF_2 同样不溶于水而从污水中沉淀下来，氟的脱除率可达 70% ~80%。

污水中重金属杂质，如铅、锌、铜等，都呈阳离子状态存在，它们与溶液中的氢氧根离子起反应生成重金属氢氧化物沉淀而被除去，除去率可达 90% ~95%。反应如下：

$$M^{2+} + 2(OH^-) = M(OH)_2 \downarrow \tag{8-14}$$

式中，M 代表 Pb，Zn，Cd，Cu 金属。

经过一级石灰乳处理后的污水，大部分有害元素均以悬浮物胶体的形式存在污水中。由于这些悬浮物在水中难以凝集成大的颗粒物而快速下沉，所以接下来需加入混凝剂聚丙烯酰胺。它是一种人工合成的高分子混凝剂，其聚合度达 20000 ~ 90000，相应的相对分

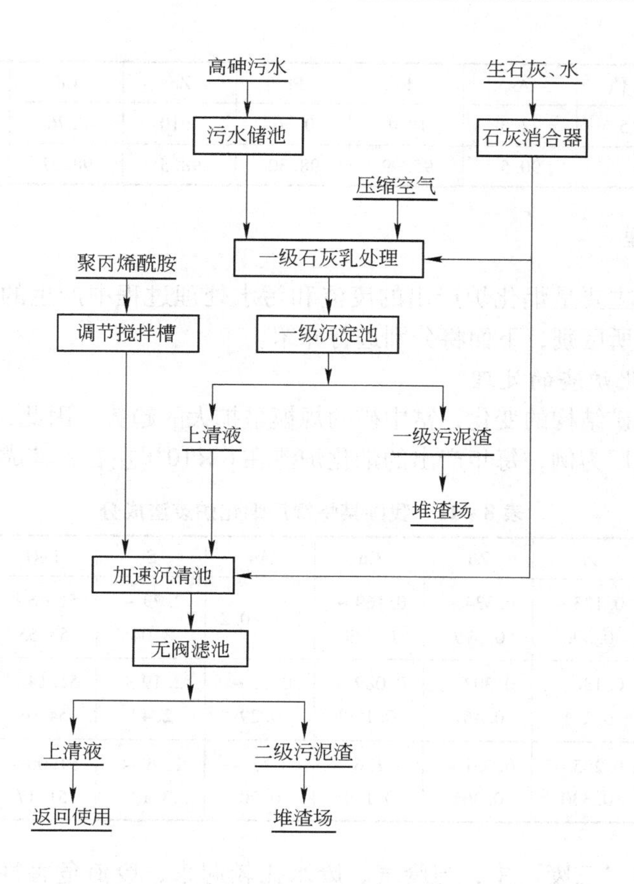

图 8-6 中和-絮凝共沉淀法处理高砷污水流程

子质量高达 150 万~600 万。它的混凝效果在于具有强烈的吸附作用，在胶体之间形成桥，可使绝大部分悬浮物被吸附形成大的絮花而快速沉淀。

高砷污水经过石灰乳—聚丙烯酰胺两级处理后，有害杂质绝大部分进入沉淀泥渣，虽然上清液中的砷、氟、镉含量还超过国家排放标准，但由于是采用闭路循环不外排（pH 值为 6.5~8.5，浊度小于 10 范围），在不堵塞管道、不腐蚀设备、不影响生产的前提下，仍可继续使用，这样既可节约生产用水，又不污染环境。泥渣和上清液成分分别见表 8-9 和表 8-10。

表 8-9 泥渣成分 （质量分数/%）

成 分	As	F	Sn	Pb	Zn	Cd	Cu	FeO	CaO
一级渣	4.24	4.24	1.66	0.75	9.30	0.19	1.24	2.09	20.56
二级渣	1.81	1.83	0.71	0.25	1.28	0.013	0.11	1.23	8.56

表 8-10 高砷污水处理前后比较 （mg/L）

元 素	pH 值	As	F	Pb	Zn	Cd	Cu	浊度/度
国家排放标准	6~9	0.5	10	1	5	0.1	1	—
处理前	3.15	763.16	458.85	21.18	667	73.79	1.91	12

续表 8－10

元　素	pH 值	As	F	Pb	Zn	Cd	Cu	浊度/度
处理后上清液	7.5	72.5	18.4	0.36	<10	0.76	0.1	<10
杂质脱除率/%	—	90.5	95.99	98.30	98.5	98.97	94.75	—

8.2.4　废渣的处理

炼锡厂的废渣主要是烟化炉产出的废渣和污水处理过程中产生的污泥渣，其各具特点，其处理过程有所区别，下面将分别进行介绍。

8.2.4.1　烟化炉渣的处理

近年来由于锡矿结构的变化，富中矿的规模呈扩大的趋势，因此，烟化炉渣也日益增多，以我国某炼锡厂为例，每年产出的烟化炉渣在 6×10^4t 左右，其成分见表 8－11。

表 8－11　我国某炼锡厂烟化炉废渣成分　　（质量分数/%）

样品号	Sn	Pb	Zn	Cu	As	S	FeO	SiO_2	CaO
样品 1	0.082～0.090	0.135～0.596	0.334～0.379	0.169～0.229	0.1～0.2	2.79～3.04	51.46～53.55	21.26～21.68	3.403～3.810
样品 2	0.077	0.138～0.291	0.202～0.467	0.089～0.150	0.10～0.29	2.19～2.42	51.14～54.03	20.09～21.39	2.81～3.51
样品 3	0.075～0.077	0.205～0.330	0.351～0.365	0.126～0.139	0.15～0.20	2.99～3.13	51.08～51.17	22.28～23.28	2.69～3.14

炼锡厂产出的“三废”中，与废气、废水比较起来，废渣危害性似乎小一些，因为其中的有害成分大部分已经固化，但如不及时处理、搞好综合利用，任其堆积，也会带来严重恶果，表现在：废渣产量大，并且随着烟化炉生产规模的扩大，还有增加的趋势，这样必然增加运输费用，占用土地；废渣还含少量可溶性有害物质，会溶于雨水中，这种雨水若流入农田，就污染土地，破坏农业生产，危害人民身体健康。若流入江河湖泊，就会污染水质，直接危害水生生物和人民身体健康；有的炼锡厂废渣含 FeO 高达 50% 以上，若不很好利用，会对国家资源造成严重的浪费。所以如何对烟化炉废渣搞好综合利用，是一个值得认真研究的问题。

目前，大部分炼锡厂的烟化炉废渣都是采用专用渣场堆存。炼锡厂工程技术人员曾对烟化炉渣的利用做了许多工作，特别是在利用其中的铁方面，曾做了脱硫、烧结等实验工作，均取得了较为满意的结果，今后仍需继续努力。

8.2.4.2　污泥渣的处理

炼锡厂的污泥渣主要为烟化炉淋洗塔产出的高砷污水经石灰中和除砷、氟产出的砷钙渣，其主要成分见表 8－12。

表 8－12　炼锡厂污泥渣主要成分

元　素	As	Ca	Zn	Si	Mg	F	Sn	Pb
质量分数/%	9～12	12～22	12～24	4～6	7～9	9～10	0.12	1～2

污泥渣含有大量的有害物质，且其中含有大量的水分，在《国家危险废物名录》中

被列为危险废物。因此，该类渣堆存处置中必须进行防渗漏、防飞扬、防流失“三防”处理。现阶段主要采用防渗漏处理。防渗膜及其组合形式较多，如复合衬层（基础层—天然材料层—人工合成层），双人工衬层（基础层—天然材料层—人工合成层—加强层—人工合成衬层）等。人工合成衬层有高密度聚乙烯防渗膜（HDPE）、低密度聚乙烯防渗膜（LDPE）、乙烯－乙酸乙烯共聚物人工膜（EVA）及复合人工膜（一布一膜、二布一膜、多布多膜）等多种。

采用的处理方法为：在地面挖出一个大池后，平整压实池底及四周池壁，填黏土0.2～0.3m碾压压实，并平整表面，浇灌100mm厚混凝土，铺设一层300g/m³复合聚乙烯丙纶人工防渗膜（二布一膜）与混凝土层黏结，膜上用20mm厚水泥砂浆抹面，形成防渗渣池。渣场结构示意图如图8－7所示。

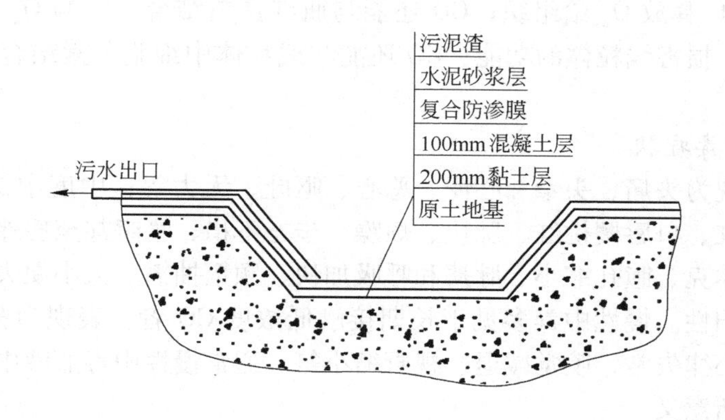

图8－7 污泥渣场“三防”处理示意图

复合聚乙烯丙纶人工防渗膜的主要技术性能指标如下：

规格型号	SBC120
拉伸强度	纵≥9.8MPa，横≥9.0MPa
断裂伸长率	纵≥66%，横≥71%
直角撕裂强度	≥55N/mm
不透水性	0.3MPa，30min不透水

经过上述方式处理的“三防”渣场完全可以满足国家对危险废弃物填埋基础层的饱和渗透系数应小于1.0×10^{-7}cm/s的要求，不会对周边环境造成影响。

8.3 职业病防治

8.3.1 防治情况

人们曾经对锡及其化合物的毒性进行过很多的研究，发现锡及其氧化物没有毒性。正是由于锡的这一特殊性能，以及一些不可替代的性质，而一直得到广泛使用。

然而，在锡生产过程中，由于原材燃料伴生和带入一些有害元素，产生一些有毒物，常使操作人员发生中毒或造成职业危害。下面对锡冶炼过程中易造成职业危害的一些物质的产生、中毒机理、症状、处理和防治进行简要介绍。

8.3.2　一氧化碳

CO是一种无色、无味、无臭的窒息性有毒气体，密度1.25g/L，略轻于空气。

8.3.2.1　产源

当碳燃烧不完全时可产生CO，如火法精炼锡，用煤作燃料，由于供风不足，燃烧不完全，当室内或工作地点通风不良时，会造成人员中毒。接触CO气体是否中毒，主要取决于CO浓度和接触时间，以及人体的机能状态。

8.3.2.2　中毒机理

CO经呼吸道进入血液循环系统，与血红蛋白（Hb）结合成碳氧血红蛋白（HbCO）。CO与Hb的亲和力比氧与Hb的亲和力大300倍，而HbCO的离解却比HbO_2慢3600倍；HbCO还阻碍HbO_2释放O_2给组织；CO还能与肌红蛋白结合，影响O_2进入毛细血管弥散到细胞线粒体，损害线粒体的功能；CO还能与线粒体中细胞色素结合，抑制组织内呼吸。

8.3.2.3　中毒症状

轻度中毒表现为头痛、头晕、心悸、恶心、呕吐、无力等；中度中毒除上述症状外，还表现为面色潮红、口唇樱桃红、脉快、烦躁、步态不稳、嗜睡甚至昏迷休克。重度中毒表现为迅速昏迷休克、瞳孔缩小、脉搏和呼吸加快、频繁抽搐、大小便失禁，唇红面苍白无色、病理反应阳性。慢性中毒多见于长期接触低浓度CO者，表现为神经衰弱综合征，心肌供血不足，心律失常，嗅觉减退、视野缩小等。通常慢性中毒血液中HbCO含量超过10%者才具有诊断意义。

8.3.2.4　救护与处理

轻度或中度中毒，及时脱离现场，只要吸入新鲜空气或氧气后即很快好转。急性（重度）中毒，立即将患者移至空气新鲜处，保持呼吸道畅通，注意保暖，吸入氧气；停止呼吸者，立即做人工呼吸或气管插管加压给氧，注射呼吸中枢兴奋剂和能量合剂静脉滴注，尔后视病情入医院抢救和治疗。

8.3.2.5　预防

生产车间环境定期测定CO浓度，产生CO的生产工序，强化通风，严格执行安全操作规程，加强个人预防，普及预防和急救知识。

8.3.3　砷及其化合物

8.3.3.1　概述

砷是锡矿中最常见的伴生元素，在冶炼过程中，容易挥发，气态砷迅速氧化成氧化砷，与锡一道形成粉尘、烟气或蒸气，污染环境。

元素砷毒性很小，而它的氧化物、氢化物（AsH_2^{3+}）、盐类及有机化合物等均有毒，一般三价砷化物（如As_2O_3）的毒性较五价砷化物严重，溶解度小的化合物毒性较低，如雄黄（As_2S_3或AsS）、雌黄（As_2S_3）等。砷酸盐也有一定毒性，其中以砷酸钠最严重。烟气和粉尘中以As_2O_3最毒，气体以AsH_3最毒，属剧毒物。据测定，三氧化二砷口服致死量为100～200mg，中毒剂量为10～50mg，敏感者其量更低。

8.3.3.2 毒理

砷及化合物，对体内酶蛋白的巯基具有特殊的“亲和力”使酶失去活性，影响细胞正常的新陈代谢，而导致细胞死亡。当作用于植物神经系统时，会使植物神经机能紊乱；进入血液循环时，导致血管扩张，增强其渗透性和溶血性。

8.3.3.3 中毒症状

除 AsH_3 可引起急性中毒外，一般表现为慢性中毒。其主要症状是口腔发炎、食欲不振、恶心、呕吐、腹泻、肝脏损害、脱发、神经衰弱等。直接接触可引起皮炎、皮疹、皮肤干裂、指甲病变。长期吸入砷化物粉尘，可引起鼻炎、鼻衄、鼻穿孔，严重者肝硬化、皮肤癌、呼吸道癌。急性中毒很少见，主要多见于 AsH_3 中毒，轻者头疼、头晕、畏寒、呕吐、尿血，重者高热、昏迷休克，可引起急性心衰竭和尿毒症导致死亡。

8.3.3.4 救护与处理

职业性砷及其化合物中毒，主要由呼吸道、消化道、皮肤进入人体，它分布于肝肾及其他组织，而最易在指（趾）甲和毛发中停留。主要通过肾和消化道排出。三价砷化物较五价排泄慢，毒性大的砷化物与肝肾结合快速且牢固，因此较难排除。

对慢性中毒，用具有扶正祛邪的中药益气排毒汤治疗，每日一剂，连服3d停4d为一疗程，取得较好效果。急性中毒多见于 AsH_3 气体中毒，AsH_3 是一种无色略有大蒜臭味的强烈溶血性毒物，人吸入 50mg/m^3 一个小时可急性致死，30mg/m^3 一个小时即引起严重中毒，必须尽快脱离现场，留院严密观察，给予对症治疗，控制溶血和保护肾功能，严重患者还用换血疗法及透析疗法等。

8.3.3.5 预防

AsH_3 产生多见于锡精炼加铝除砷的热浮渣（铝渣）受潮或喷水降温或运输遇雨淋，其反应如下：

$$2AlAs + 3H_2O = 2AsH_3\uparrow + Al_2O_3 \qquad (8-15)$$

应设置禁止和避免上述情况的措施，高砷烟气应有严密的收尘系统，高砷物料及铝渣应加强保管。从事接触砷及砷化物工作岗位的人员，必须佩戴个人劳动防护用品。加强通风防尘设施和环境监测，寻求无毒物代替铝加剂。

8.3.4 铅及其化合物

锡冶炼过程中，铅几乎与锡一道存在于整个过程，其来源主要是锡矿伴生的铅矿物。在焙烧、粗炼、炼渣、收尘、精炼等工序中，铅以粉尘、烟雾等形式造成污染。

8.3.4.1 毒理

铅是典型的多亲和性毒物，铅及其化合物都具有毒性，毒性大小取决于在人体中的溶解度。硫化铅（PbS）难溶于水，毒性较小；氧化铅、三氧化二铅溶于水，毒性较大；铅的毒性还取决于铅尘颗粒的大小，铅雾颗粒小，毒性大于铅尘，PbO 颗粒为 2～3μm，硅酸铅为 20μm，故前者毒性较后者大。

铅及其化合物主要是由呼吸道，其次是消化道进入人体，完整的皮肤不吸收铅。当铅以离子形态进入血液循环时，先分布于全身，最后大部分（约95%）在骨骼系统沉积，少量积存于肝、脾、肾、脑等器官及血液中；主要通过肾脏随尿排出，少量随粪便和唾液或毛发排出。

8.3.4.2　毒作用

铅及其化合物的致毒作用在于引起卟啉代谢紊乱，阻碍血红蛋白的合成；可作用于成熟的红细胞，引起贫血；还可导致神经及消化系统的一系列症状，阻碍神经机能引起神经炎、头痛、头晕、失眠、记忆力衰退、食欲不振、易疲乏、恶心、便秘、腹痛等，其中以头昏、乏力、肌肉关节疼痛最为明显。

8.3.4.3　治疗

工业生产中，急性毒性很少见，一般为慢性中毒，炼锡厂多见于轻度中毒，尿铅含量超标。给予驱铅疗法，驱铅药物颇多，首选促排灵（NaDTPA）。近年国内外报道，二巯基丁二酸（DMSA）对铅、锡、铜、锑等有促排作用，效果显著，副作用小，排泄快。在应用络合剂驱铅的同时，配合使用云南花粉片剂，有助微量元素补充，防止络合综合征发生。用中药益气排毒汤治疗取得较好效果，运用含柠檬酸、维生素 C 和 B_1 等维康饮料用于预防砷、铅中毒和排泄。实践表明：能使尿砷、尿铅排泄快，血红蛋白增加，血压收缩压升高，体重增加。

8.3.4.4　预防

关键在于改革生产工艺，改造收尘系统，使车间环境有害物浓度达到国家标准以下；定期体检，加强个人防护，教育职工不能在生产岗位进食和吸烟，饭前洗手漱口，下班沐浴换衣。

8.3.5　锡矽肺

锡矽肺是在锡生产过程中长期吸入锡粉尘引起的肺部疾病，还有锡尘和游离二氧化硅的共同作用。

8.3.5.1　病理

其病理基础主要是锡粉尘由呼吸道吸入在肺部沉积，以及伴随着产生的局部炎症和类脂性肺炎等，基本病变时矽结节的形成和弥漫性纤维增生。肺部 X 照片呈现肺门轻度增大，密度增高，可见大小不等形状不规则的金属样团块，肺纹理普遍增多，特别是细网形多，使肺叶呈磨玻状，结节阴影多沿网格出现，细小、致密、边缘不整齐。脱离接触后，结节可以减少。

8.3.5.2　症状

患者主要表现为胸痛、胸闷、气促、咳嗽、咳痰多且浓稠、头昏等。

8.3.5.3　处理和治疗

肺胶厚纤维化是一种不可逆的破坏性病理组织学改变，目前尚无使其消除的办法。一旦确诊为锡矽肺病患者，应脱离矽尘作业，并给予综合治疗。采用中西药结合，如克矽平（P_{204}）、抗矽 1 号、抗矽 14 号和矽肺宁片，以及防尘新药羟基哌喹作保健冲剂进行治疗和预防，均取得一定疗效。

参 考 文 献

[1] 彭容秋．锡冶金［M］．长沙：中南大学出版社，2005.
[2] 黄位森．锡［M］．北京：冶金工业出版社，2000.
[3] 锡冶金编写组．锡冶金［M］．北京：冶金工业出版社，1977.
[4] 王树楷．铟冶金［M］．北京：冶金工业出版社，2006.
[5] 叶大伦．冶金热力学［M］．长沙：中南大学出版社，1987.
[6] 孟广寿，郑维亚．锡．有色金属技术经济研究［J］．1996，(4).
[7] 王濮，潘兆橹，翁玲宝等编著．系统矿物学（下）［M］．北京：地质出版社，1987.
[8] 顾艳卿．云锡氧化矿重选锡精矿精选工艺研究［J］．云南冶金，1987，(2).
[9] 陈广泗，万书献．烟化炉抛渣含锡最优化［J］．云锡科技，1985，(2).
[10] 王学洪．锡精矿沸腾焙烧生产实践［J］．有色金属：冶炼部分，1992，(6).
[11] 戴永年．铅锡合金（焊锡）真空蒸馏［J］．有色金属：冶炼部分，1979，(4).
[12] 达道安．真空设计手册（修订版）［M］．北京：国防工业出版社，1991.
[13] 罗庆文．有色冶金概论［M］．北京：冶金工业出版社，1986.
[14] 顾鹤林，张学文．锡精炼铝渣生产锡基合金［J］．云锡科技，1997，(1).
[15] 黄方径．劳动卫生与职业病学［M］．北京：人民卫生出版社，1987.
[16] 宋兴诚，黄书泽．澳斯麦特炉炼锡工艺与生产实践［J］．有色冶炼，2003，(2).
[17] 肖兴国，谢蕴国．冶金反应工程学基础［M］．北京：冶金工业出版社，1997.

冶金工业出版社部分图书推荐